开发者成长丛书

TypeScript框架开发实践

微课视频版

曾振中 ◎ 编著

清华大学出版社
北京

内 容 简 介

本书讲述了一个开源Web框架从无到有，直至发布上线的开发历程，逐步实现Web框架的核心对象管理、Web路由及数据库支持等三大组成部分并集成多个常用服务，完成框架中30多个TypeScript装饰器的设计与开发。通过学习本书，读者能够从最基础的代码开始，轻松掌握Web框架的开发技能，为深入探索高级Web技术奠定坚实基础。

本书分为三大模块。Web框架基础模块（第1章）从编写最简单的HTTP服务开始，介绍Web框架的基础知识；框架开发模块（第2~5章）详细阐述框架核心对象管理的实现、集成ExpressJS服务及相关中间件的应用整合，展示了两类Web框架常见的数据库功能的并发过程，以及RabbitMQ、Redis、Socket.IO等多种常用服务的集成开发；测试与发布模块（第6章）讲述Web框架的测试和开源项目的发布过程，深入探讨制作开源项目所涉及的各种关键知识点。

本书适合初学者入门，书中项目以真实线上开源项目为主线，深入探讨了Web框架的实现细节，对于有经验的开发者同样有参考价值，尤其适合对开源项目有浓厚兴趣的开发者。

版权所有，侵权必究。举报：010-62782989，beiqinquan@tup.tsinghua.edu.cn。

图书在版编目（CIP）数据

TypeScript框架开发实践：微课视频版 / 曾振中编著. -- 北京：清华大学出版社，2024.8. --（开发者成长丛书）. -- ISBN 978-7-302-66883-1

Ⅰ. TP312.8

中国国家版本馆CIP数据核字第20241J2K32号

责任编辑：赵佳霓
封面设计：刘　键
责任校对：韩天竹
责任印制：宋　林

出版发行：清华大学出版社
网　　址：https://www.tup.com.cn，https://www.wqxuetang.com
地　　址：北京清华大学学研大厦A座　　邮　编：100084
社 总 机：010-83470000　　邮　购：010-62786544
投稿与读者服务：010-62776969，c-service@tup.tsinghua.edu.cn
质量反馈：010-62772015，zhiliang@tup.tsinghua.edu.cn
课件下载：https://www.tup.com.cn，010-83470236

印 装 者：三河市少明印务有限公司
经　　销：全国新华书店
开　　本：186mm×240mm　　印　张：21.5　　字　数：494千字
版　　次：2024年8月第1版　　印　次：2024年8月第1次印刷
印　　数：1~2000
定　　价：79.00元

产品编号：104703-01

前言
PREFACE

在数字化时代,移动应用和网络应用的开发成为推动互联网发展的关键动力,而为了简化和加速开发过程,Web框架应运而生。作为各类应用的服务器端开发核心,Web框架提供了预定义的架构和工具,使开发者能更高效、更有序地构建和管理复杂的Web应用程序。无论是初学者还是资深开发者,Web框架都显著提升了开发效率,减少了重复工作,保证了代码的质量和应用的稳定性。深入研究和掌握Web框架对每位服务器端开发者都是一项挑战,也是提升专业技能至关重要的一步。

作为开源项目的作者,笔者在长期与开源社群成员的交流中发现,除了传统的Web框架学习方法外,初学者在学习Web框架时可以选择另一条有效的路径:学习如何开发框架本身。初学者可以从框架简单的初始版本开始,观察各种功能逐步完善的过程,进而掌握功能的使用方法和相关概念。这将使初学者在后续的项目开发或学习其他框架时事半功倍。

因此,笔者采用TypeScript开发了一个简洁但功能完备的Web框架,并详细记录了框架的整个开发历程,包括53个版本的迭代、242次提交及28次发布,以及其间的设计思路和解决问题的过程。将这些实践经验整理成书,期待对读者有所帮助。

本书主要内容

第1章旨在引导读者理解Web框架的基本实现。从编写最基础的Web服务起步,逐步演化为Web框架的初步形态,使读者能够直观地领悟框架的构成和实现流程。

第2章专注于构建框架的核心部分,详细阐述如何设计和开发Web框架的核心对象管理机制。同时,深度解析装饰器这一TypeScript关键特性,帮助读者全面领会并应用该特性。

第3章集中讨论Web服务的实现。本章将详解如何在框架中集成ExpressJS,以及实现Web服务的路由系统、切面编程、模板引擎、文件上传、JWT鉴权等功能,让读者了解并掌握Web服务的各种中间件的整合和应用。

第4章重点介绍两类Web框架中常见的数据操作功能的开发过程,全面覆盖Web框架的数据库开发知识,并深入讲解防范注入攻击、查询缓存、自定义语法、数据库读写分离等高级主题,提升读者的数据库开发能力。

第5章介绍多种常用服务在框架中的集成与应用实践,包括RabbitMQ、Redis、Socket.IO、Swagger等服务的使用方法,以及TypeScript反射功能和编译原理在框架中的实际运用，进一步扩展读者的技术视野和实战技能。

第6章详尽解析项目测试与发布环节，揭示了Web框架的测试方法和发布过程，涵盖了制作开源项目所需的各种知识点，为读者创建自己的开源项目奠定坚实的基础。

阅读建议

建议读者按章节顺序阅读，本书作为真实开源项目的开发记录，源码均来自项目Git版本库的提交历史，因此循序渐进地学习有助于全面理解Web框架的开发技能与相关概念。本书的各章节围绕实际问题展开，读者也可根据兴趣选择阅读特定章节，以深入了解其问题的缘由、技术细节及编码实现。

资源下载提示

素材(源码)等资源：扫描目录上方的二维码下载。

视频等资源：扫描封底的文泉云盘防盗码，再扫描书中相应章节的二维码，可以在线学习。

曾振中
2024年6月

目 录
CONTENTS

本书源代码

第1章 了解Web框架（🎥 51min） ·· 1

1.1 Web框架 ·· 1
    1.1.1 Web框架的应用领域 ·· 1
    1.1.2 主流编程语言的Web框架 ·· 2
    1.1.3 需要了解的相关知识 ·· 3
1.2 TypeSpeed ·· 3
    1.2.1 TypeSpeed框架的特性 ·· 3
    1.2.2 学习TypeSpeed的开发过程 ·· 4
1.3 准备源代码 ·· 4
    1.3.1 安装环境 ·· 5
    1.3.2 安装编码工具 ·· 8
    1.3.3 获取源代码 ··· 9
1.4 从零实现最简Web框架 ··· 10
    1.4.1 显示Hello World页面 ·· 10
    1.4.2 增加页面 ·· 11
    1.4.3 用面向对象方法组织页面代码 ···································· 12
    1.4.4 增加数据库查询 ··· 15
    1.4.5 单例模式实现数据库链接 ··· 17
    1.4.6 Web框架的主要组成部分 ··· 19

第2章 构建框架核心（🎥 92min） ·· 20

2.1 TypeScript装饰器 ··· 20
    2.1.1 装饰器的用途 ·· 20

2.1.2　如何设计装饰器 …… 22
　　　2.1.3　装饰器执行原理 …… 28
　　　2.1.4　定时任务装饰器开发 …… 31
　　　2.1.5　小结 …… 32
　2.2　构建对象管理机制 …… 33
　　　2.2.1　对象管理 …… 33
　　　2.2.2　设计对象管理机制 …… 33
　　　2.2.3　依赖注入 …… 34
　　　2.2.4　对象工厂 …… 35
　　　2.2.5　项目初始结构 …… 37
　　　2.2.6　实现日志功能 …… 38
　　　2.2.7　入口文件机制 …… 42
　　　2.2.8　小结 …… 43
　2.3　系统配置管理 …… 44
　　　2.3.1　约定优于配置 …… 44
　　　2.3.2　设计程序配置规范 …… 44
　　　2.3.3　配置的集成 …… 45
　　　2.3.4　开发配置装饰器 …… 47
　　　2.3.5　小结 …… 48

第3章　Web服务系统（184min） …… 49

　3.1　集成Web服务框架 …… 50
　　　3.1.1　ExpressJS …… 50
　　　3.1.2　中间件机制 …… 51
　　　3.1.3　应用程序入口 …… 54
　　　3.1.4　集成ExpressJS …… 56
　　　3.1.5　小结 …… 59
　3.2　路由装饰器 …… 59
　　　3.2.1　简单的路由实现 …… 59
　　　3.2.2　路径功能详解 …… 62
　　　3.2.3　开发路由装饰器 …… 64
　　　3.2.4　测试路由装饰器 …… 66
　　　3.2.5　优化路由装饰器 …… 67
　　　3.2.6　小结 …… 67
　3.3　路由切面功能 …… 68
　　　3.3.1　面向切面编程 …… 68

3.3.2 设计切面程序功能 …………………………………………………… 70
3.3.3 @before 切面装饰器 ………………………………………………… 71
3.3.4 @after 切面装饰器 …………………………………………………… 74
3.3.5 小结 …………………………………………………………………… 76
3.4 请求参数装饰器 ……………………………………………………………… 76
3.4.1 设计请求参数装饰器 ………………………………………………… 77
3.4.2 请求参数装饰器的实现 ……………………………………………… 77
3.4.3 用 toString()优化装饰器 …………………………………………… 81
3.4.4 小结 …………………………………………………………………… 83
3.5 响应处理与模板引擎 ………………………………………………………… 83
3.5.1 MVC 设计模式 ………………………………………………………… 84
3.5.2 JSON 格式输出 ………………………………………………………… 84
3.5.3 模板引擎是什么 ……………………………………………………… 86
3.5.4 ExpressJS 的模板引擎 ………………………………………………… 87
3.5.5 模板引擎的选型 ……………………………………………………… 89
3.5.6 集成多模板引擎库 …………………………………………………… 90
3.5.7 小结 …………………………………………………………………… 91
3.6 使用中间件增强框架功能 …………………………………………………… 92
3.6.1 静态资源服务 ………………………………………………………… 92
3.6.2 站点图标功能 ………………………………………………………… 93
3.6.3 传输压缩实现 ………………………………………………………… 94
3.6.4 Cookie ………………………………………………………………… 96
3.6.5 Session ………………………………………………………………… 98
3.6.6 小结 …………………………………………………………………… 100
3.7 文件上传 ……………………………………………………………………… 100
3.7.1 文件上传原理 ………………………………………………………… 100
3.7.2 使用文件上传库 ……………………………………………………… 102
3.7.3 实现文件上传装饰器 ………………………………………………… 103
3.7.4 小结 …………………………………………………………………… 107
3.8 Web 服务鉴权 ………………………………………………………………… 107
3.8.1 实现基本访问认证 …………………………………………………… 108
3.8.2 实现验证装饰器 ……………………………………………………… 110
3.8.3 拦截器 ………………………………………………………………… 113
3.8.4 开发全局拦截器机制 ………………………………………………… 113
3.8.5 实现 JWT 全局拦截器 ………………………………………………… 115
3.8.6 小结 …………………………………………………………………… 116

3.9 服务器端错误输出 ··· 117
   3.9.1 捕捉常见错误 ··· 117
   3.9.2 错误日志输出 ··· 118
   3.9.3 美化内置错误页面 ·· 120
   3.9.4 小结 ·· 123

第4章 数据库开发（ 184min） 124

4.1 数据库开发准备 ··· 124
   4.1.1 安装 Docker Desktop ·· 124
   4.1.2 安装 MySQL ··· 125
   4.1.3 连接 MySQL ··· 128
   4.1.4 创建测试数据库 ·· 132
   4.1.5 创建测试表 ··· 135

4.2 装饰器风格的 SQL 方法 ··· 140
   4.2.1 SQL 装饰器的设计 ·· 140
   4.2.2 初步实现@Insert 装饰器 ·· 140
   4.2.3 初步实现@Update 和@Delete ······························· 143
   4.2.4 @Select 查询实现 ··· 144
   4.2.5 小结 ·· 146

4.3 参数绑定 ·· 146
   4.3.1 SQL 注入攻击示例 ·· 147
   4.3.2 SQL 参数装饰器 ··· 150
   4.3.3 优化查询装饰器 ·· 152
   4.3.4 小结 ·· 154

4.4 查询结果的处理 ··· 154
   4.4.1 数据类 ·· 155
   4.4.2 查询结果装饰器 ·· 156
   4.4.3 装饰器配合使用 ·· 159
   4.4.4 小结 ·· 159

4.5 内置查询缓存 ··· 160
   4.5.1 缓存的作用 ··· 160
   4.5.2 内置缓存功能 ··· 161
   4.5.3 缓存装饰器 ··· 164
   4.5.4 优化缓存更新 ··· 167
   4.5.5 小结 ·· 169

4.6 模型风格的数据操作 ·· 169

	4.6.1	统一底层数据库执行机制	170
	4.6.2	设计 Model 类型	171
	4.6.3	开发模型查询方法	172
	4.6.4	小结	175
4.7	自定义查询语法		175
	4.7.1	设计自定义查询语法	175
	4.7.2	开发比较条件语法	176
	4.7.3	开发模糊查询和 OR 语法	177
	4.7.4	优化查询方法	179
	4.7.5	便捷查询方法	181
	4.7.6	小结	182
4.8	增、删、改的优化		182
	4.8.1	增、删、改方法	182
	4.8.2	简化查询方法	187
	4.8.3	简化修改方法	189
	4.8.4	小结	192
4.9	内置分页		192
	4.9.1	页码计算	192
	4.9.2	实现查询内置分页	194
	4.9.3	小结	197
4.10	数据源读写分离		198
	4.10.1	数据源	198
	4.10.2	主从数据库架构	199
	4.10.3	设计多数据源机制	200
	4.10.4	内置多数据源实现	200
	4.10.5	测试多数据源	206
	4.10.6	小结	208

第 5 章 常用服务（198min） 209

5.1	消息队列功能		209
	5.1.1	RabbitMQ	209
	5.1.2	安装 RabbitMQ	211
	5.1.3	创建交换机和队列	214
	5.1.4	使用 amqplib 库	218
	5.1.5	监听消息装饰器	223
	5.1.6	注入发送消息方法	224

5.1.7 小结 ·· 226
5.2 Socket.IO 即时通信 ·· 227
5.2.1 Socket.IO ·· 227
5.2.2 即时通信 ·· 228
5.2.3 使用 Socket.IO ··· 229
5.2.4 与 Web 服务共用端口 ·· 233
5.2.5 开发 Socket.IO 装饰器 ·· 234
5.2.6 测试即时通信功能 ·· 238
5.2.7 小结 ·· 248
5.3 Redis 数据库 ·· 248
5.3.1 安装 Redis 服务 ·· 248
5.3.2 集成 Redis ··· 249
5.3.3 发布订阅功能 ·· 253
5.3.4 优化排行榜逻辑 ··· 256
5.3.5 Session 支持 Redis 存储 ·· 259
5.3.6 小结 ·· 261
5.4 命令行脚手架功能 ·· 261
5.4.1 脚手架是什么 ·· 261
5.4.2 开发命令行程序 ··· 263
5.4.3 发布命令 ·· 267
5.4.4 小结 ·· 268
5.5 支持 Swagger 平台 ·· 268
5.5.1 Swagger 接口交互平台 ·· 268
5.5.2 外部项目 ·· 269
5.5.3 设计 TypeSpeed-Swagger ·· 270
5.5.4 实现集成 Swagger 中间件 ·· 273
5.5.5 替换装饰器收集接口信息 ·· 275
5.5.6 小结 ·· 278
5.6 自动化文档 ··· 278
5.6.1 JSDoc 文档和工具 ·· 278
5.6.2 Reflect Metadata 运行原理 ·· 279
5.6.3 进阶反射库 ··· 282
5.6.4 实现中间件配置 ··· 286
5.6.5 获取对象详细信息 ·· 290
5.6.6 小结 ·· 295

第6章 项目测试与发布（63min） 296

6.1 开源项目的测试 296
6.1.1 单元测试 296
6.1.2 Mocha 测试框架 296
6.1.3 调整框架配合测试 298
6.1.4 编写测试集 300
6.1.5 测试结果 307
6.1.6 小结 308

6.2 测试覆盖率 310
6.2.1 测试覆盖率 310
6.2.2 持续集成 311
6.2.3 GitHub Action 312
6.2.4 测试覆盖率报告 315
6.2.5 小结 318

6.3 NPM 发布 318
6.3.1 框架目录结构 319
6.3.2 导出类型定义 320
6.3.3 框架配置 323
6.3.4 发布项目 325

第 1 章 了解 Web 框架

在当今数字化的世界中，我们几乎每天会与各种各样的网站和应用程序互动。从社交媒体平台、在线购物商城到企业级应用，这些服务的背后都离不开强大的技术支撑，其中，Web 框架作为一种关键的软件工具，在开发动态网站、网络应用程序和提供服务方面扮演着至关重要的角色。

想象一下，如果你正在着手构建一个新的健康管理 App，则需要考虑的问题可能包括用户账户管理、健康数据跟踪、数据分析、社交分享等功能。如果每次都需要从头开始编写所有的功能，则项目的复杂性和工作量将迅速增长。这就是 Web 框架发挥作用的地方：它们提供了一套预定义的结构和规则，以帮助开发者更高效地构建和维护复杂的 Web 项目。

1.1 Web 框架

Web 框架是一种软件工具，它为开发者提供了一种结构化的方法来构建和维护 Web 应用程序。框架通常包括一系列预定义的规则、模块和库，以及一套最佳实践方案。它们旨在简化开发过程，并确保应用程序的质量、性能和安全性。

使用 Web 框架的优点包括以下几个方面。

（1）提高开发效率：通过提供现成的解决方案和最佳实践，减少重复造轮子的时间。

（2）易于维护：框架提供的结构化代码使项目的维护更加简单。

（3）社区支持：大多数流行框架有活跃的社区，这意味着有更多的资源和支持。

（4）可扩展性：框架设计时考虑到可扩展性，允许在需要时添加新功能。

然而，使用 Web 框架也有一些缺点。

（1）学习曲线：对于初学者来讲，学习如何使用特定的框架可能需要一些时间。

（2）强制约定：为了保持一致性，框架可能会限制开发者的自由度，要求遵循某些编程规范。

（3）安全风险：如果框架存在安全漏洞，则依赖它的所有应用都可能受到威胁。

1.1.1 Web 框架的应用领域

Web 框架的应用领域广泛，几乎涵盖了所有需要开发动态网站、App 应用程序和网络服务的场景。以下是一些具体的使用场景和作用。

（1）企业级应用：Web框架可以用于构建复杂的数据驱动的企业级应用程序，例如CRM（客户关系管理）、ERP（企业资源规划）等系统。

（2）电子商务平台：在线购物网站和市场是Web框架的重要应用领域，它们依赖于高效的数据库交互、用户会话管理和安全支付处理等功能。

（3）小程序和移动应用：Web框架可支持大规模的数据存储、实时更新和消息传递。开发者可以构建小程序、App应用等轻量级应用的服务器端，为用户提供便捷的服务和体验。

（4）内容管理系统（CMS）：许多新闻网站、博客和论坛使用Web框架作为其基础架构，提供内容发布、评论和用户管理等功能。

（5）API开发：Web框架也适用于创建RESTful API服务，允许不同的应用程序之间进行通信和数据交换。

（6）数据分析与可视化：一些Web框架可以帮助开发者构建定制的数据分析工具和仪表板，用以展示实时或历史数据。

（7）教育平台：在线课程和学习管理系统（LMS）通常利用Web框架实现课程管理、学生跟踪和互动等功能。

（8）物联网（IoT）集成：在物联网项目中，Web框架可以作为后端服务器，处理来自各种传感器和设备的数据，并将信息显示给用户。

（9）游戏开发：虽然传统的Web框架可能不直接用于游戏开发，但它们可以作为游戏的后台服务，处理用户账户、排行榜和游戏内购买装备等事务。

1.1.2 主流编程语言的Web框架

Web框架有很多，以下是不同编程语言下的几个流行和广泛使用的框架。

1. Python

（1）Django：功能全面的Python Web框架，适用于大型项目。

（2）Flask：轻量级的Python Web框架，适合小型至中型项目。

2. JavaScript/TypeScript/Node.js

（1）Express.js：Node.js文件中最常用的后端框架。

（2）NestJS：基于TypeScript的渐进式Node.js框架。

3. PHP

（1）Laravel：PHP最受欢迎的现代Web应用程序框架。

（2）Yii：高性能、可扩展且易用的PHP Web框架，适合构建企业级应用。

（3）CodeIgniter：轻量级PHP框架。

4. Java

（1）Spring Framework：Java企业级开发的事实标准。

（2）Play Framework：现代Web框架，强调开发者生产力和可维护性。

5．Go

（1）FastHttp：Go 语言高性能 HTTP 框架。

（2）Go Micro：功能齐全的微服务 Web 框架。

6．Rust

Rocket 是 Rust 语言安全高效的 Web 框架。

这只是小部分流行的 Web 框架，还有许多其他框架可供选择。在选择框架时，考虑项目需求、团队技能、社区支持和框架本身的成熟度等因素是很重要的。

1.1.3 需要了解的相关知识

为了更好地理解 Web 框架的工作原理并成功地开发自己的框架，你需要掌握以下基础知识。

（1）编程语言：尽管本书的框架是以 TypeScript 语言构建的，但具备 JavaScript、Java 或 Python 等编程背景的开发者同样能够轻松地理解和掌握。

（2）Web 开发基础：对 HTTP 协议、HTML、CSS 和 JavaScript 有基本的理解。

（3）面向对象编程：了解类、对象、继承和多态等概念，这对于构建健壮的框架至关重要。

（4）数据库知识：熟悉 SQL 语句和至少一种数据库管理系统，如 MySQL、Oracle 等。

（5）版本控制：使用 Git 或其他版本控制系统来管理你的代码库。

（6）测试与调试：会编写单元测试和集成测试，以及如何使用调试工具来了解源码。

1.2 TypeSpeed

TypeSpeed 是一个简洁且功能全面的开源 Web 框架。本书将深入探讨 TypeSpeed 框架从无到有的完整开发过程，并逐步揭示如何完善各种功能，使读者能够轻松地掌握该框架的使用方法和相关开发概念，从而在项目开发或学习其他框架时事半功倍。

1.2.1 TypeSpeed 框架的特性

TypeSpeed 框架的名称源于 Type（代表 TypeScript）和 Speed（意指速度），寓意该框架是利用 TypeScript 语言打造的高效开发工具。TypeSpeed 框架提供了一套全面的开发解决方案，具有以下特性。

（1）TypeScript 装饰器支持：框架提供了 31 个精心设计的 TypeScript 装饰器，增强了代码的可读性和可维护性。

（2）对象管理与对象工厂：集成了对象工厂模式，提供了对象管理机制，使开发者能够更方便地管理和组织应用程序的对象。

（3）依赖注入与系统配置：实现依赖注入功能，可以根据需要动态地创建对象。同时，也提供了灵活的系统配置选项，以满足不同场景的需求。

(4) 基于ExpressJS：基于流行的ExpressJS框架开发，继承了其强大的Web服务能力和丰富的生态系统。

(5) 中间件与AOP支持：支持中间件的使用，可以轻松地处理HTTP请求的生命周期。此外，还引入了面向切面编程（AOP）的概念，以便进行更细粒度的控制。

(6) 灵活路由与JWT鉴权：提供了灵活的路由定义方式，并内置了JSON Web Tokens（JWT）鉴权机制，确保应用的安全性。

(7) 模板引擎与多种中间件：支持各种主流的模板引擎，便于视图层的渲染。同时，还集成了多种中间件，如文件上传、自定义错误页面等。

(8) 数据操作模式与缓存支持：提供了两种风格不同的数据操作模式，以及对缓存、Redis、分页、读写分离等特性的支持，有助于提升数据处理效率。

(9) 第三方服务集成：支持诸如RabbitMQ、Redis、Swagger、Socket.IO等第三方服务的集成，使应用具备更高的扩展性。

(10) 测试支持：完整支持单元测试，包括生成测试覆盖率报告，帮助开发者确保代码质量。

(11) 命令行脚手架：提供命令行工具，只需一行命令便可以快速创建项目，并且支持零配置启动，简化了项目的初始化过程。

1.2.2　学习TypeSpeed的开发过程

TypeSpeed框架源自实际开发经验的总结，专注于为初学者提供友好的体验，并且易于上手。学习TypeSpeed的开发过程，从零开始进行框架开发，有助于降低学习门槛，深入理解TypeScript、ExpressJS等技术栈，并接触装饰器、依赖注入、AOP等先进编程理念。这将避免单纯学习框架时停留在表面知识，避免在面对实际项目时无从下手。通过实践，读者不仅能轻松地掌握TypeSpeed的使用，还能举一反三地掌握其他框架，从而深化对Web服务开发的理解。

本书以框架设计者的视角，通过迭代开发Web框架的各个功能来帮助读者深入理解软件架构设计。在这个过程中，我们不断地分析并优化问题，采用通用设计模式来解决问题。学习这些解决问题的方法和方案，可以让读者掌握从设计者的视角思考和解决问题的方法，从而提升系统设计能力和技术视野，并在未来项目中做出明智决策。

个人作品是塑造个人品牌的核心要素，通常在公司内部或业界备受赞誉的技术专家都拥有引人注目的项目。通过学习书中真实的开源Web框架开发过程，并着手创建自己的开源项目，你将有可能吸引全球范围内的用户和贡献者。这不仅有利于提升职业地位和个人简历的吸引力，还能让你的技术成果影响到更多的人。

1.3　准备源代码

本书的源代码经过划分，与书籍各章内容同步递进，生动地展示了开源Web框架的构建过程。从简短的几行代码开始,逐步发展为一个全面的框架系统,使读者能够在这一过程中深入理解相关技术,并体验到其中蕴含的思考与收获。

1.3.1 安装环境

TypeSpeed 框架要求的运行环境如下:

(1) Node.js 16 及以上版本。
(2) Git 版本控制工具。
(3) TypeScript 运行库。
(4) ts-node 运行库。

本节将分别介绍它们的安装过程。

1. Node.js 安装

Node.js 是 JavaScript/TypeScript 的基础运行环境,打开 Node.js 官网 https://nodejs.org/,如图 1-1 所示,下载长期支持(Long Term Support,LTS)版本即可。这里可自动辨别用户计算机是 Windows 或 Mac 系统并下载相应的安装文件。

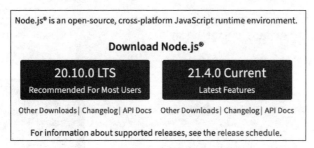

图 1-1 下载 Node.js 的长期支持版本

Windows 和 Mac 系统安装 Node.js 的方式是相同的,即都是运行安装文件后单击 Next 或"继续"按钮直至完成,如图 1-2 和图 1-3 所示。

图 1-2 Windows 系统安装 Node.js

图 1-3　Mac 系统安装 Node.js

2. 安装 Git

由于 Mac 系统自带了 Git 工具，因此只介绍 Windows 系统的 Git 安装。进入 Git 官网 https://git-scm.com/，进入 Downloads 页面，如图 1-4 所示，下载 Windows 系统的 Git 安装文件。

图 1-4　下载 Git 安装文件

下载完成后执行安装文件，单击 Next 按钮直至完成即可，如图 1-5 所示。

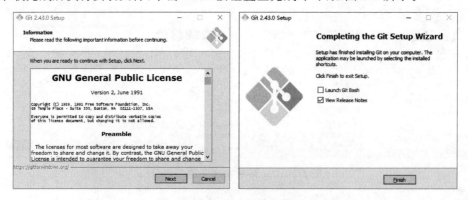

图 1-5　Windows 系统安装 Git

3. 验证 Node.js 和 Git 的安装

上述安装完成后,可在系统命令行验证是否安装成功。

Windows 系统在开始菜单搜索框或者 Win+R 快捷键打开对话框,输入 cmd 命令并回车即可开启命令行。

Mac 系统进入启动台,找到实用工具文件夹,单击终端图标即可打开命令行。

打开命令行分别输入的命令如下:

```
git -v
node -v
npm -v
```

如图 1-6 所示,即可看到 Node.js 和 Git 已成功地安装到系统。

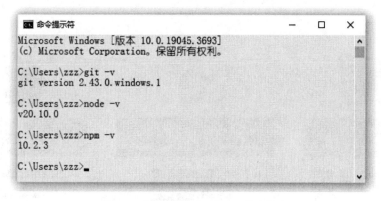

图 1-6 验证 Node.js 和 Git 的安装

其中,NPM 是 Node.js 自带的依赖库管理工具。

4. 安装 TypeScript 和 ts-node 运行库

TypeScript 和 ts-node 都是 NPM 库,因此可使用 NPM 命令一起安装,命令如下:

```
npm install -g typescript ts-node
```

安装完成后可使用 tsc 和 ts-node 命令来验证它们是否安装成功,如图 1-7 所示。

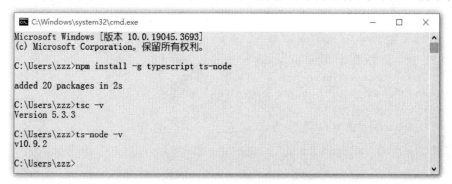

图 1-7 安装 TypeScript 和 ts-node 运行库

注意：TypeScript 的运行命令是 tsc。

1.3.2 安装编码工具

TypeScript 开发的编码工具推荐使用 Visual Studio Code(简称 VS Code)。打开 VS Code 官网 https://code.visualstudio.com/，选择对应的系统版本下载安装文件，如图 1-8 所示。

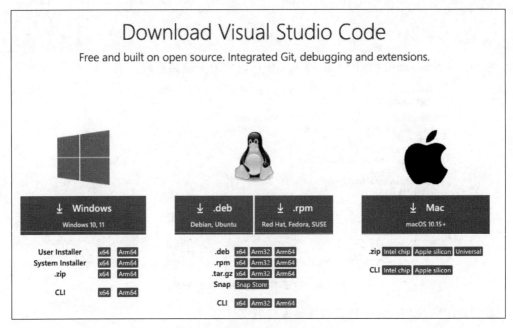

图 1-8 下载 VS Code 安装文件

Windows 系统安装 VS Code 的安装文件，单击"下一步"按钮直至完成即可，如图 1-9 所示。

图 1-9 Windows 系统安装 VS Code

Mac 系统安装 VS Code 只需将解压后的执行文件拖入应用程序文件夹，如图 1-10 所示。

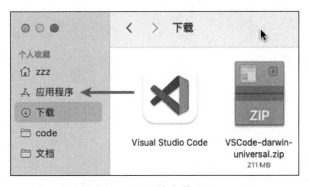

图 1-10 Mac 系统安装 VS Code

1.3.3 获取源代码

本书源代码的主页网址是 https://github.com/SpeedPHP/ts-book，同时也可以在 Gitee 获取，网址是 https://gitee.com/SpeedPHP/ts-book。

使用 Git 的克隆命令即可获取本书源码，命令如下：

```
git clone https://github.com/SpeedPHP/ts-book.git
```

应留意 Git 地址是带 .git 后缀的地址，克隆过程如图 1-11 所示。

克隆完成后便可进入源码目录，使用 npm 命令安装依赖库，命令如下：

```
cd ts-book
npm install
```

等候片刻即可安装完成，如图 1-12 所示。

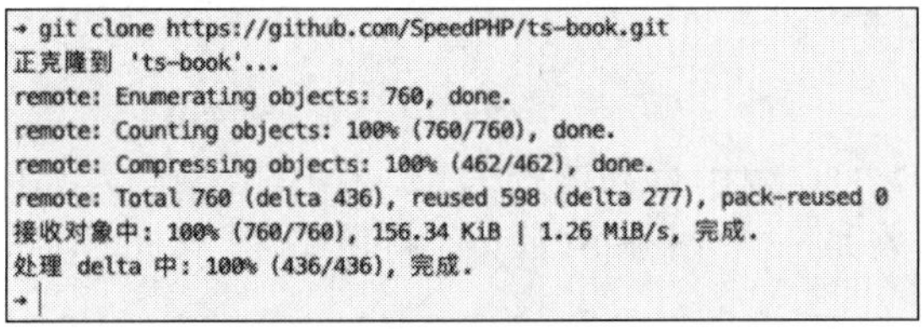

图 1-11 克隆本书源代码项目 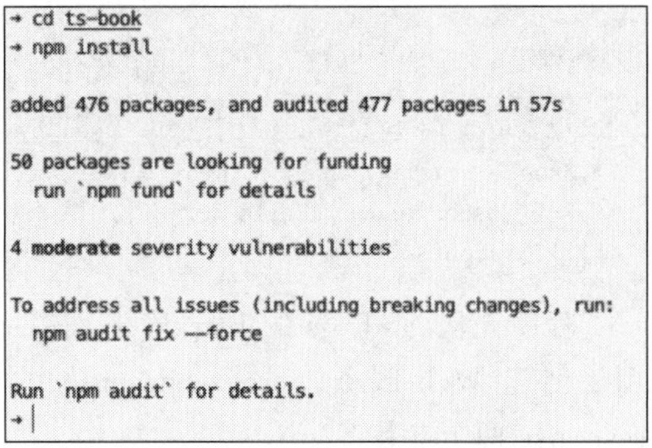　　　　图 1-12 安装源码依赖库

用 VS Code 打开该项目，即可看到本书各章节的源码目录，如图 1-13 所示。

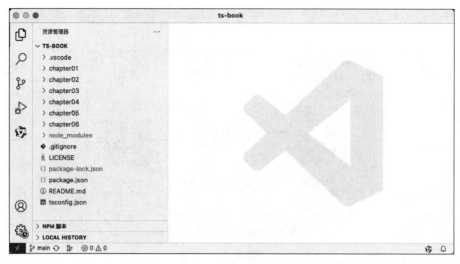

图 1-13　VS Code 打开本书源码项目

1.4　从零实现最简 Web 框架

本节从第 1 行代码开始，实现最简单的 Web 框架，读者可从中了解 Web 框架的基本作用和主要组成部分，为后续的开发打下基础。

1.4.1　显示 Hello World 页面

这里是一个简单的 Web 服务，代码仅有几行，使用了 Node.js 的 HTTP 模块接收浏览器请求，并输出 Hello World 页面，代码如下：

```typescript
//chapter01/01-webservice/http-init.ts

import {createServer, IncomingMessage, ServerResponse} from "http";

//简单的 HTTP 服务
createServer((request: IncomingMessage, response: ServerResponse) => {
    response.end("Hello World");
}).listen(3000);
```

程序先从 Node.js 的 http 库引入 createServer() 函数和两种类型，createServer() 的作用是创建 Web 服务。createServer() 的参数是一个回调函数，回调函数有 request 和 response 两个参数。

（1）request 请求对象，类型是 IncomingMessage，表示来自浏览器的请求信息，例如请求地址、提交信息等。

（2）response 响应对象，类型是 ServerResponse，表示页面返回浏览器的数据，例如页面的类型、HTTP 状态码、页面显示内容等。

回调函数是 Web 服务代码所在，Web 服务的开发过程就是先从 request 请求对象里取得用户提交信息，进而处理业务逻辑，之后把处理结果用 response 响应对象返回浏览器，以便进行显示。

上述代码的回调函数只是简单地用 response 对象的 end()方法返回 Hello World 字符串。

该代码是以.ts 为后缀的 TypeScript 源代码文件，可用 ts-node 命令执行，命令如下：

```
cd chapter01/01-webservice
ts-node http-init.ts
```

注意：ts-node 命令能直接执行 ts 源文件并输出结果，而不需要对 ts 源文件提前进行编译，方便开发阶段用来测试代码。

使用浏览器打开地址 http://localhost:3000，就能看到显示 Hello World 的页面，如图 1-14 所示。

图 1-14　Hello World 页面

这时，在网址 http://localhost:3000 之后不管加上什么样的地址，它都只会显示 Hello World 页面，如图 1-15 所示。

图 1-15　任何地址都显示 Hello World 页面

1.4.2　增加页面

实际上，该 Web 服务目前仅有一个页面，因此对任何地址的浏览器请求都只会进入该页面。如果希望增加一个页面，就需要对代码进行改动，代码如下：

```
//chapter01/01-webservice/http-if.ts

import { createServer, IncomingMessage, ServerResponse } from "http";

//使用IF语句来判断请求的URL
createServer((request: IncomingMessage, response: ServerResponse) => {
    if (request.url === "/first") {
        response.end("I am first page.");
    } else {
        response.end("I am main page.");
    }
}).listen(3000);
```

上述代码增加对 request 对象的 url 属性做条件判断,request.url 指的是 URL 除域名的部分,例如 http://localhost:3000/first,request.url 的值是/first。

这时,该 Web 服务能够支持两个页面的显示,从命令行启动程序,命令如下:

```
ts-node http-if.ts
```

当浏览器打开 http://localhost:3000/first 时,就会显示 I am first page 页面,而打开其他任意地址则会显示 I am main page 页面,如图 1-16 所示。

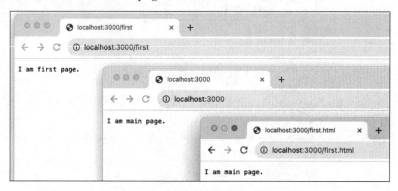

图 1-16　两个地址返回不同的页面

http-if.ts 代码的写法显然存在一些问题:当网站需要显示很多页面时,就得为每个页面增加一条 if 条件判断,并且页面的显示内容包含在条件判断里,其代码的组织非常混乱,不容易理解和扩展,尤其不利于多人协作开发。

1.4.3　用面向对象方法组织页面代码

用面向对象的写法对 http-if.ts 进行改良,代码如下:

```
//chapter01/01-webservice/http-router.ts

import { createServer, IncomingMessage, ServerResponse } from "http";

interface Page {
```

```
    display(request: IncomingMessage, response: ServerResponse): void;
}
//第1个页面类
class First implements Page {
    display(request: IncomingMessage, response: ServerResponse): void {
        response.end("I am first page.");
    }
}
//默认页面类
class Root implements Page {
    display(request: IncomingMessage, response: ServerResponse): void {
        response.end("I am main page.");
    }
}

const router = new Map<string, Page>();
//设置访问地址与页面类的关系
router.set("/first", new First());
router.set("/main", new Root());
createServer((request: IncomingMessage, response: ServerResponse) => {
    let page = router.get(request.url === undefined ? "" : request.url);
    if (page === undefined) {
        page = new Root();
    }
    page.display(request, response);
}).listen(3000);
```

上述代码的 Page 接口（interface）是页面类的规范，每个页面类（class）都需要实现（implements）Page 接口，例如此处 First 和 Root 两个页面类都实现了 Page 接口，这是页面类代码的统一规范。

将原来根据 request.url 条件转向不同页面的逻辑改良成用 Map 匹配以实现页面分派。此处 router 变量是一个键-值对的 Map 类型，它保存了页面地址和页面类的对应关系。例如/first 对应 First 页面类，而/main 对应 Root 页面类。

在 createServer()的在回调函数里，router.get()方法用 request.url 检查 router 里是否存在对应的页面类，匹配上 page 变量即被赋值为页面类的对象。当没有找到对应的页面时，page 默认为 Root 页面对象，显示默认的首页。

随后程序调用 page 变量的 display()方法，即调用页面类的 display()方法执行业务逻辑和返回显示页面。

http-router.ts 代码的逻辑关系如图 1-17 所示。

上述代码的显示效果和 1.4.2 节代码的显示效果是相同的，可参考图 1-16。启动程序的命令如下：

```
ts-node http-router.ts
```

http-router.ts 代码的优势在于，当需要增加页面时，开发者只需增加一个实现 Page 接口的页面类，并调用 router.set()方法为其增加地址即可。例如增加新的/user 页面，新增代码如下：

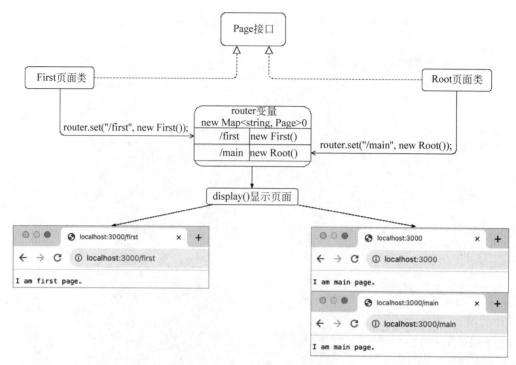

图 1-17　面向对象的页面调用逻辑

```
import { createServer, IncomingMessage, ServerResponse } from "http";

interface Page {
    display(request: IncomingMessage, response: ServerResponse): void;
}

class First implements Page {
    display(request: IncomingMessage, response: ServerResponse): void {
        response.end("I am first page.");
    }
}

//此处为新增的 User 页面
class User implements Page {
    display(request: IncomingMessage, response: ServerResponse): void {
        response.end("I am user page.");
    }
}

class Root implements Page {
    display(request: IncomingMessage, response: ServerResponse): void {
        response.end("I am main page.");
    }
}
```

```
const router = new Map<string, Page>();
router.set("/first", new First());
router.set("/main", new Root());
//此处为新增地址和页面的对应关系
router.set("/user", new User());
createServer((request: IncomingMessage, response: ServerResponse) => {
    let page = router.get(request.url === undefined ? "" : request.url);
    if (page === undefined) {
        page = new Root();
    }
    page.display(request, response);
}).listen(3000);
```

1.4.4 增加数据库查询

15min

Web 服务最常见的业务逻辑是数据查询。接下来，在 Web 服务中添加一个页面，用于显示用户表查询结果，代码如下：

```
//chapter01/01-webservice/db-init.ts

import { createServer, IncomingMessage, ServerResponse } from "http";
import { createConnection, Connection } from "mysql2";

interface Page {
    page(response: ServerResponse): void;
}

class First implements Page {
    page(response: ServerResponse): void {
        response.end("I am first page.");
    }
}

class User implements Page {
    page(response: ServerResponse): void {
        //连接数据库
        const connection: Connection = createConnection({ host: 'localhost', user: 'root', "password": "123456", database: 'test' });
        //先查询数据，然后显示
        connection.query('SELECT * FROM `user`', (err, results) => {
            console.log(err)
            response.end(JSON.stringify(results));
        });
    }
}

class Root implements Page {
    page(response: ServerResponse): void {
        response.end("I am main page.");
```

```
        }
    }
}
const router = new Map<string, Page>();
router.set("/first", new First());
router.set("/main", new Root());
router.set("/user", new User());
createServer((request: IncomingMessage, response: ServerResponse) => {
    let page = router.get(request.url === undefined ? "" : request.url);
    if (page === undefined) {
        page = new Root();
    }
    page.page(response);
}).listen(3000);
```

上述程序要用到 mysql2 库,可使用 NPM 命令安装,命令如下:

```
npm install mysql2
```

此处使用了第 4 章的 user 数据表,可参考 4.1 节安装数据库和数据表,同时检查 createConnection()方法的数据库配置。启动程序的命令如下:

```
ts-node db-init.ts
```

启动程序时,使用浏览器打开 http://localhost:3000/user,即可看到页面显示 user 数据表的内容,如图 1-18 所示。

页面显示的内容和数据表的内容一致,如图 1-19 所示。

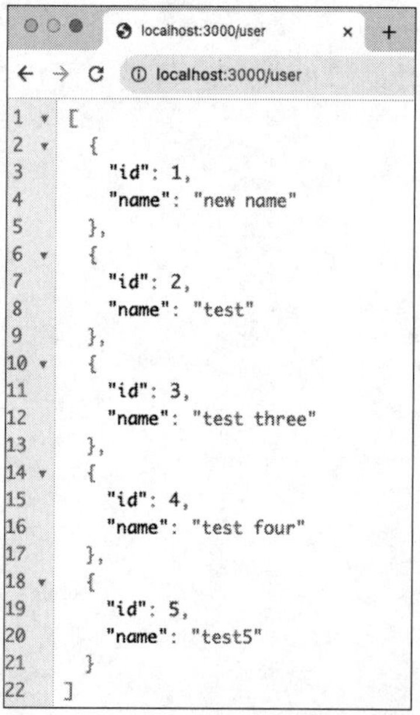

图 1-18 页面显示 user 表的数据内容

图 1-19 user 数据表的内容

注意：本章的数据库相关程序仅作为了演示 Web 服务开发所用，对于数据库开发相关的详细内容将在第 4 章介绍。

1.4.5 单例模式实现数据库链接

尽管 User 页面能够对数据库进行查询，但是代码比较简陋，假设这时有很多页面需要对数据库进行不同的查询、更改等操作，那么就需要对其进一步地进行改良，代码如下：

```typescript
//chapter01/01-webservice/db-singleton.ts
import { createServer, IncomingMessage, ServerResponse } from "http";
import { createConnection, Connection } from "mysql2";
interface Page {
    page(response: ServerResponse): void;
}

class First implements Page {
    page(response: ServerResponse): void {
        response.end("I am first page.");
    }
}

class User implements Page {
    page(response: ServerResponse): void {
        //用 getInstance()方法取得两个数据库连接对象
        const database: Database = Database.getInstance();
        const databaseCopy: Database = Database.getInstance();
        console.log("两个对象是否一致:", database === databaseCopy)
        database.query('SELECT * FROM `user`', (err, results) => {
            response.end(JSON.stringify(results));
        });
    }
}

class Root implements Page {
    page(response: ServerResponse): void {
        response.end("I am main page.");
    }
}

class Database {
    private static instance: Database;
    private connection: Connection;
    private constructor(connection: Connection) {
        this.connection = connection;
    }
```

```
        //单例模式
        static getInstance() {
            if (!Database.instance) {
                Database.instance = new Database(createConnection({ host: 'localhost', user:
'root', "password": "root", database: 'test' }));
            }
            return Database.instance;
        }
        //数据库查询方法,参数为sql语句和回调函数
        query(sql: string, callback: (err: any, results: any) => void): void {
            this.connection.query('SELECT * FROM `user`', callback);
        }
}

const router = new Map<string, Page>();
router.set("/first", new First());
router.set("/main", new Root());
router.set("/user", new User());
createServer((request: IncomingMessage, response: ServerResponse) => {
    let page = router.get(request.url === undefined ? "" : request.url);
    if (page === undefined) {
        page = new Root();
    }
    page.page(response);
}).listen(3000);
```

上述代码的主要改动是增加了Database类,它有两种方法:

(1) getInstance()静态方法,获取Database类对象的方法。

(2) query()执行查询语句的方法。

getInstance()方法获取Database对象的方法是一种称为单例(Singleton)的设计模式,单例模式可以确保取得的Database对象在整个程序里有且仅有一个。上述程序的单例模式是否取得同一个对象,可以使用===符号进行验证,当打印的日志输出为true时,即对象完全相同,代码如下:

```
const database: Database = Database.getInstance();
const databaseCopy: Database = Database.getInstance();
console.log("两个对象是否一致:", database === databaseCopy)
```

此处使用单例模式是因为createConnection()建立数据库连接比较占用资源,如果每个页面都执行一次createConnection(),则系统资源很快会被耗尽,因此单例模式让程序只建立一次数据库连接,当后续页面执行query()查询操作时都能复用这个数据库连接。

运行改进后的程序,执行的命令如下:

```
ts-node db-singleton.ts
```

尽管该程序的显示内容和1.4.4节相同,但这时如果需要增加其他的页面进行数据操作,则相比1.4.4节而言会更简单。

1.4.6　Web框架的主要组成部分

前面的代码经过迭代改良，逐渐形成了一个Web框架的雏形，从浏览器访问一个页面地址开始，Web框架接收到请求后，其处理过程如下：

浏览器的访问请求首先达到路由功能（router）。此时Page接口统一了页面类的写法，router变量将访问地址和页面类灵活地关联了起来，使Web框架能够根据不同的页面地址调用不同的页面代码逻辑。

最常见的页面逻辑是对数据库的查询或者修改，以达到特定的业务目标，之后将具体的内容返回浏览器。例如，用户登录的过程是查询数据库是否匹配输入的用户名和密码，通过检查后可将用户状态设置为已登录，接着在浏览器显示用户已登录的页面。

程序运行期间，Web框架还需要一套核心对象管理机制来协调程序所有对象的创建和使用，例如Database采用单例模式来管理数据库连接。

因此，Web框架的核心组成部分包括核心对象管理、路由功能及数据读写：

（1）核心对象管理是Web框架运行和扩展的基础逻辑。它提供了一系列方法来定义如何创建和使用对象，无论这些对象源自框架内部还是由框架使用者编写的代码。

（2）路由功能将浏览器的访问地址与页面代码关联起来。作为程序的功能入口，大部分Web应用程序的功能是从路由开始执行的（尽管也有一些情况是通过定时任务或其他方式启动的）。

（3）数据读写是Web框架最常用的功能之一。绝大多数Web服务的业务逻辑与数据的读写密切相关，因此，数据读写也是Web框架的重要组成部分。

第 2 章 构建框架核心

开发 Web 框架就像造轮子,关键是如何让轮子既有用又有趣。为了做到这点,读者在学习框架开发时,除了应对框架的各种用途有深刻的理解外,还需要选好"工具",也就是衡量语言本身提供的特性。在 TypeScript 语言的众多特性中,最具创造性的特性便是装饰器。

2.1 TypeScript 装饰器

装饰器(Decorator)是 TypeScript 语言的高级特性,TypeScript 官方文档对于装饰器的描述如下:随着 TypeScript 和 ECMAScript 6 中类的引入,现在存在某些场景需要额外的功能来支持标注或修改类和类成员。装饰器提供了一种为类声明和成员添加标注和元编程语法的方法。

注意:本书采用 TypeScript 语言的装饰器特性是基于 JavaScript 语言标准化机构 TC39 公布的 Stage 2 阶段的语言特性。Stage 2 阶段装饰器的规范是目前最为广泛使用的特性版本。

2.1.1 装饰器的用途

本节将从新框架 TypeSpeed 的示例代码中选取一些使用装饰器的代码片段,旨在讲解 TypeScript 装饰器的使用,以及阐明为何它是最具创造性的 TypeScript 语言特性之一。

TestDatabase 类是新框架对数据库操作进行测试的类,它包含两种方法。使用该类前,需先实例化对象,然后调用其 selectById()方法来取得数据表里相应 id 的数据记录,代码如下:

```
//chapter02/01-decorator/test-database.ts

//数据库测试类
class TestDatabase {
    private defaultId: number = 1;
    selectById(req: Request, res: Response): void {
```

```
        const row: UserDto = await this.findRow(req.query.id || defaultId);
        res.send(row);
    }
    private findRow(id: number): UserDto {

    }
}
```

TestDatabase 类代码的结构比较清晰,从方法的名称可以了解其作用。在 TypeSpeed 框架的代码里,笔者给 TestDatabase 类加上了几个主要的装饰器,以介绍它将发生的变化。

注意:本节介绍的 TestDatabase 类和装饰器的相关内容仅作为说明装饰器作用的示范,这些代码的具体实现细节将在后续章节中一一讲解。

TestDatabase 类改动后的代码如下:

```
//chapter02/01-decorator/test-database-decorated.ts

//类装饰器,TestDatabase 被标记成组件
@component
class TestDatabase {
    //注入配置
    @value("search.page.default.id")
    private defaultId: number;

    //设置路由地址
    @getMapping("/db/select")
    async selectById(req: Request, res: Response): void {
        const row: UserDto = await this.findRow(req.query.id || defaultId);
        res.send(row);
    }

    //缓存查询结果
    @cache(1800)
    //查询数据
    @select("Select * from `user` where id = #{id}")
    private async findRow(
        //将 id 参数注入 SQL 语句
        @param("id") id: number
    ): UserDto { }
}
```

代码中增加了 5 个装饰器,它们分别是@component、@value、@getMapping、@cache 和@select,TestDatabase 类这时已经有了如下改变:

(1) selectById()方法加上@getMapping("/db/select")方法装饰器,当浏览器请求/db/select 的页面地址时,程序将执行 selectById()方法的代码,并输出相应的结果。

(2) findRow()方法加上@select 方法装饰器。当 selectById()的代码调用 findRow()

方法时，findRow()会执行装饰器参数里的 SQL 语句对数据库进行查询，并返回结果。

（3）findRow()方法的参数 id 加上@param("id")参数装饰器，它将 id 这个参数标记为插入@select 参数里 SQL 语句内#{id}的值。

（4）defaultId 成员变量加上@value("search.page.default.id")成员变量装饰器，当程序使用 defaultId 变量时，它将返回配置文件里 search.page.default.id 对应的值。

（5）findRow()方法加上@cache(1800)方法装饰器，当 findRow()方法查询到的数据结果会被缓存，在 1800s 内再次调用 findRow()方法只会从缓存里读取数据，以降低数据库的查询压力。

（6）TestDatabase 类加上@component 类装饰器，它被标记成组件。组件的对象可以用@autoware 成员变量装饰器来取得。

综上，装饰器的作用就是让普通的类在原有本体代码不变的情况下，增加各种额外的功能。

2.1.2 如何设计装饰器

32min

在初步了解了装饰器的功能后，接下来需要思考一个问题：当需要开发一个装饰器时，要按怎样的思路和步骤进行设计呢？回答这个问题，需要全面了解装饰器的分类和各种参数。

1. 装饰器的分类

TypeScript 装饰器有类、方法、成员变量、参数和访问器等 5 种类型，对应不同的位置和作用。

1）类装饰器

类装饰器用在 class 关键字上面，代码如下：

```
@atClass
export default class FirstClass {}
```

类装饰器的作用如下。

（1）取得当前 class 信息：类装饰器的参数 target 引用了当前 class，可以使用 target.name 这样的代码来取得当前 class 的信息。

（2）对当前 class 进行实例化：2.1.1 节的@component 类装饰器就是用 new target()的方式将 TestDatabase 类进行实例化并存储起来，以便作为组件使用。

2）方法装饰器

方法装饰器用在类方法上面，代码如下：

```
@atMethod
changeName(name: string): SecondClass {
    this.name = name;
    return new SecondClass();
}
```

方法装饰器的作用如下。

（1）取得当前方法执行后的返回值：方法装饰器的 propertyKey 参数是当前方法的名称，配合 target 参数，用 target[propertyKey]() 的方式来执行当前方法，并取得结果。

（2）取得当前方法的返回类型：利用 reflect-metadata 反射库，取得当前方法的返回类型。

3）参数装饰器

参数装饰器用在类方法的参数前面，需要配合方法装饰器共同使用，代码如下：

```
@atMethodWithArgs("New", "Type")
change(name: string, @atParameter age: number): void {
    this.age = age;
    this.name = name;
}
```

参数装饰器的作用如下。

（1）取得参数类型：利用 reflect-metadata 反射库取得被装饰的参数类型。

（2）标记参数：参数装饰器独有的 parameterIndex 表示当前参数在方法参数列表中的位置，借助 parameterIndex，加上 target 和 propertyKey 即可标记当前参数。

注意：reflect-metadata 反射库的使用，将在 2.1.3 节讲解。

4）变量装饰器

变量装饰器用在类成员变量的上面，代码如下：

```
@atClass
export default class FirstClass {
    @atProperty
    private age: number;
}
```

变量装饰器的作用如下。

（1）取得当前成员变量的类型：利用 reflect-metadata 反射库取得参数的类型。

（2）给当前成员变量赋值：利用 Object 对象的 defineProperty() 方法对当前装饰的变量进行赋值。

注意：Object 对象在装饰器中的使用方法将在 2.1.3 节讲解。

5）访问器装饰器

访问器（Accessor）装饰器和变量装饰器非常相像，只是该装饰器用在访问器上面，代码如下：

```
@atClass
export default class FirstClass {
```

```
    @atAccessor
    get name(): string {
        return this.name;
    }
}
```

访问器装饰器的作用如下。

(1) 取得当前访问器变量的类型：利用 reflect-metadata 反射库取得访问器变量的类型。

(2) 改变当前访问器的赋值：利用 Object 对象的 defineProperty() 方法对当前访问器变量进行赋值，所以它的行为相当于改变了访问器本身。

2. 装饰器的函数参数

装饰器是一个函数，具有以下 4 个参数。

(1) target：指向被装饰的类，如果是类装饰器，则只有这个参数可用。

(2) propertyKey：方法或成员变量的名称。

(3) propertyDescriptor：方法或者成员变量的内容，不过修改这个参数并不能影响当前对象的方法或者变量，所以通常不使用该参数。

(4) parameterIndex：参数装饰器独有，表示当前参数的位置序号，该序号从 0 开始。

这里可以看出，装饰器能够从函数参数里取得被装饰对象的所有信息。

3. 装饰器的装饰参数

装饰器的装饰参数和函数参数不一样，函数参数是装饰器作为函数所接收的参数，而装饰参数是它在作为装饰器使用时接收的参数，代码如下：

```
//装饰器的函数参数，atParameter 作为函数，它有 target、propertyKey 和 parameterIndex 等 3 个函
//数参数
function atParameter(target: any, propertyKey: string, parameterIndex: number) {
}

//装饰器的装饰参数，@atMethodWithArgs 装饰器需要的装饰参数是一个字符串
@atMethodWithArgs("Hello String")
change(name: string): void {
}
```

根据装饰器是否需要装饰参数，装饰器也可以分为带参数和不带参数的装饰器，它们在写法上有一些不同，以类装饰器举例，代码如下：

```
//不带参数的类装饰器
function atClass(target: any) {
}

//带参数的类装饰器
function atClassWithArgs(...args: any[]) {
    return function (target: any) {
```

    }
}
```

带参数的装饰器,需要将原有的装饰器函数作为返回值,函数参数都写在这个返回值函数里,而装饰器参数则写在装饰器本身的参数位置。

这里提供一份完整演示上述 5 种装饰器和其各种参数的代码,读者可对照理解,代码如下:

```typescript
//chapter02/01-decorator/first-class.ts

import "reflect-metadata";
//带参数的类装饰器
@atClassWithArgs(1, 2, 3)
class SecondClass {}

//不带参数的类装饰器
@atClass
export default class FirstClass {

    //带参数的成员变量装饰器
    @atPropertyWithArgs("Li", "Mei")
    private name: string;

    //不带参数的成员变量装饰器
    @atProperty
    private age: number;

    //不带参数的访问器装饰器
    @atAccessor
    get newname(): string {
        return this.name;
    }

    //不带参数的方法装饰器
    @atMethod
    changeName(name: string): SecondClass {
        this.name = name;
        return new SecondClass();
    }

    //带参数的方法装饰器
    @atMethodWithArgs("New", "Type")
    change(name: string,
        //不带参数的参数装饰器
        @atParameter age: number): void {
        this.age = age;
        this.name = name;
    }

```typescript
    getName(): string {
        return this.name;
    }
}

const obj = new FirstClass();

console.log("FirstClass对象调用getName()取得装饰器赋值为", obj.getName());

//类装饰器
function atClass(target: any) {
    console.log("类装饰器,类名是", target.name);
}

//类装饰器,带参数
function atClassWithArgs(...args: any[]) {
    return function (target: any) {
        console.log("类装饰器有参数,参数值为", args.join(","));
    }
}

//方法装饰器
function atMethod(target: any, propertyKey: string) {
    const returnType: any = Reflect.getMetadata("design:returntype", target, propertyKey);
    console.log("方法装饰器,获得返回类型为", returnType.name);
}

//方法装饰器,带参数
function atMethodWithArgs(...args: any[]) {
    return function (target: any, propertyKey: string) {
        console.log("方法装饰器有参数,参数值为", args.join(","));
    }
}

//成员变量装饰器
function atProperty(target: any, propertyKey: string) {
    const propertyType: any = Reflect.getMetadata("design:type", target, propertyKey);
    console.log("变量装饰器,获得变量类型", propertyType.name);
}

//成员变量装饰器,带参数
function atPropertyWithArgs(...args: any[]) {
    return function (target: any, propertyKey: string) {
        console.log("变量装饰器有参数,参数值为", args.join(","));
        Object.defineProperty(target, propertyKey, {
            get: () => {
                return args;
            }
```

```typescript
        });
    }
}

//访问器装饰器
function atAccessor(target: any, propertyKey: string, descriptor: PropertyDescriptor) {
    const returnType: any = Reflect.getMetadata("design:type", target, propertyKey);
    console.log("访问器装饰器,访问器类型是", returnType, ",其值为", target[propertyKey]);
}

//访问器装饰器,带参数
function atAccessorWithArgs(...args: any[]) {
    return function (target: any, propertyKey: string, descriptor: PropertyDescriptor) {
        console.log("访问器装饰器,参数值为", args.join(","));
    }
}

//参数装饰器
function atParameter(target: any, propertyKey: string, parameterIndex: number) {
    const parameterType: any = Reflect.getMetadata("design:paramtypes", target, propertyKey);
    console.log("参数装饰器,参数位置在", parameterIndex, ",其参数类型是", parameterType[parameterIndex].name);
}

//参数装饰器,带参数
function atParameterWithArgs(...args: any[]) {
    return function (target: any, propertyKey: string, parameterIndex: number) {
        console.log("参数装饰器有参数,参数值为", args.join(","));
    }
}
```

4. 设计装饰器的步骤

依据装饰器的各种分类和用法,当设计开发装饰器时,可按下列步骤进行:

(1)确定需要在哪个位置应用装饰器,选择对应位置的装饰器类型。

(2)通常来讲,带有参数的装饰器比不带参数的装饰器更加灵活强大,因此在设计时应该优先考虑使用带参数的装饰器,除非明确装饰参数不是必需的。

(3)考虑装饰器内部具有实现哪些能力。利用2.1.3节介绍的反射能力,可以对被装饰的对象进行信息获取或者修改其内容。例如,@bean这种方法装饰器利用reflect-metadata反射库来取得方法的返回类型,并以该类型为名称,将生成的对象存储在对象工厂中,以便后续使用。

设计装饰器的步骤如图2-1所示。

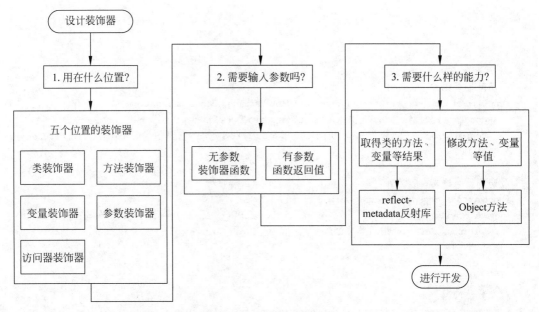

图 2-1 设计装饰器的步骤

2.1.3 装饰器执行原理

通常,开发装饰器的目的有以下两种:

(1) 取得一些被装饰对象的信息,在后续的代码里对这个对象进行特殊处理。例如参数装饰器通常用于标记特定的参数,供在同一种方法上的方法装饰器对参数进行特殊处理。

(2) 修改被装饰对象的功能。当然,在修改功能之前,一般需要获得对象的信息。

要做到上述两点,程序需要具有反射的能力。

1. 装饰器的反射能力

在计算机学中,反射式编程(Reflective Programming)或反射(Reflection)是指计算机程序在运行时可以访问、检测和修改它本身状态或行为的一种能力。形象地讲,反射就是程序在运行时能够"观察"并且修改自己的行为。

简而言之,反射提供了针对程序对象进行获取信息和修改运行内容的能力。

TypeScript 语言提供了以下两种特性的反射功能。

(1) reflect-metadata:TypeScript 语言的反射库,可以获得各种对象的信息,如方法返回类型、参数类型等。

(2) Object:Object 是 TypeScript/JavaScript 内置的对象,Object 的各种功能十分强大,装饰器开发主要用到 Object 修改对象的功能。

MainReflect 类是演示上述两个反射功能的例子,代码如下:

```
//chapter02/01-decorator/main-reflect.ts

import "reflect-metadata";
```

```typescript
class MainReflect {
    //使用 Object 注入对象
    @injectAge(10)
    private age: number;

    //使用反射获取返回值类型
    @findReturn
    getAge(): Number {
        return this.age;
    }
}

const mainReflect = new MainReflect();
console.log("获得 Age 值:", mainReflect.getAge());

function injectAge(arg: Number) {
    return function (target: any, propertyKey: string) {
        //设置对象属性
        Object.defineProperty(target, propertyKey, {get: () => {return arg;}});
    }
}

function findReturn(target: any, propertyKey: string) {
    //获取返回值类型
    const returnType: any = Reflect.getMetadata("design:returntype", target, propertyKey);
    console.log(target[propertyKey].name, "的返回类型是", returnType.name);
}
```

输入 ts-node 命令执行 MainReflect 类,观察其输出结果,命令如下:

```
ts-node main-reflect.ts
→ getAge 的返回类型是 Number
→ 获得 Age 值: 10
```

注意：ts-node 命令可以在 TypeScript 的 ts 源文件在不做前置编译的情况下直接运行并输出结果,在开发阶段非常方便。在本书后续章节中,如果不做特殊说明,则程序均采用 ts-node 命令来执行。

在 MainReflect 类代码里,@injectAge 装饰器利用了 Object.defineProperty()方法对被装饰的 age 成员变量进行赋值,代码如下:

```
Object.defineProperty(target, propertyKey, {get: () => {return arg;}});
```

TarGET 参数是 MainReflect 对象,propertyKey 参数是 age 变量名,Object.defineProperty()方法给 MainReflect 对象的 age 变量赋予{get: () => {return arg;}}的值,该值是一个访问器,其作用是当程序读取变量时,将返回 get 标记函数的内容,也就是

arg，而 arg 值正是@injectAge 装饰器的装饰参数，上述程序中它被赋值为 10，所以最终读取到的 age 成员变量值为 10。

@findReturn 装饰器则是利用了 reflect-metadata 库来取得 getAge()方法的返回值类型，代码如下：

```
const returnType: any = Reflect.getMetadata("design:returntype", target, propertyKey);
```

Reflect.getMetadata()方法的第 1 个参数值 design:returntype 指的是获取方法的返回类型，参数值还可以是 design:type 取变量类型、design:paramtypes 取参数类型等。余下的两个参数分别是 MainReflect 对象和方法名称。Reflect.getMetadata()方法得到的 returnType 值就是被装饰方法的返回类型，程序最终输出了 returnType 值的 name 属性，也就是该类型的名称。

2. 装饰器的执行时机

了解了装饰器的能力后，下一个问题是装饰器是在什么时候被调用的？或者说，什么时候调用装饰器才是正确的呢？这里通过 MainApp 类进行观察，代码如下：

```
//chapter02/01-decorator/main-app.ts

@app
class MainApp {}

function app(target: any) {
    console.log("执行 @app 类装饰器");
}
```

同样输入 ts-node 命令执行，命令如下：

```
ts-node main-app.ts
→ 执行 @app 类装饰器
```

从输出能看到，装饰在 MainApp 类的@app 装饰器被执行了，所以装饰器的第 1 个执行的时机是直接写在执行文件里，如同普通函数一样被执行。

注意：这里的 MainApp 类并没有被执行，只有装饰它的@app 装饰器被执行了。

那么，如果装饰器并没有写在执行文件里呢？

这时就需要 import 关键字来执行装饰器。import 是 TypeScript 语言引入文件的语法。example-import.class.ts 代码里同样有@app 装饰器，代码如下：

```
//chapter02/01-decorator/example-import.class.ts

@app
export default class ExampleImport {}

function app(target: any) {
```

```
        console.log("import 载入 ExampleImport 类的 @app 类装饰器.");
    }
```

而 main-import.ts 用 import 引入 example-import.class.ts 文件，代码如下：

```
//chapter02/01-decorator/main-import.ts
import("./example-import.class");
```

输入 ts-node 执行 main-import.ts 文件，命令如下：

```
ts-node main-import.ts
→ import 载入 ExampleImport 类的 @app 类装饰器
```

从输出可以看出，在执行的文件 main-import.ts 里 import 语句引入了 example-import.class.ts，而后者的 @app 装饰器就被调用了，所以装饰器的第 2 个执行时机是在 import 关键字引入时被执行了。

注意：从框架开发者的视角看待这个问题，这意味着设计 Web 框架时，需要把握 import 载入框架内部文件和使用者开发的外部文件之间的顺序。

本节阐述了装饰器的反射能力和执行时机，这是开发装饰器的基础。接下来将讲解实际开发装饰器的例子，让读者对装饰器的开发有更全面的认识。

2.1.4　定时任务装饰器开发

定时任务 @schedule 装饰器是框架内使用装饰器的一个简单例子。@schedule 装饰器被设计成可以支持 crontab 格式的时间表达式，让程序定时执行代码，方便开发者做一些（如每日备份、迁移数据、检查程序状态等）定时任务。

crontab 时间格式可支持指定分钟、小时、日期等时间表达式，组合出各种时间，如每天某个时间定时执行，每分或每小时执行等。在实际开发中可在网上找各种的 crontab 时间计算工具来帮助编写时间表达式。

注意：@schedule 装饰器是在比较后期的框架版本里开发的，但由于它是比较简单实用的装饰器例子，所以将其放本节讲述。

@schedule 装饰器依赖于 cron 库，执行 npm 命令安装此依赖，命令如下：

```
npm install cron
```

代码在核心文件 speed.ts 里导出，代码如下：

```
//chapter02/03-configuration/src/speed.ts
function schedule(cronTime: string | Date) {
    return (target: any, propertyKey: string) => {
```

```
        new cron.CronJob(cronTime, target[propertyKey]).start();
    }
}
```

@schedule 装饰器将输入的参数 cronTime 直接交给 cron 库的 CronJob()方法来处理，并设置定时执行的是当前被装饰的方法。

接下来测试@schedule 装饰器，在 test-log.class.ts 文件中加入 myTimer()方法，代码如下：

```
//chapter02/03-configuration/test/test-log.class.ts

@schedule("* * * * * *")
myTimer() {
    log("myTimer running");
}
```

这里@schedule 的参数被设置成每秒执行一次，执行的对象是被装饰的 myTimer()方法。执行 npm 命令启动程序，命令如下：

```
npm run test
```

当程序运行起来时，命令行会以每秒一行的速度输出"myTimer running"提示，这是被@schedule 装饰的 myTimer()方法输出的内容。

2.1.5 小结

TypeScript 的装饰器和 Java 语言的注解（Annotation）十分相似，两者都是在类的上述位置使用，也都用于标注对象并且赋予对象额外的能力，但是从具体代码开发层面来讲，注解和装饰器的区别如下：

（1）Java 注解是给反射程序使用的标记。和 TypeScript 在装饰器内部使用反射的做法不一样的是，Java 反射程序是在注解语法之外执行的，而 Java 注解的作用就是在反射程序拆解对象的过程中当遇到被注解标记的类、方法、变量、参数等（Java 没有访问器语法）时反射程序会进行一些特定的操作，如进行对象赋值等，即 Java 注解语法本身不包含可执行的代码，它只能依赖于反射程序的执行。

（2）TypeScript 装饰器则包含执行代码，装饰器可以看作函数，甚至可以作为普通的函数来使用，反过来任何函数也都可以作为装饰器来使用，而且当函数作为装饰器使用时它和普通函数的唯一差别是它可以在运行时从参数获得被装饰的对象信息，从而利用反射能力进行所需的操作。

装饰器是 TypeScript 非常具有创造性的特性，能够对原本的代码进行增强。本节介绍装饰器的用途、执行原理及它如何利用反射进行开发，让读者能更好地理解接下来的各种装饰器的开发逻辑；同时这些内容也可以帮助读者在日常开发中灵活地设计所需的装饰器。

2.2 构建对象管理机制

对象管理机制是 Web 框架的核心运行逻辑，Web 框架提供的大部分功能是基于对象管理机制进行开发构建的。

本节将首先介绍对象管理的概念，然后讲解新框架对象管理的具体设计，同时讲述在对象管理机制实现中涉及的依赖注入、对象工厂和入口文件等重要概念。之后阐述对象管理机制的具体开发，并基于该机制开发 Web 框架的日志功能。

2.2.1 对象管理

对象管理是 Web 框架的核心，原因是对象管理规定整个框架应该如何创建对象和使用对象。

从上述定义出发，对象管理需要理解以下 4 点：

（1）对象管理的是对象，这里的对象不仅可以指代编程语言里面的 object 类型，还可以指代其他的元素，例如组件、页面等。

（2）对象管理的范围是整个框架，这意味着无论是框架内部代码还是由框架使用者编写的代码，它们都应当按照相同的规则来创建和使用对象。

（3）在对象的创建和使用时，对象管理会对这些对象进行统一处理，这是管理对象的意义所在。

（4）从框架使用者的体验需求看，对象管理应该是容易理解和使用的。因为它是经常用的编程内容。

对象管理的 4 个要点如图 2-2 所示。

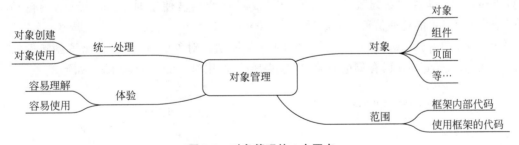

图 2-2　对象管理的 4 个要点

2.2.2 设计对象管理机制

依据对象管理的上述要点，结合 TypeScript 装饰器，本节开始设计框架的对象管理机制，也就是规定对象应当如何创建和使用。

1. 对象的创建

@bean 方法装饰器被设计成创建对象的装饰器。@bean 用于装饰特定的方法，而这些方法的返回值就是被创建对象实例。

@bean 装饰器使用示例，代码如下：

```
@bean
createLog(): LogFactory {
    return new CustomLog();
}
```

注意：bean 的命名参考了 Java 语言惯例。因为 Java 这个名字是一种咖啡名，而咖啡豆的英文 Java Bean 就是 Java 基本组成单元的名称。

createLog()方法返回 CustomLog 对象，由于 CustomLog 类是 LogFactory 的子类，所以也可以理解成 createLog()方法返回了 LogFactory 对象。

而代码里@bean 装饰器对 createLog()方法进行装饰，@bean 会将 createLog()方法返回的 LogFactory 对象存储起来，这样就完成了对 LogFactory 对象的创建。

2. 对象的使用

那么程序里要怎么使用这个 LogFactory 对象呢？

@autoware 变量装饰器被设计成取得对象的装饰器，@autoware 获得对象的代码如下：

```
@autoware
private log: LogFactory;
```

注意：autoware 是装配的意思，其含义是自动给变量装配对象。

log 成员变量的类型是 LogFactory，它对应了前面 createLog()方法的返回类型。这里@autoware 变量装饰器起到的作用是，当 log 成员变量被使用时，@autoware 会自动将 createLog()方法的返回值赋予 log。

@bean 和@autoware 的关系就是@bean 装饰创建对象的方法，并存储了创建后的对象，而@autoware 则将已存储的对象取出并赋值给使用对象的变量，如图 2-3 所示。

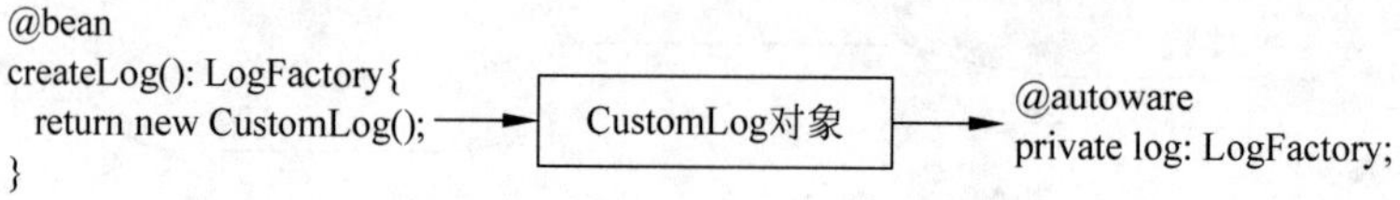

```
@bean
createLog(): LogFactory{
    return new CustomLog();     ──▶  CustomLog对象  ──▶   @autoware
}                                                          private log: LogFactory;
```

图 2-3　@bean 和@autoware 的关系

2.2.3　依赖注入

上述程序中@autoware 的赋值是由对象管理机制自动完成的，框架使用者并不需要对 log 变量进行实例化，这样的自动赋值过程被称为依赖注入(Dependency Injection，DI)。依赖注入是一种设计模式，它可以理解成 log 变量依赖于 LogFactory，在使用时系统会自动为其注入 LogFactory 的对象。

> **注意**：依赖注入在百度百科的定义为程序在运行的过程中，如果需要调用另一个对象协助，则无须在代码中创建被调用者，而是依赖于外部的注入。依赖注入是实现控制反转（Inversion of Control, IoC）的其中一种技术实现。

从编码的角度来讲，依赖注入避免直接写 new 关键字进行创建对象，而是框架首先在使用者看不到的底层代码里完成对象实例化并给变量赋值，然后等待使用。

依赖注入使用起来比较简单，但为什么要使用依赖注入，使用 new 关键字实例化对象不是更直接吗？使用 new 关键字进行实例化，代码如下：

```
private log: LogFactory = new CustomLog();
```

事实上，new 实例化对象是可行的，但是更好的做法是依赖注入，因为依赖注入有以下几个优势。

（1）使用对象的一方（使用方）可以在无须了解对象的实例化过程就直接使用对象，这样使用方就能更专注自身的业务实现。以框架的日志功能为例，使用方不用去关注创建 CustomLog 对象的具体细节，只需知道它在使用前（注入前）已经被处理好了。

（2）提供对象的一方（提供方）也可以无须了解使用方是如何使用对象的，只管提供创建对象的 @bean 装饰方法即可，同样能更专注于自己功能的实现，而不用去关注使用方的具体使用细节。例如日志功能的开发者，不用特地为网站首页提供一个首页日志功能，而另外给用户页面再提供一个用户日志功能，只要提供一套日志逻辑即可。

（3）在 2.2.1 节提到对象管理会对对象进行统一处理，依赖注入作为对象管理的一部分，它有着一些使用 new 关键字创建对象所无法提供的高级功能，如日志功能的内部采用了单例设计模式，它能很好地降低系统开销。

（4）随着系统开发规模的不断扩大，所编写的类和对象也会增多，它们会逐渐变得难以维护和管理，因此，即便对于简单的对象，也建议优先采用依赖注入，方便统一管理。

2.2.4 对象工厂

2.2.2 节提到 @bean 装饰器会将完成创建的对象存储起来待用，因此对象管理机制需要设计一个集中存储对象的地方，通常这样集中管理对象的编码逻辑被称为对象工厂。

将对象工厂想象成一个大型货架，货物提供商会摆上各种货物，并给每个货物都打上唯一的标签，顾客可以根据这些标签找到相应的货物并取用，同时提供商也可以根据标签将旧的货物撤下，换上新的货物。对象工厂里的货物便是各种对象，这些对象都有唯一的标签，根据标签即可取用或者更换对象。

从具体实现看，@bean 装饰器获得了创建的对象后，将对象存储到对象工厂里，同时给对象打上标签，这个标签就是 @bean 利用反射获取的方法返回类型的名称。

以上的做法统一了对象的创建和使用逻辑，并在中间提供了同名对象替换的逻辑，使开发者可以轻松地将默认的功能对象替换成功能更为强大的扩展功能对象。

举个例子，本节开发的日志功能默认采用系统自带的 console.log() 方法进行输出，console.log() 方法输出的内容只有日志内容，不太方便。同时，采用直接实例化对象的方式，如果要更换日志功能，则每个页面代码都要修改，耦合度极高，如图 2-4 所示。

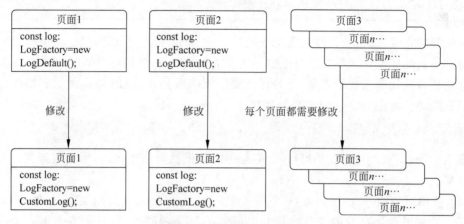

图 2-4　耦合度极高的日志功能

基于对象工厂的替换逻辑，日志功能被替换成采用 trace 库输出的日志系统，trace 库日志增加了时间、文件路径、代码位置等相关内容，增强了日志的可用性，而这样的替换，在代码的写法上，仅仅需要增加一个扩展日志类及在扩展类的方法上标记 @bean 装饰器，这时对象管理机制就能自动地使用新的扩展类来代替原有的日志功能。

这样就大大地降低了日志功能和程序代码之间的耦合度，在几乎没有改动任何一行原有代码的基础上就能完成日志的扩展，如图 2-5 所示。

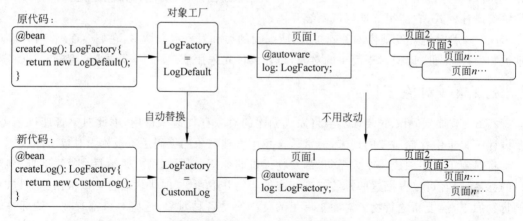

图 2-5　用对象工厂扩展日志功能

由于标签和对象是一对一的关系，所以存放在对象工厂的对象天然就具有单例模式（Singleton Pattern）特性。单例是一种设计模式，它指的是对象在首次被创建后，之后的使用都不再需要重复创建而是直接返回已创建的对象。单例模式有效地降低了对象重复创建的系统开销,从而提升了程序的性能。

对象工厂用BeanFactory类实现,代码如下:

```ts
//chapter02/02-object-management/src/bean-factory.class.ts

export default class BeanFactory {
    private static beanMapper: Map<string, any> = new Map<string, any>();
    public static putBean(mappingClass: Function, beanClass: any): any {
        this.beanMapper.set(mappingClass.name, beanClass);
    }
    public static getBean(mappingClass: Function): any {
        return this.beanMapper.get(mappingClass.name);
    }
}
```

BeanFactory的基本逻辑由成员变量beanMapper实现,该变量的类型是Map<string, any>。beanMapper的键是各个类的标签,beanMapper的值是@bean装饰器实例化创建的对象,通过键名就可以获取或者覆盖相应的对象。

BeanFactory的两种方法为putBean()和getBean(),分别是从成员变量beanMapper赋值的方法和取得对象的方法,两种方法都是全局静态方法,方便在程序的任意位置调用。

结合图2-5所示内容,日志对象在变量beanMapper里的键值是LogFactory,它在一开始被@bean赋值为LogDefault对象。接下来在需要扩展日志功能时,它被@bean再次替换成CustomLog对象,此时开发者所使用的日志对象就是功能更强大的CustomLog,而在这个过程里,开发者使用日志对象的原有代码,并不需要做任何改动。开发者甚至可以完全不了解替换的过程,只管提供新的日志对象创建方法,并标记@bean装饰器即可,其他的事情由对象管理机制在底层自动完成。

2.2.5 项目初始结构

本节将介绍新框架项目的目录结构,为接下来开发对象管理逻辑做准备。框架的目录结构如图2-6所示。

1. 主配置文件

package.json是项目主配置文件,在JavaScript或者TypeScript项目中都是必需的配置文件,其内容要关注的是scripts和dependencies两个属性。

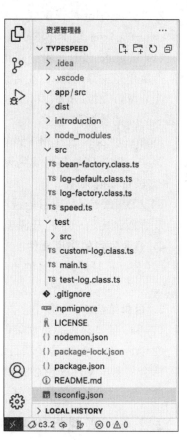

图2-6 项目初始目录结构

1) 命令配置 scripts

定义在 scripts 属性内的 NPM 命令能够以 npm run 命令执行。该文件已配置的命令分别如下。

(1) dev: "nodemon", nodemon 是一个开发阶段常用的热更新工具。当开发者修改并保存文件时，它会自动重启服务，以便开发者可以立即看到修改效果，从而提升开发效率。

(2) test: "ts-node test/main.ts", test 命令包装了 ts-node 执行 main.ts 文件的命令，方便在 VS Code 等编码工具里使用。

(3) build: "tsc -p .", tsc 是 TypeScript 语言的编译命令。build 命令会依据 tsconfig.json 的配置，将项目内 TS 文件编译成 JS 文件并存放到 dist 目录。

2) 依赖库配置 dependencies

本书中所讲述到的各种依赖库都会介绍其安装命令，安装命令会自动增加 dependencies 配置。这里需要留意的有两个依赖。

(1) @types/node: 提供 Node.js 官方库在 TypeScript 项目里使用的全部类型映射。

(2) reflect-metadata: TypeScript 反射库。

2. TypeScript 编译配置

tsconfig.json 是 TypeScript 项目编译配置文件，其关键的属性如下:

(1) module 和 target 分别是编译的来源 JavaScript 版本和目标 JavaScript 版本。这两个属性决定了编译后的 JS 文件内容。

(2) 当 emitDecoratorMetadata 和 experimentalDecorators 被设置为 true 时表示开启 TypeScript 的装饰器特性。

(3) typeRoots 属性用于设置默认从哪里搜索各种库的类型映射文件。

(4) include 属性是将要编译的源文件目录。

3. 项目说明文件

README.md 是项目的说明文件，通常采用 Markdown 格式编写。这里的说明文件内容及排版是比较标准的开源项目说明文件格式，供读者在开发项目时参考。

4. 开源项目的协议文件

LICENSE 是开源项目的协议文件，一般在代码托管平台新建项目时可直接选择协议，平台会自动生成协议文件。

5. 目录结构

(1) src 目录存放的是框架的所有源文件，这些源文件通常是 TS 文件。

(2) test 目录存放的是项目的所有测试程序。由于要避免测试作用域的交叉影响，所以通常会将测试文件单独存放到一个目录。

(3) dist 目录存放的是编译后的 JS 文件，这些文件将发布到 NPM 平台上面供开发者使用。

2.2.6 实现日志功能

本节将开发框架的日志功能，并结合框架的对象管理机制，使其具有扩展功能。

1. 日志功能类

LogFactory 是日志功能类的父类，代码如下：

```
//chapter02/02-object-management/src/log-factory.class.ts
export default abstract class LogFactory {
    abstract log(message?: any, ...optionalParams: any[]): void;
}
```

LogFactory 定义了日志功能类的使用接口标准，具体的日志功能类将继承于 LogFactory。根据继承的语法特性，继承于 LogFactory 的任一子类可以相互替换，这是对象替换基础的依据。

注意：LogFactory 类最初被设计为接口类，但 TypeScript 语法不允许接口类作为值来使用，导致 @bean 装饰器无法获得其类型名称作为对象工厂的存储键值，所以新框架最终采用了和接口类功能相似的父类继承写法。

LogDefault 是 LogFactory 的子类之一，它是框架自带的日志功能类，代码如下：

```
//chapter02/02-object-management/src/log-default.class.ts

import { bean } from "../src/speed";
import LogFactory from "./log-factory.class";

export default class LogDefault extends LogFactory {

    //提供一个默认的日志对象
    @bean
    createLog(): LogFactory {
        return new LogDefault();
    }

    //将日志输出到控制台
    public log(message?: any, ...optionalParams: any[]): void {
        console.log("console.log : " + message);
    }

}
```

LogDefault 的 createLog() 方法被 @bean 装饰，createLog() 将返回 LogDefault 对象。框架将使用 LogDefault 对象的 log() 方法来输出日志信息。

CustomLog 同样是 LogFactory 子类，它将通过对象管理机制，替换 LogDefault 作为框架日志功能，代码如下：

```
//chapter02/02-object-management/test/custom-log.class.ts

import { bean } from "../src/speed";
import * as tracer from "tracer";
```

```typescript
import LogFactory from "../src/log-factory.class";

export default class CustomLog extends LogFactory {
    //使用 tracer 库定义新的日志格式
    private logger = tracer.console({
        format: "[{{title}}] {{timestamp}} {{file}}:{{line}} ({{method}}) {{message}}",
        dateformat: "yyyy-mm-dd HH:MM:ss",
        stackIndex: 2,
        preprocess: function (data) {
            data.title = data.title.toUpperCase();
        }
    });

    //提供新的日志对象
    @bean
    public createLog(): LogFactory {
        return new CustomLog();
    }

    //用 tracer 库打印日志
    public log(message?: any, ...optionalParams: any[]): void{
        this.logger.log(message, ...optionalParams);
    }
}
```

CustomLog 的 createLog()方法和前面的 LogDefault 类似,也是通过@bean 创建对象。CustomLog 的 log()方法使用 trace 库进行日志内容的格式化输出。

trace 库可以自定义日志输出的格式,并拥有指定日志存储及切分等功能。安装 trace 库的命令如下:

```
npm install trace
```

LogFactory、LogDefault 和 CustomLog 之间的关系如图 2-7 所示。

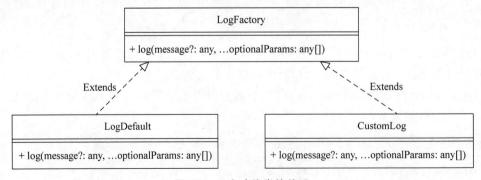

图 2-7 日志功能类的关系

2. 框架日志功能

log()函数是框架提供的日志打印功能函数,它的位置在框架的核心文件speed.ts,可供项目全局范围使用,代码如下:

```
//chapter02/02-object-management/src/speed.ts

function log(message?: any, ...optionalParams: any[]) {
    const logBean = BeanFactory.getBean(LogFactory);
    if(logBean) {
        const logObject = logBean();
        logObject.log(message, ...optionalParams);
    }else{
        console.log(message, ...optionalParams);
    }
}
```

log()函数使用对象工厂BeanFactory的getBean()方法来取得当前的日志对象,然后调用日志对象的log()函数来输出日志信息。

从对象管理机制的角度来理解,log()函数是对象的使用方,它并不需要知道当前的日志对象具体是哪个,只需调用getBean()方法获取对象以供使用。

3. 测试日志功能

接着是TestLog类,它被@onClass类装饰器标记,日志功能的测试代码在@onClass装饰器内部执行,@onClass装饰器的代码保存在speed.ts文件里,代码如下:

```
//chapter02/02-object-management/src/speed.ts

function onClass < T extends { new(...args: any[]): {} }>(constructor: T) {
    log("decorator onClass: " + constructor.name);
    return class extends constructor {
        constructor(...args: any[]) {
            super(...args);
            //console.log("this.name");
        }
    };
}
```

@onClass装饰器内部使用log()函数输出当前类的constructor.name值,constructor指代了当前类的构造函数,构造函数的name就是当前类的名称。从这里的输出可以观察@onClass当前类的执行情况。

执行当前项目代码,观察其日志输出情况更能说明其效果,命令如下:

```
npm run test
```

执行上述命令后会输出一系列的日志,如图2-8所示。

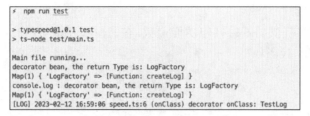

图 2-8　输出日志内容

> **注意**：如果读者发现在自己的命令行输出的结果和图 2-7 的结果不一样，则应删除项目中的 node_modules 目录，重新执行 npm install 命令安装依赖，再执行 npm run test 命令查看输出。

从输出的内容可以看到，前面几行的输出只有日志本来的内容，这是 LogDefault 类 console.log() 方法的默认输出，而最后一条输出比较专业，除了日志内容，还输出了时间、代码位置、代码行数和函数名称等相关信息，这是 CustomLog 类的 trace 库输出的格式化日志。

从日志输出顺序可以看到，在输出最后一条日志时，日志对象从默认的 LogDefault 被替换成了 CustomLog，证明对象管理机制已经达到了预期效果。

2.2.7　入口文件机制

TestLog 的装饰器@onClass 是对日志进行测试的代码，不过 npm run test 命令指向的是需要执行的 test/main.ts 文件，那么 main.ts 文件是怎样执行 TestLog 的装饰器呢？

main.ts 是启动命令所执行的文件，它被称为程序的入口文件，代码如下：

```typescript
//chapter02/02-object-management/test/main.ts

import { log } from "../src/speed";
import * as walkSync from "walk-sync";

//循环载入框架的 TS 文件
const srcDir = process.cwd() + "/src";
const srcPaths = walkSync(srcDir, { globs: ['**/*.ts'] });
for(let p of srcPaths) {
    import(srcDir + "/" + p);
}

//循环载入用户目录的 TS 文件
const testDir = process.cwd() + "/test";
const testPaths = walkSync(testDir, { globs: ['**/*.ts'] });
for(let p of testPaths) {
    import(testDir + "/" + p);
}

log("Main file running...");
```

main.ts 代码使用了 walk-sync 库，walk-sync 库可以对目录和其子目录进行递归遍历，取得目录内所有的文件名列表。安装 walk-sync 库的命令如下：

```
npm install walk-sync
```

main.ts 使用 walk-sync 库执行了两次的循环，两次循环都使用了 import 语法，import 的功能是引入文件并执行代码里的装饰器。这里第 1 次循环遍历了 src 目录，在 2.2.5 节提过，src 是框架的内部源文件目录，所以第 1 次循环对 src 目录的 ts 文件都进行了 import 操作。接下来第 2 次循环则是对 test 目录进行递归遍历，test 里都是测试框架的文件，第 2 次的循环对这些测试文件都进行了 import 操作。

而这两次循环的顺序也十分重要，第 1 次循环是遍历框架内部的装饰器代码，它将框架内部默认的功能都执行一遍，让框架处在准备就绪的状态，如日志功能便是在这个阶段被设置成 LogDefault 对象。

第 2 次循环是遍历测试文件目录，在真实开发场景里，测试目录指代的就是开发者自己编写的代码，这时开发者自定义的扩展类就会被载入，并且会覆盖框架原有的默认类，进而完成对框架的扩展，如此时的日志功能，便被覆盖成了 CustomLog 对象。

当测试目录的 TestLog 类被遍历到并通过 import 载入时，它的 @onClass 装饰器就会被执行，这时，@onClass 的代码就会使用 CustomLog 对象的 log() 方法输出格式化日志。

综上，日志功能的整体实现流程如图 2-9 所示。

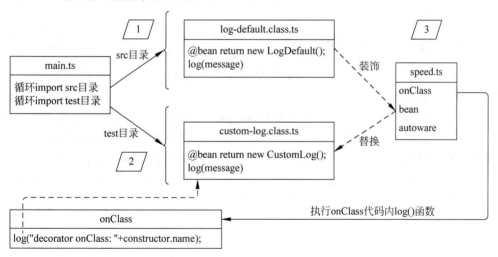

图 2-9　日志功能的整体实现流程

2.2.8　小结

对象管理机制是框架的核心逻辑，它规范了框架内外的代码应该如何创建和使用对象。对象管理采用了依赖注入的设计模式来创建和使用对象，对象工厂作为这些对象的存储逻辑，结合入口文件遍历的顺序，共同实现对象替换的扩展机制。

本节在实现对象管理机制的基础上，开发了框架的日志功能，并具有了动态替换的扩展能力，而在接下来的框架开发过程中读者将会学习到更多基于对象管理机制实现的功能。

2.3 系统配置管理

本节将介绍如何在框架内实现应用程序配置管理。

应用程序配置指的是和程序运行逻辑有紧密关联的，但相对独立的系统配置信息。它和纯业务逻辑的配置信息是有区别的，举例如下。

（1）应用程序配置例子：数据库链接信息、Web服务域名端口、模板引擎、程序时区、服务模块开关、第三方服务的接口信息等。

（2）纯业务逻辑配置例子：用户白名单、商品类型和数量、单个用户下单次数限制等。这些纯业务配置通常会使用数据表存储，不在本节的讨论范围。

注意：以上的分类并非绝对。例如用户白名单配置属于业务配置，但如果只有少量的测试用户，则可放到程序配置里，关键看哪种方式更方便。

对于应用程序配置，框架开发者需要设计规范来解决以下问题：

（1）框架的使用者要按什么方式来编写程序配置？

（2）如何在程序中使用这些配置呢？

2.3.1 约定优于配置

说起程序配置，读者可能在一些资料中会看到关于配置的说法：约定优于配置，或者一些口语场景会说成"约定大于配置"。

约定优于配置理解起来很简单，就是在开发中应尽量减少配置，取而代之的是符合直觉并且合理的约定规则。约定优于配置并非没有任何配置，而是希望程序提供的配置都是最实用的默认值，开发者可以在无须关注（甚至无感知）默认配置的情况下，就能正常进行开发。

约定优于配置实际上也是对框架开发者的要求，它要求框架开发者在设计任何一项配置功能时都尽量为其提供可直接使用的最佳的默认值。

注意：虽然无须配置就开始使用是很理想的，但是实际情况还是有一些没有办法指定默认值，而必须进行显式配置的情况。最典型的例子就是数据库的配置。

约定优于配置要求框架功能尽可能设计有默认配置，但框架仍需提供修改配置的手段，以便帮助开发者在默认值不适用时对配置进行修改。

2.3.2 设计程序配置规范

新框架选用JSON格式的配置文件，JSON是JavaScript程序最佳的配置格式。

通常 Web 程序会在项目的不同阶段被放到不同的环境中运行，如开发阶段会被部署在内部测试环境运行；完成开发后会进行集成测试，通常这时 Web 程序会被部署在预发布环境；项目发布后会被部署在生产环境。

上述环境的配置参数通常有所差异。以数据库配置举例，测试环境的数据库通常是局域网内部的测试库；预发布环境的数据库可能会在局域网或者较廉价的云服务部署，其存放与生产环境几乎一致的数据，以进行准生产环境的集成测试，而生产环境的数据库通常会在商用机房或分布式云服务平台进行部署，还会配置主从数据库等方案以应对实际生产压力，因此框架的配置必须能够在不同的运行环境载入相应的配置文件。

新框架的应用程序的配置规范如下。

(1) 配置项划分两个层级：第 1 层级对应的是单个系统模块，其下第 2 层级是该模块具体的各项配置值。第 1 层级的 redis 配置对应了 redis 数据库模块，该配置下面的 host 等配置项是 redis 数据库的具体连接信息，如图 2-10 所示。

(2) config.json 是基础的配置文件，其内容是在各个环境共同使用的配置，例如 view 配置，在测试和生产环境都一样，即都使用 mustache 等配置项，所以 view 配置写在 config.json 文件里。

(3) 单个环境的配置文件遵循特定的命名规则，即 config-环境标识.json。环境标识用于区分不同的环境，例如 config-test.json 是测试环境的配置文件，而 config-production.json 则是生产环境的配置文件。每个单独的环境配置文件只需包含该环境特有的设置。这些特殊的配置会替换掉 config.json 文件中对应的第 1 层级的配置，并保留其他共同的配置项。

以 redis 配置为例，在测试和生产环境中可能各不相同。在部署时，系统会根据当前环境选择相应的 redis 配置，而通用的 view 配置则会被保留下来。这样，既确保了各个环境之间的差异性，又保持了共性配置的一致性。

上述的应用程序配置规范如图 2-10 所示。

test-merge-config.ts 是替换配置的测试程序，它对 config.json 和 config-test.json 两个配置文件进行合并，得到测试环境配置所示的配置值，代码如下：

```
//chapter02/03-configuration/test/test-merge-config.ts

const config = require("./config.json");
const testConfig = require("./config-test.json");

let realConfig = Object.assign(config, testConfig);
console.log(realConfig);
```

该程序使用 JavaScript 的 Object.assign() 方法合并配置，程序执行后显示 redis 和 view 两个配置合并的 JSON 数据，结果符合预期。

2.3.3 配置的集成

上述的试验代码将被内置到框架的主文件 speed.ts 里。因为应用程序配置应该在程

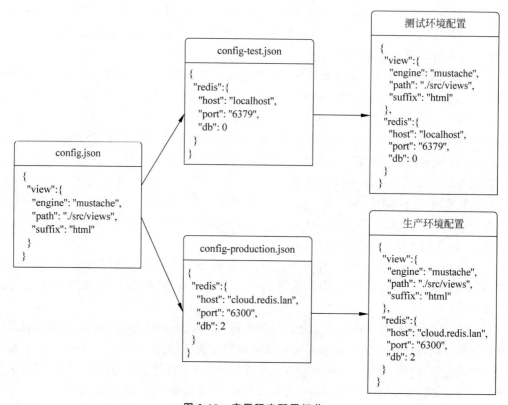

图 2-10 应用程序配置规范

序的任意位置都能够被读取到,所以 speed.ts 文件将导出 globalConfig 变量以供全局使用,代码如下:

```
//chapter02/03-configuration/src/speed.ts

let globalConfig = {};
const configPath = process.cwd() + "/test/config.json";
if (fs.existsSync(configPath)) {
    globalConfig = JSON.parse(fs.readFileSync(configPath, "utf-8"));
    const nodeEnv = process.env.NODE_ENV || "test";
    const envConfigFile = process.cwd() + "/test/config-" + nodeEnv + ".json";
    if (fs.existsSync(envConfigFile)) {
        globalConfig = Object.assign(globalConfig, JSON.parse(fs.readFileSync(envConfigFile, "utf-8")));
    }
}

export { globalConfig };
```

上面的代码完成了配置文件的读取、替换并导出为全局配置,具体讲解如下:

(1) configPath 变量是当前 config.json 的路径,用 process.cwd()方法进行拼装,然后

用 fs 库来判断 configPath 指向的路径是否存在文件。

（2）当 config.json 配置文件存在时，使用 JSON.parse()和 fs.readFileSync()读取文件并赋值给 globalConfig 变量，这是初始配置。

（3）根据 process.env.NODE_ENV 来拼装当前环境的配置文件路径，process.env.NODE_ENV 是当前环境的标识。如果找不到当前环境的配置文件，则默认当前环境的配置文件路径为 config-test.json。

（4）接着程序使用 fs.existsSync()检查当前环境的配置文件是否存在，如果文件存在，则读取文件以取得当前环境配置，用 Object.assign()和初始配置进行合并，得到最终的配置并赋值给 globalConfig 变量。

（5）export 语法将合并后的 globalConfig 全局配置导出。

2.3.4 开发配置装饰器

为了在 Web 程序的各处读取配置值，框架设计了@value 成员变量装饰器，以统一读取配置的方法，代码如下：

```
//chapter02/03-configuration/src/speed.ts

function value(configPath: string): any {
    return function (target: any, propertyKey: string) {
        //检查配置是否存在，避免报错
        if (globalConfig === undefined) {
            Object.defineProperty(target, propertyKey, {
                get: () => {
                    return undefined;
                }
            });
        } else {
            let pathNodes = configPath.split(".");
            let nodeValue = globalConfig;
            for (let i = 0; i < pathNodes.length; i++) {
                nodeValue = nodeValue[pathNodes[i]];
            }
            Object.defineProperty(target, propertyKey, {
                get: () => {
                    return nodeValue;
                }
            });
        }
    };
}
```

@value 装饰器在开始时会检查 globalConfig 变量是否为 undefined，防止读取时出错，这是一个容易被忽视的细节。因为框架最开始载入时，@value 装饰器比 speed.ts 更早被执行，@value 装饰器最开始读取的 globalConfig 变量还是 undefined，所以需要进行判断。

@value 是带参数的成员变量装饰器,它的参数 configPath 是需要读取的配置项名称,例如@value("view")就是读取图 2-10 里 view 的配置内容。

configPath 参数被设计成可输入点号分隔的字符串,点号对应配置的每个层级,例如@value("view.engine")会获得 view 配置下 engine 配置项的值。

读取到的配置值会被赋值给@value 装饰的成员变量,赋值是通过 JavaScript 的 Object.defineProperty()方法进行的。Object.defineProperty()方法能够保持原对象的 this 值,是成员变量装饰器赋值的首选方法。

2.3.5 小结

本节实现了框架的应用程序配置管理功能,可以根据当前环境的标识来读取配置文件。这是一个很实用的编程技巧,常用于多种语言网站开发或多主题切换等开发场景。

第 3 章 Web 服务系统

Web 框架开发的业务系统，尽管所在行业、服务内容、规模等存在差异，但其共同点都是基于 Web 服务提供的 HTTP 接口来完成信息交互，因此，Web 服务是 Web 框架最为基础的特性，是实现所有业务功能的前提。

本章将讲述框架实现 Web 服务系统的开发过程，内容涵盖了 Web 服务系统的 3 个重要的层次：Web 服务框架、中间件机制及路由系统，如图 3-1 所示。

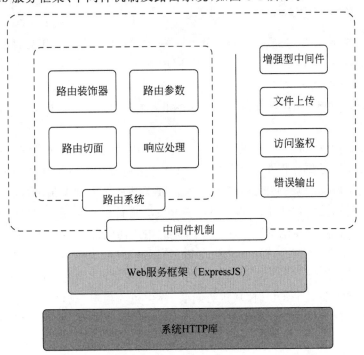

图 3-1　Web 服务系统

Web 服务处在系统底层 HTTP 通信逻辑和上层业务代码之间，它需要对原始的 HTTP 协议数据进行抽象和转换，以便于上层代码的使用，所以通常在开发中还需要引入 Web 服务框架以进行处理。本章引入的服务框架是 Node.js 开发领域较为成熟的 ExpressJS 框架。

> **注意**：类似 ExpressJS 的 Web 服务框架和本书开发的 TypeSpeed 框架之间的区别在 3.1.1 节有详细的讲述。

和 ExpressJS 框架一起引入的还有中间件机制，中间件机制是一种设计模式，它抽象了 Web 服务的请求-响应链的处理过程，提供了编写 Web 服务功能的代码组织方法。

在中间件机制的基础上，框架实现路由装饰器、切面装饰器、参数装饰器等开发者常用的路由系统，同时集成了 Cookie/Session，以及传输压缩、文件上传、JWT 鉴权等多种增强型的中间件，供开发者日常开发使用。

3.1 集成 Web 服务框架

本章将采用第 2 章开发的对象管理机制实现 Web 服务的扩展功能，集成 ExpressJS 框架以支持框架的底层服务。

3.1.1 ExpressJS

ExpressJS 是基于 Node.js 的 Web 服务框架，在 MIT 许可证下作为自由及开放源代码软件发行。ExpressJS 被设计用来开发 Web 应用和 API。目前，它是基于 Node.js 的服务器端框架的事实标准之一。

ExpressJS 通常也被称作 Web 框架。它和本书开发的 TypeSpeed 框架之间的区别如图 3-2 所示。

图 3-2 展示了 Web 框架的层级结构。从底部开始，可以看到底层是 Node.js 的 HTTP 模块，它的主要作用是将操作系统底层的 HTTP 通信协议内容封装成 JavaScript 代码库的形式，供进行底层协议级别的开发。这个层次需要关注的开发细节最多，因为它只提供了协议层面的基础逻辑，在协议之上的部分都需要开发者自行编码实现。例如开发路由功能，需要开发者从 HTTP 协议库的 Request 对象内提取用户访问地址，然后匹配路由规则来指向对应的页面逻辑，中间还要处理诸如协议出错、数据缓冲区转换等烦琐的细节。

在底层 HTTP 模块上开发是较为烦琐的，并且容易忽略一些细节而导致后期系统运行不稳定，所以通常需要对 HTTP 模块进行封装，提供更为稳定、成熟的框架给上层业务系统使用，这些框架可称为 Web 服务框架。常见的 Web 服务框架有 ExpressJS、Koa 等。

Web 服务框架重新定义了 HTTP 模块的使用方式，例如将 HTTP 请求抽象为请求-响应链的中间件机制，提供简单的方法来处理的 HTTP 请求数据，提供各种丰富的输出响应方法等。在这个层次上，需要使用者自行实现的底层功能相对较少，不过由于 Web 服务框架的主要工作是包装底层 HTTP 协议逻辑，简化对请求和响应的操作，缺少对上层业务系统的支持，所以 Web 服务框架只适合在页面较少或者逻辑较简单的 Web 应用中直接使用，更多的场景是为上层 Web 业务框架提供中间件机制的支持。

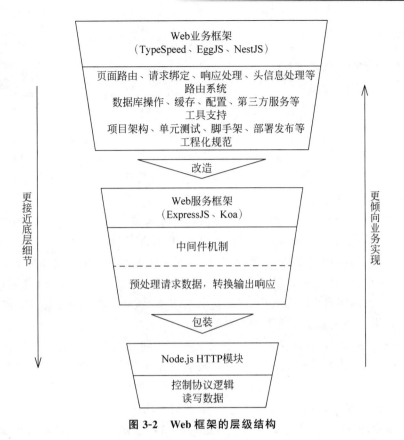

图 3-2　Web 框架的层级结构

Web 业务框架,即本书开发的 TypeSpeed 框架,此外较为知名的还有 EggJS、NestJS 等,这些框架通常简称为 Web 框架。它们基于 Web 服务框架,遵循中间件机制对 HTTP 请求进行再次封装,Web 框架具有以下 3 个特点:

(1) 提供功能易用的路由系统,例如 NestJS 和 TypeSpeed 均提供了路由装饰器,使用简单,符合 TypeScript 的开发习惯。

(2) 提供支持业务开发的工具支持,例如 TypeSpeed 提供数据库操作、认证鉴权、消息队列等开箱即用的功能,提升业务系统的开发效率。

(3) 提供工程化的规范和支持,Web 框架对团队开发和协作提供了创建标准化项目结构的脚手架、单元测试、自动化文档等功能的支持,使其能适用于大规模项目。

3.1.2　中间件机制

ExpressJS 网站对中间件(Middleware)的定义是:中间件函数是在应用程序请求-响应循环中可以访问请求对象、响应对象及下一个中间件的函数。ExpressJS 网站给出了中间件的示例,代码如下:

```
const express = require('express')
const app = express()
```

```
app.get('/', (req, res, next) => {
  res.send('Hello World!')
})

app.listen(3000)
```

常量 app 是 Express 对象，它是当前 Web 程序的实例。它的 get()方法用于接收 HTTP 的 GET 请求，其第 1 个参数指的是当前请求的 URL 路径，而第 2 个参数的匿名函数将处理请求并返回响应信息。这个匿名函数就是中间件，它的 3 个参数 req、res、next 分别对应请求对象、响应对象、下一个中间件实例。

请求对象是对 HTTP 请求数据的封装，在请求数据中比较重要的有请求头信息(Headers)、请求体信息(RequestBody)和客户端 IP、UA 等特征信息。

响应对象对应的是浏览器将要接收的信息，通常情况下响应的是文本内容，如 JSON 数据或 HTML 页面，但有些场景服务器端也会返回特殊的状态码，指示浏览器的下一步行为，例如 302 表示跳转到另一个页面、403 表示权限不足、502 表示服务器端出错等，所以响应对象中比较值得关注的是响应类型和状态码。

下一个中间件实例是指向中间件链条的下一个中间件。用于显示页面的中间件通常不需要调用 next，这代表当前中间件是链条的最后一个中间件，所以它会调用响应对象的输出方法 res.send()或者 res.end()将页面返回浏览器。那么，什么时候需要调用 next 呢？

这就要说到中间件的两个作用：响应请求和对请求进行预处理。

响应请求很好理解，就是将正确的页面返回浏览器显示，而在响应请求之前，可能需要进行一些预处理工作，例如典型的认证鉴权，网站的认证鉴权逻辑要求在用户请求页面之前，先对用户请求携带的认证信息进行验证，只有验证通过后才能进入页面，所以预处理的中间件通常不会直接参与页面显示相关的逻辑，其作用主要是预先对请求数据做一些鉴别或者转换(例如文件上传)等工作。

负责预处理的中间件在完成处理后，需要调用 next()将请求传递给下一个中间件。如果在预处理的工作中出现异常情况，例如用户登录信息不匹配，则可以调用 next(err)来传递异常信息。如果调用输入参数的 next(err)，则会跳过下一个正常的中间件，而将直接到达能够处理异常的中间件，以此来给用户返回异常信息。

从以上 3 个参数可以看出，中间件本身具备了处理输入、输出及操纵处理方向的能力，所以可以将其视为 Web 服务处理 HTTP 请求的最小单元。

中间件机制是将这些最小的处理单元串联执行，一个中间件通过 next 传递到下一个中间件，形成一条处理从请求到响应的功能链条，如图 3-3 所示。

图 3-3 展示了一个 HTTP 请求达到 Web 服务后历经的各个环节，例如请求的头信息如果内容包含了文件上传域，则会在上传中间件里对请求体数据进行转换，将上传文件的二进制内容抽离出来并存储成临时文件，并且临时文件信息会附加到 req 请求对象上，继续传递到下一个鉴权中间件，鉴权中间件会读取当前请求头的用户信息进行验证，验证通过后进

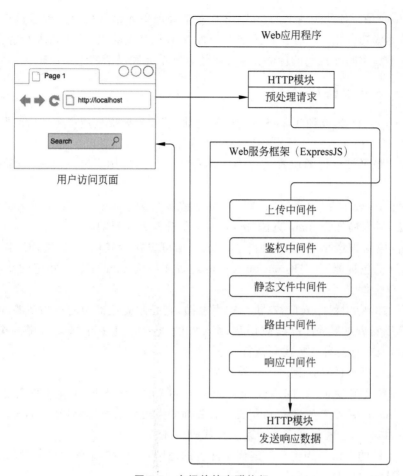

图 3-3　中间件的串联执行

入页面中间件。

　　整个链条上最重要的是路由中间件,路由中间件通常有很多,分别对应各种 HTTP 请求方法和不同的路径。路由中间件会根据 HTTP 请求路径和方法进行匹配并调用对应的路由中间件进行处理。

　　路由中间件是页面逻辑代码的所在中间件,这是 Web 应用主要的业务逻辑所在。匹配的路由中间件将对请求数据进行各种业务逻辑的处理,如数据库操作等。最后它会将处理结果传递到响应中间件,响应中间件从 res 响应对象里取得结果的格式和数据,依据格式来发送响应头信息,并把结果发送回浏览器,结束这次处理流程。

　　从以上过程可以看到单个中间件只完成特定的处理,从而提高了单个中间件的代码可重用性和稳定性,而通过恰当的逻辑将它们串联起来。中间件的串联执行机制,十分恰当地抽象了 Web 请求-响应的本质,让开发者能够更清晰地组织每个请求对应的功能,为整体服务的可扩展性提供良好的基础。

　　中间件的串联执行机制,同时也是一种名为责任链的设计模式。责任链模式(Chain of

Responsibility)是一种处理请求的模式,它让多个处理单元都有机会处理该请求,直到其中某个处理单元成功为止。责任链模式把多个处理单元串成链,然后让请求在链上传递。责任链的优点正是中间件机制的优势:高可用的处理单元和灵活的组织逻辑。

3.1.3 应用程序入口

在将 ExpressJS 集成到 TypeSpeed 框架之前,需要先解决应用程序入口问题,也就是框架乃至整个 Web 应用程序应该在哪里开始被执行?

应用程序最早被执行的位置被称为应用程序入口。应用程序入口是框架设计的要点之一。

举个例子,Java 语言的程序入口是一个函数签名为 public static void main(String[] args)的方法,通常简称为 main 方法,main 方法是开发者代码的起点。

Node.js 应用程序相对 Java 更灵活,Node.js 可以执行任何 js/ts 文件以作为起点,但依据 Node.js 的包规范,项目的 package.json 配置文件里 main 配置项指定的文件将作为整个程序的入口文件。

Web 框架的应用程序入口,在执行顺序上面,它必须先让框架的核心功能准备就绪,然后开始执行开发者的代码,所以应用程序入口的执行时机是在框架系统的全部逻辑被 import 之后,而在开发者业务代码执行之前。

TypeSpeed 框架的应用程序入口设计如下:

(1) 遵循包规范,入口文件必须是 package.json 的 main 配置项,约定文件名是 main.ts。

(2) 在 main.ts 文件内,被@app 装饰器装饰的类是启动类,而启动类的 main()方法就是应用程序的入口,也就是开发者的第 1 行代码所在。

该设计采用的装饰器为主和约定优于配置的原则。因为框架的大部分逻辑基于装饰器实现,所以程序入口同样不例外。

设计中只采用了类装饰器,而不是类装饰器加方法装饰器的组合。因为在测试中发现,仅需要用类装饰器来标注启动类,然后约定启动方法名称是 main()方法即可定位到初始代码的位置,这样使用起来更简单。

从第 2 章我们了解到,装饰器会在执行当前文件或是被 import 时执行,所以@app 类装饰器将执行框架自身代码的位置,它会在 main.ts 文件执行时被调用。当框架代码就绪之后,再转向执行启动类的 main()方法。@app 类装饰器的代码如下:

```
//chapter03/01-web-server/src/speed.ts

function app< T extends { new(...args: any[]): {} }>(constructor: T) {
    const srcDir = process.cwd() + "/src";
    const srcFiles = walkSync(srcDir, { globs: ['**/*.ts'] });

    const testDir = process.cwd() + "/test";
    const testFiles = walkSync(testDir, { globs: ['**/*.ts'] });
    //异步转同步执行
```

```
    (async function () {
        try {
            //载入框架的 TS 文件,执行其中的装饰器
            for (let p of srcFiles) {
                let moduleName = p.replace(".d.ts", "").replace(".ts", "");
                await import(srcDir + "/" + moduleName);
            }
            //载入开发者的 TS 文件,执行装饰器并覆盖
            for (let p of testFiles) {
                let moduleName = p.replace(".d.ts", "").replace(".ts", "");
                await import(testDir + "/" + moduleName);
            }
        } catch (err) {
            console.error(err);
        }
        //开启用户程序
        log("main start")
        const main = new constructor();
        main["main"]();
    }());
}
```

@app 类装饰器是泛型函数,使用泛型可以通过继承于 constructor 构造函数来取得当前启动类,使用 new 实例化当前启动类,进而调用启动类的 main() 方法。

@app 分为 3 部分,在函数的开始位置定义了 4 个常量:

(1) srcDir 是框架源码所在目录,用 process.cwd() 取得命令执行的位置,该位置拼接上 src 即框架所在目录。

(2) srcFiles 是数组,它使用 walkSync 库来搜索 srcDir 目录下所有目录里包含 ts 后缀的文件名。这是为了后面扫描 import 所有框架文件做准备。

(3) testDir 是开发者代码所在目录,和 srcDir 同样是拼接而成的,只是它指向 test 目录。

(4) testFiles 同样是数组,包含开发者目录的所有 ts 文件名。

接下来就是循环 import 载入 srcFiles 文件和 testFiles 文件。这里采用了执行异步代码的写法,代码如下:

```
(async function () {
  ...
  await import(path);
  ...
}());
```

因为 import() 载入函数返回的是一个 Promise 对象,实际上这意味着它是一个异步函数,所以必须在它的前面加上 await 进行调用,再在外面包装一层 async function 进行调用,确保这些异步代码按顺序来执行。

另外,注意 import 的文件名都先经过 replace() 函数进行过滤,这是因为后缀为 ts 的文件在编译后会变成后缀为 js 的文件,而 import 可以忽略文件后缀,所以这里将后缀去除后

再载入。

在@app 的最后部分是 new 实例化启动类,并调用启动类的 main()方法。

注意:@app 装饰器的代码逻辑可以参照 2.2.7 节关于入口文件机制的讲解,以加深理解。

现在看如何使用@app 类装饰器,也就是应用程序入口的具体使用,代码如下:

```typescript
//chapter03/01-web-server/test/main.ts

import ServerFactory from "../src/factory/server-factory.class";
import { app, log, autoware } from "../src/speed";

@app
class Main {

    @autoware
    public server : ServerFactory;

    public main(){
        this.server.start(8080);
        log('start application');
    }
}
```

@app 装饰的 Main 类是启动类,它的 main()方法就是应用程序的入口。该入口程序执行 this.server.start()方法以启动 Web 服务,然后输出应用启动的日志。

3.1.4 集成 ExpressJS

集成 ExpressJS 共分成两个步骤,第 1 步,集成 ExpressJS 的启动代码;第 2 步,对它的路由系统进行改造。这里先完成第 1 步,即集成启动代码。

遵循第 2 章的对象管理机制,首先在 factory 目录建立 Web 服务的父类,代码如下:

```typescript
//chapter03/01-web-server/src/factory/server-factory.class.ts

export default abstract class ServerFactory {
    protected middlewareList: Array<any> = [];
    public abstract setMiddleware(middleware: any);
    public abstract start(port: number);
}
```

ServerFactory 定义了框架集成 Web 服务的两个抽象方法:

(1) setMiddleware(middleware:any)方法用于增加中间件,新增的中间件存储在 middlewareList 数组里。setMiddleware()方法方便开发者将其自定义的中间件添加到中间件链条里,以方便进行一些额外的操作。

（2）start()方法用于启动 Web 服务，它将被开发者的代码所调用。它的参数 port 是启动 Web 服务的端口号。

由于对象管理拥有覆盖扩展的特性，开发者如果希望用另一个 Web 服务来替代 ExpressJS 框架，则可以在不修改框架源码的情况下，使用@bean 装饰器来创建新的 Web 服务以达到更换默认 Web 服务的目标。

接下来是默认 Web 服务的实现子类，代码如下：

```typescript
//chapter03/01-web-server/src/default/express-server.class.ts

export default class ExpressServer extends ServerFactory {
    //提供 Web 服务对象
    @bean
    public getSever(): ServerFactory {
        return new ExpressServer();
    }
    //设置中间件
    public setMiddleware(middleware: any) {
        this.middlewareList.push(middleware);
    }
    //启动 Web 服务
    public start(port: number) {
        const app: express.Application = express();
        this.middlewareList.forEach(middleware => {
            app.use(middleware);
        });
        app.listen(port, () => {
            log("server start at port:" + port);
        });
    }
}
```

ExpressServer 类继承于 ServerFactory，并重写了 setMiddleware()和 start()方法。

ExpressServer 的 setMiddleware()方法简单地将传入的中间件参数 push()到 middlewareList 数组里，后期如果有需要，则可以在 setMiddleware()方法中增加一些对加入的中间件进行改造的逻辑。

start()方法是集成 ExpressJS 的第 1 步，它先实例化 ExpressJS 的 app 对象，接着循环 middlewareList 数组，用 app.use()方法把这些中间件设置到 ExpressJS 实例里。这些中间件就会依据被设置的先后顺序来执行。

start()方法最后调用 app.listen()方法来启动 ExpressJS 的 Web 服务，并且在第 2 个参数的匿名函数的内部输出服务启动的日志，如图 3-4 所示。

这样第 1 步（集成）便完成，接下来可以测试它的效果，命令如下：

```
ts-node test/main.ts

decorator bean, the return Type is: ServerFactory
```

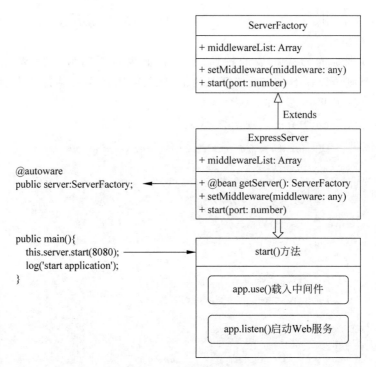

图 3-4 集成 ExpressJS

```
Map(1) { 'ServerFactory' => [Function: getSever] }
decorator bean, the return Type is: LogFactory
Map(2) {
  'ServerFactory' => [Function: getSever],
  'LogFactory' => [Function: createLog]
}
console.log : decorator bean, the return Type is: LogFactory
Map(2) {
  'ServerFactory' => [Function: getSever],
  'LogFactory' => [Function: createLog]
}
[LOG] 2023-10-25 18:10:03 speed.ts:34 (onClass) decorator onClass: TestLog
[LOG] 2023-10-25 18:10:03 speed.ts:27 () main start
[LOG] 2023-10-25 18:10:03 main.ts:13 (Main.main) start application
[LOG] 2023-10-25 18:10:03 express-server.class.ts:19 (Server.<anonymous>) server start at port: 8080
```

命令先是输出在 BeanFactory 类内部检查当前对象工厂的调试代码。之后输出 start() 方法的启动日志,这样 Web 服务就启动完成了。

打开浏览器访问 http://localhost:8080/,页面显示 Cannot Get /即证明了服务已经正常运行,该提示是因为 Web 服务还没有设置路由中间件,所以无法进行路由转向。

3.1.5　小结

至此，框架已经初步集成了 ExpressJS 的 Web 服务，并成功启动。

本节介绍了 Web 服务框架的概念，而 ExpressJS 是 Web 服务框架里较成熟的框架，也是 TypeSpeed 框架用于支持其 Web 服务的选择。ExpressJS 的优势在于简化了底层 HTTP 模块的烦琐细节及提供了中间件机制。

中间件机制是一种重要的 Web 服务的架构模式。中间件机制十分恰当地抽象了 Web 请求-响应的逻辑，给开发具有可重用性和可扩展性的服务器端代码提供了很清晰的代码组织结构。

在相当一部分知名的 Web 框架里采用中间件机制作为主要的开发架构，举例如下。
(1) Node.js 的 Koa 框架。值得一提的是，Koa 和 ExpressJS 均来自同一作者。
(2) Go 的 Gin、Fiber、Echo 等框架。
(3) PHP 的 Laravel 框架。
(4) Python 的 Flask 框架。
(5) Java 的 Play 框架。

理解中间件机制对于我们广泛地认识各种框架的核心思想很有帮助，后续的章节将会继续介绍各种常用中间件及其使用方法。

3.2　路由装饰器

在 3.1.4 节提到集成 ExpressJS 有两个步骤，即集成启动代码和改造路由系统。第 1 步通过对象管理机制，框架已经成功集成了 ExpressJS 的启动代码并成功运行。本章将继续讲解第 2 步，即关于路由系统的改造。

路由是 Web 服务的主要功能之一，它的作用是将浏览器请求的路径导向对应的页面，它是 Web 应用程序能够以不同的路径提供各种功能接口的基础。

3.2.1　简单的路由实现

首先来简单了解一个 ExpressJS 的路由写法，在 3.1.4 节的 ExpressJS 启动代码的 start() 函数里，加入对访问路径/hello 进行处理的路由中间件，代码如下：

```
//chapter03/01-web-server/src/default/express-server.class.ts

export default class ExpressServer extends ServerFactory {
    @bean
    public getSever(): ServerFactory {
        return new ExpressServer();
    }
    public setMiddleware(middleware: any) {
```

```
        this.middlewareList.push(middleware);
    }
    public start(port: number) {
        const app: express.Application = express();
        this.middlewareList.forEach(middleware => {
            app.use(middleware);
        });
        //在这里加入指向路径/hello 的路由中间件
        app.get("/hello", function(req, res){
            res.send("hello");
        });
        app.listen(port, () => {
            log("server start at port: " + port);
        });
    }
}
```

再次通过 ts-node 命令启动程序,打开浏览器访问 http://localhost:8080/hello,即可看到如图 3-5 所示的内容。

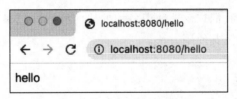

图 3-5　Web 路由显示页面结果

现在来单独观察这段 ExpressJS 设置路由中间件的代码,代码如下:

```
app.get("/hello", function(req, res){
    res.send("hello");
});
```

代码使用 ExpressJS 实例的 get()方法,get()方法为 HTTP 方法之一。HTTP 方法还有 all、post、put、delete、options、head 等 20 多个,详情可参考 ExpressJS 框架的 IRoute 接口的定义。

从名称可以看出,这些 HTTP 方法大体对应了 HTTP 协议的请求方法(Request Method)。值得注意的是,all()方法并不对应 HTTP 请求方法,它指代的是全部的请求方法。

HTTP 方法的作用是根据用户发起的请求类型来选择不同的处理方法,或者不处理。例如上述代码 app.get()只支持 GET 请求/hello,如果使用 POST 将请求发送到/hello,则将返回 404 状态码,表示找不到页面,如图 3-6 所示。

当然,如果将 app.get()改为 app.all(),则不管什么请求方法都能正常请求到/hello 页面,如图 3-7 所示。

![图3-6](POST请求/hello返回404)	
图 3-6　使用 POST 请求 /hello 返回 404，表示找不到页面	图 3-7　app.all() 可以处理任意的请求方法

app.get() 方法的第 1 个参数是请求路径，该参数支持 3 种匹配规则，表示任意匹配该路径的请求都将由其后的路由中间件进行处理。关于请求路径的匹配规范，将在 3.2.2 节详细讲解。

app.get() 方法的第 2 个参数是路由中间件，是具体处理当前页面逻辑的代码所在。

路由中间件作为 HTTP 请求-响应链条的一环，同样有着 req、res、next 共 3 个参数，但通常 next 参数在路由中间件里很少用到，可参考 3.1.2 节的介绍，这里不再赘述。

请求对象 req，类型是 ExpressJS 的 Request，同时也继承于 HTTP 模块的 IncomingMessage，其作用是提供 HTTP 模块解析请求后的数据，这里是它的一些常用方法和变量：

（1）req.get() 方法的别名为 req.header()，其作用是取得请求的头信息。例如 req.get('content-type') 取得请求的内容类型，如 text 文本、json 内容、binary 二进制等。

（2）req.accepts() 方法，其作用是取得请求里标明可接受的响应类型，在实际开发中可以将其理解成请求期待的响应类型，例如 req.accepts('json') 表明浏览器期待收到 JSON 格式的响应数据，req.accepts('html, json') 表明期待的类型是 HTML 或者 JSON。

（3）req.param() 方法，其作用是取得路径的参数或者 URL 的 Query 部分的参数，是获取请求参数的主要方法，将在 3.4 节具体介绍。

（4）req.ip 变量，其作用是取得浏览器的 IP，在限制 IP 访问网站或根据 IP 显示不同内容的场景下非常有用。

（5）req.body 变量和 req.param() 一样，属于请求参数的一种类型，将在 3.4 节具体介绍。

（6）req.cookies 变量，其作用是取得请求中附带的 Cookie 值，将在 3.6.4 节详细介绍。

（7）req.url 变量，其作用是取得请求的整个 URL 网址。

响应对象 res，类型是 Response，也继承于 HTTP 模块的 ServerResponse，其作用是转换响应数据并发回给浏览器，这里是它的一些常用方法：

(1) res.set()方法的别名为 res.header(),其作用是设置响应的头信息。

(2) res.cookie()方法,其作用是设置 Cookie 信息,将在3.6.4节详细介绍。

(3) res.type()方法,其作用是设置响应的 Content-Type 类型。例如 res.type('json')、res.type('png')。

(4) res.send()方法的别名为 res.end(),是发送响应内容的主要方法,它的参数可以是字符串、Buffer 对象、JSON 内容、HTML 内容等。在不调用 res.type()设定类型的情况下,send()方法会自动根据参数类型,自动设置对应的 Content-Type 类型。值得注意的是,正是因为 send()方法会自动设置类型等响应头信息,所以 send()方法不能重复调用,否则将出现响应头信息重复发送的错误。

(5) res.status()方法,其作用是设置响应的 HTTP 状态码。

(6) res.sendStatus()方法,其作用是设置响应 HTTP 状态码并发送响应,它等同于 status()加 send(),例如 res.sendStatus(200)相当于 res.status(200).send('OK')。

(7) res.json()方法,其作用是发送 JSON 格式的响应,等同于 res.type('json').send(内容)。

(8) res.download()方法,其作用是发送文件下载,参数是文件的路径,浏览器会接收到下载文件。

(9) res.sendFile()方法,其作用是发送文件响应,参数是文件的路径,和 res.download()的区别是 sendFile()方法不一定会启动浏览器的下载,例如发送图片将在浏览器直接显示图片而不是下载图片文件。

(10) res.redirect()方法,其作用是发送 302 状态码,使浏览器自动跳转到参数中设定的另一个 URL 网址。

(11) res.render()方法,其作用是显示经过模板引擎渲染后的页面,该方法需要先配置模板引擎中间件,将在3.5节详细介绍。

3.2.2 路径功能详解

app.get()方法的第1个参数是请求路径,这里所说讲述的路径,指的是 URL 网址中域名和问号之间的部分。例如地址 https://localhost/about.html?source=search,路径是/about.html,而问号后面的部分被称为查询字符串(URL Query),并不是路径的一部分。

1. 路径匹配

路径是 HTTP 请求关联到路由中间件的关键。在3.2.1节的代码中演示了路径/hello 对应其中间件的例子,匹配像/hello 这样的路径,称为完整路径匹配。

ExpressJS 的请求路径共有以下3类匹配方法。

1) 完整路径匹配

请求路径和路径参数必须完全一致,见表3-1。

表 3-1 完整路径匹配示例

代　码	匹配示例
app.get('/', (req, res) => {})	http://localhost/
app.get('/about', (req, res) => {})	http://localhost/about
app.get('/page.html', (req, res) => {})	http://localhost/page.html

2）字符串表达式匹配

使用?、+、*、()等字符对路径简单地进行字符串匹配,字符串表达式跟正则表达式相似,但相对后者要简单一些,见表3-2。

表 3-2 字符串表达式匹配示例

代　码	说　明	匹配示例
app.get('/ab?cd', (req, res) => {})	?问号表示前一字符是0个或1个	http://localhost/acd http://localhost/abcd
app.get('/ab+cd', (req, res) => {})	+加号表示前一字符是1个或多个	http://localhost/abcd http://localhost/abbcd http://localhost/abbbcd …
app.get('/ab*cd.html', (req, res) => {})	*星号表示任何个数的字母或数字	http://localhost/abcd.html http://localhost/abPAGEcd.html http://localhost/ab123cd.html …
app.get('/ab(cd)?e', (req, res) => {})	括号里的字符组合和?、+、*符号一起使用,表示字符组合的数量	http://localhost/abe http://localhost/abcde

3）正则表达式匹配

路径参数要求写成正则表达式,见表3-3。

表 3-3 正则表达式匹配示例

代　码	说　明	匹配示例
app.get(/a/, (req, res) => {})	表达式/a/可以匹配任何包含a的字符串	http://localhost/abe http://localhost/newabe …
app.get(/.*fly$/, (req, res) => {})	表达式/.*fly$/可以匹配任何以fly开头或者结尾的字符串,但不匹配中间有fly的字符串	http://localhost/butterfly http://localhost/dragonfly …

完整路径匹配性能是最高的,因为它只需检查字符串相等的情况,而字符串表达式匹配使用的是JavaScript字符串的匹配功能,比起需要执行词法分析和递归匹配的正则表达式,性能也要高出一些。每次HTTP请求都会经过所有的路径匹配,随着系统规模逐渐扩大,性能上微小的差距也会不断放大,从而会对系统性能带来影响。

因此,前两者的匹配场景虽然没正则匹配那么丰富,但在实际应用时,应尽可能地优先使用完整路径匹配和字符串表达式匹配。

2. 路径参数

路径参数指的是从 URL 网址中取得的参数值,通常 URL 网址包含参数值能使整个 URL 看起来更简洁。

ExpressJS 的路径参数可以用 req.params 对象获取。在匹配路径里,在参数前加入冒号即可将该参数识别成路径参数,见表 3-4。

表 3-4 路径参数识别示例

代 码	地 址 示 例	识 别 参 数
app.get('/item/:productId.html', (req, res) => { res.send(req.params) })	http://localhost/item/492056.html	req.params = { id: '492056' }
app.get('/:productId-:page.html', (req, res) => { res.send(req.params) })	http://localhost/32423-1.html	req.params = { productId: '32423', page: '1' }

路径参数是 Web 业务开发中比较重要的数据之一,是浏览器与服务器端交互的必要手段。在 3.4 节开发请求参数装饰器时将进一步介绍路径参数的使用。

23min

3.2.3 开发路由装饰器

ExpressJS 的路由功能,由 HTTP 方法、路径匹配、对应的路由中间件等 3 部分组成,那么框架集成路由功能,也需要分别对应这 3 部分进行改造。

首先框架的路由功能采用装饰器来设计,以延续框架的编程风格,装饰器对应的是 HTTP 方法,这里主要设计最为常用的 GET、POST 和 ALL,其他的 HTTP 方法都可以使用 ALL 来承接。

路径参数和 HTTP 方法结合得比较紧密,因此将路径参数设计为 HTTP 方法装饰器的参数,而路由中间件则是被装饰器装饰的方法函数,如图 3-8 所示。

图 3-8 路由装饰器和 Express 路由的对应关系

由于 get 是 TypeScript 的关键字,get 不能作为装饰器名称,所以路由装饰器的名称为 @GetMapping、@PostMapping 和 @RequestMapping。

@RequestMapping 对应的是 ExpressJS 的 ALL 请求方法，它可以接受任意 HTTP 方法的请求。

路由装饰器的开发思路是由路由装饰器收集路径和对应的方法函数，然后在特定的时机将收集到的内容赋值给 ExpressJS 对象，完成路由装饰器的装配。

简单来讲就是分为收集路由信息和设置路由中间件两个步骤，代码如下：

```typescript
//chapter03/02 - routes/src/route-mapping.decorator.ts

const routerMapper = {
  "get" : {},
  "post" : {},
  "all" : {}
}

function setRouter(app: express.Application) {
  for (let key in routerMapper["get"]) {
    app.get(key, routerMapper["get"][key]);
  }
  for (let key in routerMapper["post"]) {
    app.post(key, routerMapper["post"][key]);
  }
  for (let key in routerMapper["all"]) {
    app.all(key, routerMapper["all"][key]);
  }
}

//GET 路由装饰器
function GetMapping(value: string) {
  return function (target, propertyKey: string) {
    routerMapper["get"][value] = target[propertyKey];
  };
}
//POST 路由装饰器
function PostMapping(value: string) {
  return function (target, propertyKey: string) {
    routerMapper["post"][value] = target[propertyKey];
  };
}
//通用路由装饰器
function RequestMapping(value: string) {
  return function (target, propertyKey: string) {
    routerMapper["all"][value] = target[propertyKey];
  };
}
export { GetMapping, PostMapping, RequestMapping, setRouter };
```

route-mapping.decorator.ts 文件导出的@GetMapping、@PostMapping 和@RequestMapping 是路由装饰器。3 个装饰器的代码基本相同，这里以@GetMapping 为例讲解。

常量 routerMapper 有 3 个属性，分别对应 3 个 HTTP 方法名称。routerMapper 用于收集装饰器对应的信息。

@GetMapping 装饰器把装饰器参数 value 作为键，把被装饰器方法的 target 和 propertyKey 两个参数作为值，这对键值被赋值到 routerMapper["get"] 对象，完成对路由信息的收集。

接下来 setRouter() 方法作为给 ExpressJS 对象设置路由的主方法，它的参数是 ExpressJS 对象。setRouter() 方法内部对 routerMapper["get"] 等 3 个对象进行循环，每次循环都取出一对键值，分别用 app.get()、app.post()、app.all() 设置路由中间件，完成设置路由的步骤。

route-mapping.decorator.ts 文件最后对 setRouter() 方法进行导出以供 ExpressServer 使用。ExpressServer 改动比较少，只需在 app.listen() 之前调用 setRouter() 方法并传入 app 对象，代码如下：

```
//chapter-3/02-routes/src/default/express-server.class.ts

public start(port: number) {
    const app: express.Application = express();
    this.middlewareList.forEach(middleware => {
        app.use(middleware);
    });
    //传入 app 对象即可对路由进行设置
    setRouter(app);
    app.listen(port, () => {
        log("server start at port: " + port);
    });
}
```

3.2.4　测试路由装饰器

路由装饰器的效果跟 app.get() 方法的效果是否一致呢？可以创建页面对其进行测试，代码如下：

```
//chapter03/02-routes/test/first-page.class.ts

import { log } from "../src/speed";
import { GetMapping } from "../src/route-mapping.decorator";
export default class FirstPage {

    @GetMapping("/first")
    public index(req: any, res: any) {
        log("FirstPage index running");
        res.send("FirstPage index running");
    }

}
```

用 ts-node 命令启动服务后,打开浏览器访问 http://localhost:8080/first 可以看到输出的内容,表明路由装饰器可正常运作,如图 3-9 所示。

图 3-9 路由装饰器的显示效果

3.2.5 优化路由装饰器

观察 route-mapping.decorator.ts 文件的 3 个装饰器,它们的结构是类似的,只有名称不同,因此,可以对其进行重构整合。

首先将 3 个装饰器的方法独立出来作为公共方法,公共方法 mapperFunction 里面的方法名参数是 get、post、all 中的一种,代码如下:

```
//chapter03/05-template/src/route-mapping.decorator.ts

function mapperFunction(method: string, value: string) {
  return (target: any, propertyKey: string) => {
    routerMapper[method][value] = (...args) => {
      const getBean = BeanFactory.getBean(target.constructor);
      return getBean[propertyKey](...args);
    }
  }
}
```

mapperFunction 函数代替了原有的功能,3 个装饰器可以直接使用 mapperFunction 函数,只是参数不同,代码如下:

```
//chapter03/05-template/src/route-mapping.decorator.ts

const GetMapping = (value: string) => mapperFunction("get", value);
const PostMapping = (value: string) => mapperFunction("post", value);
const RequestMapping = (value: string) => mapperFunction("all", value);

export { GetMapping, PostMapping, RequestMapping, setRouter };
```

重构后的代码比较整洁、清晰,方便后续进行开发扩展。

3.2.6 小结

本节详细讲解了 ExpressJS 的路由功能,并且把 ExpressJS 的路由功能改造成 TypeScript 装饰器。

只要把路由装饰器放在任意类的成员方法上,即可让该方法具备路由功能。对比原来的 ExpressJS 路由方法,路由装饰器更易用、灵活,并且在编码风格上更能体现 TypeScript 语言的优势。

3.3 路由切面功能

在 3.2 节框架已将 ExpressJS 的路由方法改造成路由装饰器,解决了访问路径与页面程序的对应问题,接下来考虑一个问题:怎样在页面程序执行前或者执行后,动态地加入一些额外功能呢?例如用户成功登录系统后,访问的每个页面都必须进行权限的检查,或者页面程序对执行的时间进行记录统计,检查是否存在页面性能低下的情况。

3.3.1 面向切面编程

在回答上面的问题之前,先来看一个计算页面执行时间的例子,代码如下:

```
@GetMapping("/hello")
Function record(req, res){
  //开始记录当前时间
  console.time('hello-page');
  //一些繁重的处理,如以下的循环
  let counter = 0;
  for (let i = 0; i < 100000000; i++) {
    counter++;
  }
  //结束记录时间,并输出执行时间
  console.timeEnd('hello-page')
  res.send("hello");
}
```

访问该页面会输出页面的执行时长,例如 hello-page:95.721ms,结果取决于系统性能。

像这样的时长统计如果直接放到各个页面的代码里,则会产生以下两个问题:

(1) 重复代码过多,影响页面本来代码逻辑的阅读。

(2) 难以维护,当需要改动这些代码时,每个页面都必须进行修改,工作量太大并且容易遗漏。

以上两个问题该怎么解决?根据 3.1.2 节学过的中间件机制,页面的请求会经过一条请求-响应的链条,链条上串联着各种中间件,页面的逻辑处在路由中间件的位置,如图 3-10 所示。

图 3-10 单个请求-响应链条

那么要解决上述问题,可以在请求-响应链条上,在路由中间件的前后分别动态地加上两个处理程序,如图3-11所示。

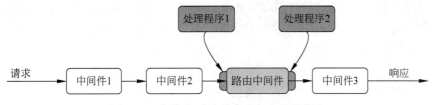

图 3-11　在请求-响应链条上加入处理程序

页面请求的次数当然不止一次,如果从多次页面访问的请求-响应链条来观察,则像是用刀子在链条上的路由中间件两边的垂直位置切上两刀,然后在刀切的位置加入额外的处理程序,这就是服务器端开发领域的一个重要概念:面向切面编程,如图3-12所示。

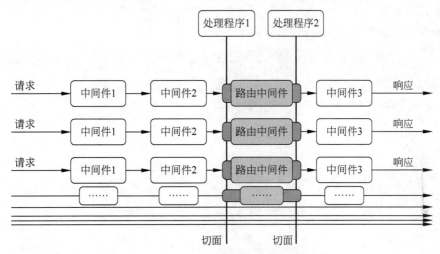

图 3-12　在多个请求-响应链条上切入处理程序

注意:为什么要插入处理程序,而不是直接在路由中间件前后再加两个中间件呢?实际上,处理程序和路由中间件是一体的,处理程序需要取得路由中间件的数据或进行一些操作,而中间件从代码逻辑上是相互独立的,这就造就了中间件机制的灵活性,但也使中间件没有办法轻易地取得前后其他中间件的数据。

面向切面程序设计(Aspect-Oriented Programming,AOP)是计算机科学中的一种程序设计思想,旨在将交叉切入关注点与作为业务主体的核心关注点进行分离,以提高程序代码的模块化程度。通过在现有代码的基础上增加额外的通告(Advice)机制,能够对被声明为"点切入"(Pointcut)的代码块进行统一管理与装饰,例如"对所有方法名以 set * 开头的方法添加后台日志"。该思想使开发人员能够将与代码核心业务逻辑关系不那么密切的功能(如日志功能)添加到程序中,同时又不降低业务代码的可读性。

上述定义揭示了面向切面编程的两个目标：

（1）为程序增加与业务逻辑关系并不密切的额外功能。

（2）在增加额外功能的同时，不降低业务代码的可读性。在代码层面，切入点的代码和功能都是与业务主体代码分离的，原来的代码不需要做任何的修改。

面向切面编程的实现，选择的是可以在既有代码上增加额外能力的语言特性，例如Java 的注解，或 TypeScript 的装饰器等。既能指定切面代码的执行位置，又不需要将这些逻辑配置入侵到现有代码的内部，从而使代码仍然清晰可读。

3.3.2 设计切面程序功能

框架的路由切面程序仍采用装饰器实现。

前置切面装饰器@before 标记在目标方法前需要执行的程序，后置切面装饰器@after 标记在目标方法之后需要执行的程序，而两个切面装饰器的参数可指定目标方法。

以前置切面装饰器的使用举例，代码如下：

```typescript
//chapter03/03-aop/test/aop-test.class.ts

import { before, log, onClass, after } from "../src/speed";
import FirstPage from "./first-page.class";

@onClass
export default class AopTest {

    @before(FirstPage, "index")
    public FirstIndex() {
        log("Before FirstPage index run, at AopTest FirstIndex.");
        return "FirstIndex";
    }
}
```

@before 装饰的 FirstIndex()方法将在目标方法执行之前运行，@before 的两个参数可指定目标方法，第 1 个参数代表目标方法所在的类是 FirstPage，第 2 个参数代表 FirstPage 类的 index()方法就是目标方法。@before 与目标方法的关系如图 3-13 所示。

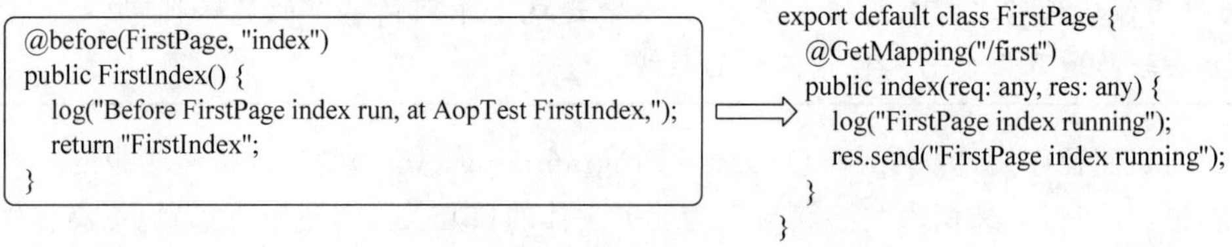

图 3-13　前置切面装饰器在目标方法前执行

开发切面装饰器的思路是当执行@before 装饰器时，从它的参数里获得目标方法，用一个新方法来"代替"目标方法，新方法的代码先执行@before 装饰的方法，再来调用目标方法。这就相当于给目标方法设置了一个"代理人"，将目标方法交给代理人来执行，代理人可以在其中插入所需的额外代码,该编程技巧就是设计模式的代理模式。

代理模式:为其他对象提供一种代理以控制对这个对象的访问。在某些情况下,一个对象不适合或者不能直接引用另一个对象,而代理对象可以在客户端和目标对象之间起到中介的作用。

代理模式的优势是代理程序和目标方法的接口是完全相同的,任何调用目标方法的代码都能不作修改而直接替换为代理程序,并且替换的过程对开发者而言是无感知的。

使用代理模式实现路由切面功能有以下两个要点:

(1) 创建切面装饰器,其装饰的代理方法包含切面代码和目标方法。
(2) 找到路由装饰器的方法实例,在程序运行时对目标方法进行替换。

3.3.3 @before 切面装饰器

开发切面程序,很适合使用测试先行的开发方式。

先建立切面功能测试类 AopTest 类,切面要实现的前置和后置功能都在里面,代码如下:

```typescript
//chapter03/03-aop/test/aop-test.class.ts

import { before, log, onClass, after } from "../src/speed";
import FirstPage from "./first-page.class";

@onClass
export default class AopTest {

    //前置切面装饰器,在 FirstPage 的 index()方法调用前执行
    @before(FirstPage, "index")
    public FirstIndex() {
        log("Before FirstPage index run, at AopTest FirstIndex.");
        log("AopTest FirstIndex run over." + this.getWordsFromAopTest());
        return "FirstIndex";
    }

    //在测试切面装饰器里再调用其他方法
    public getWordsFromAopTest() {
        return "getWordsFromAopTest";
    }

    //前置切面装饰器,在 FirstPage 的 getTestFromFirstPage()方法调用前执行
    @before(FirstPage, "getTestFromFirstPage")
    public testGetTestFromFirstPage() {
        log("AopTest testGetTestFromFirstPage run over.");
    }
}
```

@before 装饰 AopTest 的 FirstIndex()方法,@before 参数用于指向 FirstPage 页面类的 index 页面。期待的结果是在 index()页面被浏览器访问时,程序先执行这里的 FirstIndex()方法,然后执行原来的 index()方法。

接下来要找到 FirstPage 类的实例，这样才能对其 index() 方法进行替换。由于 FirstPage 的 index() 页面方法是通过路由装饰器 @GetMapping 来执行的，因此可以改动 @GetMapping 装饰器的代码，将 index() 方法存储到对象工厂。

当 @before 执行时，@before 装饰的 FirstIndex() 方法就会替换原来的 index() 方法。最后当 Web 服务访问该页面时，将执行替换后的 FirstIndex() 方法，从而实现切面开发的意图，代码如下：

```
//chapter03/03-aop/src/route-mapping.decorator.ts


function GetMapping(value: string) {
  return function (target, propertyKey: string) {
    routerMapper["get"][value] = () => {
      let getBean = BeanFactory.getBean(target.constructor);
      if(getBean === undefined) {
        BeanFactory.putBean(target.constructor, target);
        getBean = target;
      }
      return getBean[propertyKey];
    }
  };
}
```

接着开发 @before 路由切面装饰器，它的参数表示指向哪个页面。装饰器根据参数从 BeanFactory 取出页面实例，替换成被装饰的方法后再存放回去，代码如下：

```
//chapter03/03-aop/src/speed.ts


function before(constructorFunction, methodName: string) {
  const targetBean = BeanFactory.getBean(constructorFunction);
  return function ( target, propertyKey: string) {
    const currentMethod = targetBean[methodName];
    targetBean[methodName] = (...args) => {
      target[propertyKey]();
      return currentMethod(...args);
    }
    BeanFactory.putBean(constructorFunction, targetBean);
  };
}
```

完成上述改动后，启动服务进行测试，命令如下：

```
ts-node test/main.ts

[LOG] 2022-12-04 15:52:06 aop-test.class.ts:9 (Object.FirstIndex) Before FirstPage index
run, at AopTest FirstIndex.
[LOG] 2022-12-04 15:52:06 first-page.class.ts:9 (index) FirstPage index running
```

当服务成功启动后打开浏览器访问 http://localhost/first，命令行输出信息表明，AopTest 类 FirstIndex() 方法在页面 index() 方法之前被执行了。

切面装饰器的效果达到了预期吗？做个简单实验，在 FirstPage 的 index() 页面尝试调用 FirstPage 类的其他方法，代码如下：

```
//chapter03/03-aop/test/first-page.class.ts

export default class FirstPage {
    @GetMapping("/first")
    public index(req: any, res: any) {
        log("FirstPage index running" + this.getTestFromFirstPage());
        res.send("FirstPage index running");
    }

    public getTestFromFirstPage() {
        return "getTestFromFirstPage";
    }
}
```

服务启动后访问页面，发现命令输出了错误信息：TypeError: Cannot read properties of undefined (reading 'getTestFromFirstPage')，提示 this 没有 getTestFromFirstPage() 方法，为什么？

追踪代码，发现 @GetMapping 装饰器存入的路由方法只是单独的函数方法，在 setRouter() 函数被 app.get() 使用时，只是进行了一次函数调用，并没有调用 FirstPage 实例的 index() 方法，因此才会提示 this 为空，因为 this 并没有指向 FirstPage 实例。

注意：方法调用者的 this 指向错误问题在 JavaScript 和 TypeScript 编程中较为常见。当遇到 TypeError: Cannot read properties of undefined 的错误提示时，必须对 this 的指向进行检查。

问题的成因是当 @GetMapping 存入对象时，index() 方法仅是一个函数，类 FirstPage 并没有被实例化。解决方法就是要先将 FirstPage 实例化，再来调用实例的 index() 方法，代码如下：

```
//chapter03/03-aop/src/route-mapping.decorator.ts

function GetMapping(value: string) {
    return function (target, propertyKey: string) {
        routerMapper["get"][value] = (...args) => {
            let getBean = BeanFactory.getBean(target.constructor);
            if(getBean === undefined) {
                BeanFactory.putBean(target.constructor, target);
                getBean = target;
```

```
        }
        let targetObject = new target.constructor();
        return targetObject[propertyKey](...args);
      }
    };
}
```

@GetMapping 装饰的 FirstPage 类就是上述代码中的 target，这里对其进行实例化，再来调用它的 propertyKey 方法，propertyKey 方法实际的值是 index() 方法，随后返回调用 index() 方法的结果，供 app.get() 使用。

重新执行程序，访问 /first 地址，发现 FirstPage 里 this.getTestFromFirstPage() 能够正常使用，也不报错，但程序也没有执行 AopTest 类 FirstIndex() 方法。

代码中，@GetMapping 对 FirstPage 进行了一次 new 实例化操作，因此 @GetMapping 取得的 index() 方法和 @before 取得的 index() 方法，它们的实例不是同一个 FirstPage，所以这时 @before 里的 index() 方法就不会被执行了。那么，有没有办法让两者从同一个位置来取得 FirstPage 实例呢？

答案是用类装饰器，类装饰器的主要作用就是收集实例。

这里用的是 @onClass 类装饰器，它直接对 FirstPage 类进行实例化，存入对象工厂。

@before 装饰器从对象工厂取得 FirstPage 实例，用 Object.assign() 函数执行替换方法的操作，而 @GetMapping 装饰器也从对象工厂取得同一个 FirstPage 实例，调用其 index() 方法返回，代码如下：

```
//chapter03/03-aop/src/speed.ts

function before(constructorFunction, methodName: string) {
    const targetBean = BeanFactory.getBean(constructorFunction);
    return function (target, propertyKey: string) {
        const currentMethod = targetBean[methodName];
        Object.assign(targetBean, {
            [methodName]: function (...args) {
                target[propertyKey](...args);
                log(" ========= before ========= ");
                currentMethod.apply(targetBean, args);
            }
        })
    };
}
```

重启服务并访问页面，发现问题得以解决，AopTest 类如预期在 index() 页面执行前输出了内容。

3.3.4 @after 切面装饰器

接下来是后置切面装饰器 @after，和前置切面不同的地方是后置切面装饰器需要接收页面方法的返回值，方便对页面方法的输出进行后置处理，代码如下：

```typescript
//chapter03/03-aop/src/speed.ts

function after(constructorFunction, methodName: string) {
    const targetBean = BeanFactory.getBean(constructorFunction);
    return function (target, propertyKey: string) {
        const currentMethod = targetBean[methodName];
        Object.assign(targetBean, {
            [methodName]: function (...args) {
                const result = currentMethod.apply(targetBean, args);
                const afterResult = target[propertyKey](result);
                log("========== after ==========");
                return afterResult ?? result;
            }
        });
    };
}
```

最后，在 AopTest 类加入@after 的测试代码，代码如下：

```typescript
//chapter03/03-aop/test/aop-test.class.ts

import { before, log, onClass, after } from "../src/speed";
import FirstPage from "./first-page.class";

@onClass
export default class AopTest {

    //前置切面装饰器，在 FirstPage 的 index()方法调用前执行
    @before(FirstPage, "index")
    public FirstIndex() {
        log("Before FirstPage index run, at AopTest FirstIndex.");
        log("AopTest FirstIndex run over." + this.getWordsFromAopTest());
        return "FirstIndex";
    }

    //在测试切面装饰器里再调用其他方法
    public getWordsFromAopTest() {
        return "getWordsFromAopTest";
    }

    //前置切面装饰器，在 FirstPage 的 getTestFromFirstPage()方法调用前执行
    @before(FirstPage, "getTestFromFirstPage")
    public testGetTestFromFirstPage() {
        log("AopTest testGetTestFromFirstPage run over.");
    }

    //后置切面装饰器，在 FirstPage 的 index()方法调用后执行
```

```
    @after(FirstPage, "index")
    public testFirstIndexAfter(result) {
        log("AopTest testFirstIndexAfter run over, result: " + result);
        log(result);
    }
}
```

至此,路由切面装饰器已经开发完成,然而它们并不完善,例如它们只能对单一的页面方法配置额外的操作,但实际情况可能是一系列的页面方法都需要做类似的操作,这就要求切面装饰器支持类似通配符进行切面。本章限于篇幅不详述,读者可以自行尝试。

3.3.5 小结

本节介绍了面向切面编程的概念。面向切面编程是一种在现有代码的基础上添加额外功能,但不会影响代码可读性的设计模式。

从开发意图看,面向切面编程和2.2.3节的依赖注入相似,但面向切面更关注的是"切入点",因此当需要为现有代码添加额外功能时需要关注以下两点:

(1) 如果关注点是增强现有代码,使其具备更广泛的能力,则应当选择依赖注入,直接改变现有代码的适用范围,方法在2.2.3节有详细介绍。

(2) 如果关注点是给现有代码提供额外的与业务核心逻辑关系不密切的功能,尤其是在核心逻辑前后加入重复性功能时,就应当采用面向切面编程。

3.4 请求参数装饰器

本节在路由系统上实现参数装饰器,以方便开发者取得具体的请求参数。

被@GetMapping装饰的页面方法接受两个参数req、res,分别是ExpressJS的请求对象和响应对象,代码如下:

```
@GetMapping("/first")
public index(req: any, res: any) {
    log("FirstPage index running");
    res.send("FirstPage index running");
}
```

直接取得上述的请求数据,虽然可以满足开发的需要,但是单就index()函数而言,从函数入参是无法确定其内部使用的是哪些请求数据。这样会产生两个问题:

(1) 无法确保参数的有效性。因为程序直接调用req整个对象,具体的参数获取代码被写在index()方法内部,也就无法利用TypeScript类型系统对参数类型进行校验,只能期待代码本身会对参数进行限制和校验。

(2) 函数无法进行测试。单元测试要求函数有清晰的入参和明确的返回值。如果入参是req这样内容非常复杂的请求对象,则在测试之前构建req对象用来测试就变得十分困难,并且函数的代码的可读性也很低。

因此,开发请求参数装饰器,给路由函数标识各种请求参数,一方面可以方便参数类型的校验和测试,另一方面可以通过标识获得准确的数据内容。

3.4.1 设计请求参数装饰器

回顾 2.1.2 节装饰器的知识,参数装饰器必须配合方法装饰器使用。它的关键在于第 3 个参数 parameterIndex 变量。

parameterIndex 表示标记参数所处的位置(位置从 0 开始计算),方便找到具体参数。举个例子,@reqBody 装饰器的作用是取得请求体数据,请求体的格式通常是 JSON,代码如下:

```
@postMapping("/request/body")
testBody(@res res, @reqBody body: object) {
    log("body: " + JSON.stringify(body));
    res.send("test body");
}
```

上述代码@reqBody 装饰参数的 parameterIndex 为 1,表示此参数在 testBody()方法的第 2 个参数位置,当对 testBody()方法进行赋值时,即可将其第 2 个参数值设置为 req.body。这样就能实现@reqBody()装饰器的功能。

本节框架将开发一系列请求参数装饰器,这些装饰器的基本实现逻辑都是类似的,找到它们的位置,然后在路由方法调用时便可在对应位置输入适当的请求数据。

请求参数装饰器有以下这些:

(1) @reqBody,获取请求体数据,通常浏览器提交的 JSON 数据会被存放在请求体里。

(2) @reqParam,获取请求的路径参数,例如从请求路径/request/param/56 里取得 56 这个值。

(3) @reqQuery,获取请求的附加参数,即网址的问号后的参数值。

(4) @reqForm,获取提交 HTML 表单域数据。

(5) @req,中间件的 Request 对象。

(6) @request,@req 的别名。

(7) @res,中间件的 Response 对象。

(8) @response,@res 的别名。

(9) @next,中间件的 next 参数。

上面的@request 和@response 是别名,在导出装饰器时用 as 关键字即可,代码如下:

```
export { next, reqBody, reqQuery, reqForm, reqParam,
    req, req as request, res, res as response …
```

3.4.2 请求参数装饰器的实现

除了@request 和@response 之外,其他 7 个装饰器的基本实现思路是相同的,即装饰

器负责收集数据,存入全局变量 routerParams 供路由系统使用,代码如下:

```typescript
//chapter03/04-page-params/src/route.decorator.ts

const routerParams = {};

//Request 对象的参数装饰器
function req(target: any, propertyKey: string, parameterIndex: number) {
  const key = [target.constructor.name, propertyKey, parameterIndex].toString();
  routerParams[key] = (req, res, next) => req;
}

//Response 对象的参数装饰器
function res(target: any, propertyKey: string, parameterIndex: number) {
  const key = [target.constructor.name, propertyKey, parameterIndex].toString();
  routerParams[key] = (req, res, next) => res;
}

//Next 函数的参数装饰器
function next(target: any, propertyKey: string, parameterIndex: number) {
  const key = [target.constructor.name, propertyKey, parameterIndex].toString();
  routerParams[key] = (req, res, next) => next;
}

//取得请求体内容的参数装饰器
function reqBody(target: any, propertyKey: string, parameterIndex: number) {
  const key = [target.constructor.name, propertyKey, parameterIndex].toString();
  routerParams[key] = (req, res, next) => req.body;
}

//取得请求属性的参数装饰器
function reqParam(paramName: string) {
  return (target: any, propertyKey: string, parameterIndex: number) => {
    const key = [target.constructor.name, propertyKey, parameterIndex].toString();
    routerParams[key] = (req, res, next) => req.params[paramName];
  }
}

//取得 Query 属性值的参数装饰器
function reqQuery(paramName: string) {
  return (target: any, propertyKey: string, parameterIndex: number) => {
    const key = [target.constructor.name, propertyKey, parameterIndex].toString();
    routerParams[key] = (req, res, next) => req.query[paramName];
  }
}

//取得表单属性值的参数装饰器
function reqForm(paramName: string) {
```

```
    return (target: any, propertyKey: string, parameterIndex: number) => {
      const key = [target.constructor.name, propertyKey, parameterIndex].toString();
      routerParams[key] = (req, res, next) => req.body[paramName];
    }
  }

export { next, reqBody, reqQuery, reqForm, reqParam,
    req, req as request, res, res as response ……
```

上述 7 个装饰器以是否带参数来区分,可分成两类:

(1) 不带参数的装饰器@req、@res、@next、@reqBody。

(2) 带参数的装饰器@reqParam、@reqQuery、@reqForm。

不带参数的参数装饰器以@req 举例,代码先将 target 对象、propertyKey 被装饰的方法名及 parameterIndex 参数位置这 3 个信息拼装成唯一键,其值为(req,res,next)=> req 中间件,键值存入 routerParams,其他不带参数的装饰器与此类似,只是值不一样,例如@reqBody 的值为(req,res,next)=> req.body。

带参数的装饰器的逻辑基本相同,多出来的输入参数作为获取请求数据的名称。例如@ reqQuery 的值为(req,res,next)=> req.query[paramName]。这里的 paramName 即装饰器参数。

接着,路由统一方法 mapperFunction() 函数即可使用 routerParams 的数据,对页面方法进行赋值,代码如下:

```
//chapter03/04-page-params/src/route.decorator.ts
…
let args = [req, res, next];
if(paramTotal > 0) {
   for(let i = 0; i < paramTotal; i++) {
      if(routerParams[[target.constructor.name, propertyKey, i].toString()]){
         args[i] = routerParams[[target.constructor.name, propertyKey, i].toString()](req, res, next);
      }
   }
}
const testResult = await routerBean[propertyKey].apply(routerBean, args);
…
```

mapperFunction() 函数修改了页面的调用方式。页面方法的参数 args 的初始值是 req、res、next 这 3 个对象的数组,然后根据页面方法的参数个数进行循环,在 parameterIndex 位置被赋值成 routerParams 对应的值。

按这样的赋值方法,当页面方法部分参数被标记参数装饰器,但有些参数并没有被标记时,没有标记的参数还是按原有 req、res、next 来使用,代码如下:

```
@getMapping("/request/query")
testQuery(req, res, @reqQuery("id") id: number) {
    log("id: " + id);
    res.send("test query");
}
```

在上述代码中 req 和 res 仍是 Request 和 Response 对象,只是第 3 个参数被覆盖为 @reqQuery 的 id 值。

mapperFunction()函数最后使用 apply()函数来赋值这些参数并调用页面方法。

```
const testResult = await routerBean[propertyKey].apply(routerBean, args);
```

注意:apply() 方法是 JavaScript 执行函数的方法之一,它可以用数组格式的参数来执行函数。

mapperFunction()函数的代码的全局变量 routerParamsTotal 记录了每个路由方法的参数的个数,方便对参数进行循环赋值,而在使用 3.3 节实现的 @before 和 @after 两个切面装饰器时,routerParamsTotal 对参数个数记录不准确,因为切面装饰器已经替换了原来的页面方法,所以取得的参数个数是替换后的新方法的参数的个数。

这里需要对切面装饰器进行修改,在它们的内部记录原页面方法的参数的个数,代码如下:

```
//chapter03/04-page-params/src/route.decorator.ts

//前置切面装饰器
function before(constructorFunction, methodName: string) {
  const targetBean = getComponent(constructorFunction);
  return function (target, propertyKey: string) {
      const currentMethod = targetBean[methodName];
      //检查方法的参数的个数,并记录以备参数装饰器使用
      if(currentMethod.length > 0){
          routerParamsTotal [[constructorFunction.name, methodName].toString()] = currentMethod.length;
      }
      Object.assign(targetBean, {
          [methodName]: function (...args) {
              target[propertyKey](...args);
              return currentMethod.apply(targetBean, args);
          }
      })
  };
}
//@after 类似,代码省略
```

完成 7 个参数装饰器和 mapperFunction()函数的修改后,接着对其进行测试,代码如下:

```typescript
//chapter03/04-page-params/test/test-request.class.ts

@component
export default class TestRequest {

    //测试用装饰器获取 Request 和 Response 对象
    @getMapping("/request/res")
    testRes(@req req, @res res) {
        res.send("test res");
    }

    //测试用装饰器获取 Query 参数 id
    @getMapping("/request/query")
    async testQuery(req, res, @reqQuery id: number): Promise<MutilUsers> {
        log("id: " + id);
        return Promise.resolve(new MutilUsers("group", [new UserDto(1, "name"), new UserDto(2, "name")]));
    }

    //测试用装饰器获取请求体对象
    @postMapping("/request/body")
    testBody(@res res, @reqBody body: object):MutilUsers {
        log("body: " + JSON.stringify(body));
        return new MutilUsers("group", [new UserDto(1, "name"), new UserDto(2, "name")]);
    }

    //测试用装饰器获取表单参数
    @postMapping("/request/form")
    testForm(@res res, @reqForm("name") name: string) {
        log("form: " + JSON.stringify(name));
        res.send("test form");
    }

    //测试用装饰器获取路径参数 id
    @getMapping("/request/param/:id")
    testParam(@res res, @reqParam id: number) {
        log("id: " + id);
        res.send("test param");
    }
}
```

上述代码的测试过程较为简单，可参考注释说明。

3.4.3 用 toString() 优化装饰器

参数装饰器 @reqQuery、@reqParam 在使用时通常请求参数和参数名是相同的，例如 @reqParam("id") id: number，请求参数是 id，方法上面的参数名同样也是 id。那么是否可以优化成只需一个 id，也就是 @reqParam id: number 即可取得请求参数 id。

注意：@reqForm 的情况与此类似，不过在实际开发中@reqForm 代表 HTML 表单域的名称，清晰写出表单域名称有助于清楚地表达页面方法和表单之间的对应关系，所以不做缩略。

那么，问题在于如何取得页面方法的参数名称。通常可以考虑反射机制，在 TypeScript 里使用 Reflect Metadata 来取得运行时信息。

但是 Reflect Metadata 对类方法的信息，只提供了 design:paramtypes、design:type 两条信息，两者都是针对参数类型的，并没有取得参数名称的方法，代码如下：

```
Reflect.getMetadata("design:paramtypes", target, propertyKey);
Reflect.getMetadata("design:type", target, propertyKey);
```

注意：实际上在很多编程语言里没有直接取得方法/函数的参数名称的方案。语言的设计者总是认为参数名称不重要。例如 Java 语言编译后的参数会被重新命名，要取得参数名称只能修改其编译过程。

TypeScript、JavaScript 有个特殊的原型方法 toString()，通常用于显示变量的类型内容，但由于在 TypeScript、JavaScrip 里函数是"一等公民"，故函数也可以调用 toString()，而且函数调用 toStirng()可以取得函数本身的代码，十分神奇！

下面通过 ts-node 命令尝试使用 toString()，ts-node 命令加 -p -e 标识，可以直接运行代码，命令如下：

```
ts-node -p -e '(function compute(a: number, b: number): number {return a + b}).toString()'
function compute(a, b) { return a + b; }
```

从 ts-node 命令的结果可以看到 toString()输出了 compute()函数本身的代码，正如所期待的那样，这里的参数 a 和 b 保持了原样。只是代码里面的 number 类型被抹除了，这是因为 TypeScript 编译成 JavaScript 后类型信息会被抹除。

借助 toString()获取整个函数源码的能力，使用正则匹配即可取得参数的名称，代码如下：

```
//chapter03/04-page-params/src/route.decorator.ts

function getParamInFunction(fn: Function, index: number) {
  const code = fn.toString().replace(/((\/\/.*$)|(\/\*[\s\S]*?\*\/))/mg, '').replace(/=>.*$/mg, '').replace(/=[^,]+/mg, '');
  const result = code.slice(code.indexOf('(') + 1, code.indexOf(')')).match(/([^\s,]+)/g);
  return result[index] || null;
}
```

然后把@reqParam、@reqQuery修改成不带参数的装饰器，并使用getParamInFunction()来取得参数名称，代码如下：

```typescript
//chapter03/04-page-params/src/route.decorator.ts

function reqQuery(target: any, propertyKey: string, parameterIndex: number) {
    const key = [target.constructor.name, propertyKey, parameterIndex].toString();
    const paramName = getParamInFunction(target[propertyKey], parameterIndex);
    routerParams[key] = (req, res, next) => req.query[paramName];
}
//@reqParam 类似，这里忽略
```

完成了对@reqParam、@reqQuery的优化后，测试页面可以写得简单一些，直接省略参数名称，代码如下：

```typescript
//chapter03/04-page-params/test/test-request.class.ts

@getMapping("/request/param/:id")
testParam(@res res, @reqParam id: number) {
    log("id: " + id);
    res.send("test param");
}
```

3.4.4 小结

本节实现了请求参数装饰器。请求参数装饰器对页面方法的参数进行标识，以便取得所需的参数信息，比起只有Request和Response对象的常规路由方法，前者明确了页面的输入信息，有利于保证参数的有效性和可测试性。

本节装饰器的开发过程体现了实现参数装饰器的两个关键点：

（1）参数位置parameterIndex是定位参数的关键信息。

（2）用全局变量将参数装饰器和对应的方法装饰器关联起来，进而实现所需功能。

此外，值得注意的是toString()函数，它具有获取函数源代码的能力。借助toString()的能力，简化了@reqParam和@reqQuery两个装饰器的参数名，方便开发者使用。

3.5 响应处理与模板引擎

响应处理处在请求-响应链条里的最后一环。本节将讲解它是如何对数据按逻辑进行处理的，将处理结果返回浏览器，完成一次请求的全过程。模板引擎是响应处理中最为复杂的一种，它也是Web开发的重点知识之一。

响应处理跟显示内容直接相关，因此它对应了MVC模式中的视图层。

3.5.1 MVC 设计模式

MVC 模式(Model-View-Controller)是软件工程中的一种软件架构模式,把软件系统分为模型(Model)、视图(View)和控制器(Controller)等 3 个层级,如图 3-14 所示。

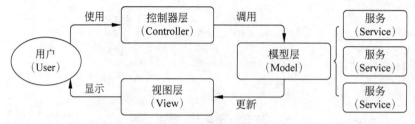

图 3-14 MVC 层级间的关系

(1) 控制器层提供用户操作的外部接口,Web 服务里通常指的是请求路径对应的页面方法。控制器层接收到用户请求后,对数据进行初步校验、转换等处理,然后传递给模型层进一步地进行业务处理。

(2) 模型层是业务逻辑与数据库打交道的部分,通常这部分代码会被写成多个服务(Service),每个服务都对应着相关功能的业务逻辑,例如 Order Service 对应的是订单逻辑,User Service 对应的是用户逻辑等。在业务规模较大的场景里,模型层的架构可以扩展为独立的分布式系统,也就是微服务架构。

(3) 视图层定义了系统如何显示数据,即本节的响应处理。响应处理主要有两种形式,即 JSON 格式和模板引擎。

3.5.2 JSON 格式输出

著名的框架 Spring Boot 有个非常方便的特性,当页面方法的返回值是对象时,这个对象会被自动转换成 JSON 格式并返回浏览器,无须在各个页面响应时都进行对象到 JSON 的格式转换,从而减少开发者编写的重复性编码。

对比在页面方法里用 Response 对象的 send() 方法输出结果,方法返回值即为输出结果,这显然更符合函数输入/输出的开发认知。

因而本节框架将实现类似的对象自动转 JSON 输出功能。

注意:广泛接触各种 Web 框架,了解它们的特性,发现一些非常方便的特性或者对开发思路有所启发的功能,可以考虑将其在框架里实现。

3.2.5 节的 mapperFunction() 函数统一了 3 个路由装饰器的逻辑,因此自动转换 JSON 的功能可以在 mapperFunction() 函数实现,而且作为默认输出,当返回值是字符串时,该函数也将输出文本响应,代码如下:

```
//chapter-03/05-template/src/route-mapping.decorator.ts

function mapperFunction(method: string, value: string) {
  return (target: any, propertyKey: string) => {
    routerMapper[method][value] = (req, res, next) => {
      const routerBean = BeanFactory.getBean(target.constructor);
      const testResult = routerBean[propertyKey](req, res, next);
      if (typeof testResult === "object") {
        res.json(testResult);
      } else if (typeof testResult !== "undefined") {
        res.send(testResult);
      }
      return testResult;
    }
  }
}
```

mapperFunction()函数增加对 testResult 变量的检查。testResult 是路由方法的返回结果。

当 testResult 的类型是对象时，使用 json()方法输出，而如果 testResult 的类型是非对象值，则统一当作文本类型处理，使用 send()方法输出。接下来增加两个页面来测试该特性，代码如下：

```
//chapter03/05-tempate/test/first-page.class.ts

@GetMapping("/first/sendJson")
public sendJson() {
  log("FirstPage sendJson running");
  return {
    "from" : "sendJson",
    "to" : "Browser"
  }
}

@GetMapping("/first/sendResult")
public sendResult() {
  log("FirstPage sendResult running");
  return "sendResult";
}
```

启动服务，用浏览器访问 http://localhost:8080/first/sendJson 地址，打开浏览器的开发者工具，可以看到请求响应的类型是 Content-Type：application/json；charset＝utf-8，页面响应是 JSON 格式，如图 3-15 所示。

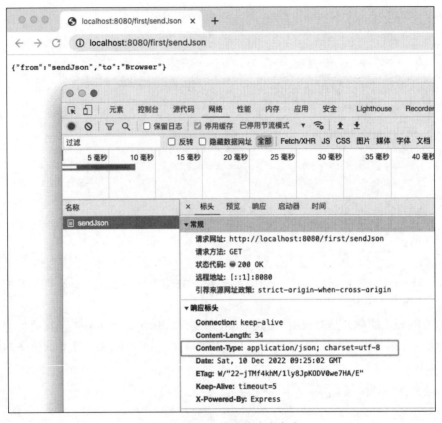

图 3-15　JSON 格式的响应内容

3.5.3　模板引擎是什么

模板引擎(Template Engine)在 Web 框架里的使用由来已久,尤其是在前后端分离成为主流开发方案之前,基于模板引擎的 Web 应用程序是最主要的开发方案。相对前后端分离的前端页面渲染,服务器端框架直接显示页面被称为服务器端渲染。

虽然目前模板引擎已不再是 Web 开发的主流方案,但服务器端渲染还是有不少应用场景,它有以下几点优势:

(1) 对搜索引擎优化(SEO)比较友好。服务器端渲染将页面内容直接输出给浏览器,搜索引擎爬虫收到内容后无须再次渲染,即可识别到内容,因此内容会更容易被搜索引擎收录。

(2) 在不需要太多交互的页面场景,例如博客的文章页,使用服务器端渲染的显示速度更快,更流畅。

服务器端渲染对于前端开发人员的技能要求相对较低。在早期 Web 项目的人员分工里,页面的显示和处理主要由服务器端开发人员使用模板引擎技术进行处理。尤其当这部分开发人员具备部分前端开发能力时,开发团队甚至无须配备专职的前端开发人员。

注意：模板引擎技术在早期也有过一段蓬勃发展的时期，是彼时 Web 开发必备的技能。当时模板引擎的重要程度相当于现在的 Vue 和 React 等前端框架。著名的模板引擎有 PHP 的 Smarty，Spring 框架的 Thymeleaf 等。

从实现原理看，模板引擎是基于字符串替换的技术。模板引擎将输入的数据在模板里面进行字符串替换，最终输出页面。这些进行字符串替换处理的页面被称为模板，如图 3-16 所示。

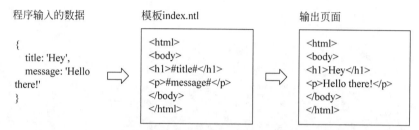

图 3-16 模板引擎是一种字符串替换技术

模板引擎定义了一些简单的语法来编写简单的逻辑，使页面的显示具备一些简单的程序处理能力。模板引擎支持的语法有 if 条件判断、for 循环等。例如著名的 PHP 模板引擎 Smarty 支持 if-elseif-else 形式的条件判断，代码如下：

```
{if $ name eq 'Fred'}
    Welcome Sir.
{elseif $ name eq 'Wilma'}
    Welcome Ma'am.
{else}
    Welcome, whatever you are.
{/if}
```

模板引擎大部分的功能集中在如何显示页面，它是 MVC 模式的 View 部分。

3.5.4 ExpressJS 的模板引擎

作为成熟的 Web 服务框架，ExpressJS 也内置了对模板引擎的支持。在 3.2.1 节提到过 Response 对象的 render()方法，此方法就是 ExpressJS 使用模板引擎的渲染方法。

ExpressJS 官网展示了一个模板引擎的简单例子，下面将该例子的代码放到 ExpressServer 的 start()方法里执行，以观察其用法，代码如下：

```ts
//chapter03/05 - template/src/default/express - server.class.ts

//开启 Web 服务测试
public start(port: number) {
    const app: express.Application = express();
    this.middlewareList.forEach(middleware => {
```

```
    app.use(middleware);
  });
  setRouter(app);

  //使用fs库
  const fs = require('fs')
  //配置模板引擎
  app.engine('ntl', (filePath, options, callback) => {
    //通过fs库读取模板文件
    fs.readFile(filePath, (err, content) => {
      if (err) return callback(err)
      //进行简单的替换操作
      const rendered = content.toString()
        .replace('#title#', `<title>${options["title"]}</title>`)
        .replace('#message#', `<h1>${options["message"]}</h1>`)
      return callback(null, rendered)
    })
  })
  //配置模板目录和模板文件后缀
  app.set('views', './test')         //specify the views directory
  app.set('view engine', 'ntl')      //register the template engine

  app.listen(port, () => {
    log("server start at port: " + port);
  });
}
```

上述代码的 app.engine()函数是 ExpressJS 集成模板引擎的主函数。它的第 1 个参数代表模板页面的文件后缀名,只有该后缀的文件才会被识别成模板。

第 2 个参数表示模板引擎的处理函数,处理函数的 3 个参数分别如下。

(1) filePath：模板文件的路径。

(2) options：传给模板的替换数据,即页面方法的数据结果。

(3) callback：模板引擎输出结果的回调函数。callback 的第 1 个参数如果不是 null,则意味着模板引擎执行失败,第 2 个参数是经过模板引擎处理的页面内容。

上述代码演示了一个自定义模板引擎,只做了简单的处理:

(1) 使用 Node.js 文件库,根据 filePath 参数读取模板文件的内容。

(2) 用 options 参数的输入数据,替换了模板内容里 title 和 message 两个字符串,然后调用 callback 返回替换后的内容。

对应的模板文件 index.ntl,代码如下:

```
//chapter03/05-template/test/views/index.ntl

<html>
<head>
#title#
```

```
</head>
<body>
#message#
</body>
</html>
```

在 FirstPage 类的 index()方法输出该页面，代码如下：

```
//chapter03/05-template/test/first-page.class.ts

@GetMapping("/first")
public index(req: any, res: any) {
  log("FirstPage index running" + this.getTestFromFirstPage());
  res.render('index', { title: 'Hey', message: 'there' })
}
```

修改完毕后启动服务，打开浏览器访问 http://localhost:8080/first 即可看到替换后的页面。

在 FirstPage 类中用于输出的 res.render()，底层调用的就是 app.engine()设置的自定义模板引擎。

3.5.5 模板引擎的选型

上述的自定义引擎仅作为简单的演示，不能真正提供给开发者，这时就需要选择一款成熟的模板引擎，作为 TypeSpeed 框架内置的模板引擎。

之所以选择现成的模板引擎，而不是自行设计开发，是因为模板引擎的选型有以下几个优势：

（1）现有的模板引擎比较成熟、完成度较高、集成到其他程序的能力也很齐备，例如 Mustache 模板引擎支持在 40 多种编程语言中集成和使用。

（2）模板引擎的职责比较单一。

（3）开源的模板引擎数量极多，NPM 库 template engine 标签下的模板引擎有上千个。

此外，模板引擎数量众多也带来一个很现实的问题，几乎每个模板引擎自行实现了一套特殊的语法。这些语法各有千秋，很难说孰高孰低，但数量众多的语法会给开发者带来一定的学习成本。

从框架设计的视角看，如果有一套能兼容常见模板引擎的方案就好了。所幸，真有这样的方案：Consolidate 多模板引擎集成库。

Consolidate 可以适配十多种常见的 Node.js 模板引擎，统一了这些模板引擎的配置和使用接口，因此 TypeSpeed 框架选择 Consolidate 这个极具性价比的方案。

注意：Consolidate 库的作者是 T. J. Holowaychuk。他在 JavaScript 和 Go 开发领域都非常高产，他是 ExpressJS、Koa（与前者齐名的 Web 框架）等数百个优质开源项目的作者。本书第 6 章在介绍框架脚手架时还会用到他的另一个作品：Commander.js。

3.5.6 集成多模板引擎库

接下来框架将集成 Consolidate 作为模板引擎的支持,同时集成的还有 Mustache 模板引擎。Mustache 是一个十分精简的模板引擎,以简单的语法和广泛的语言支持著称。

首先需要安装上述两个库,命令如下:

```
npm install consolidate mustache
```

Consolidate 能够适配各种模板引擎,但是它本身并不是模板引擎,所以具体使用某个引擎时仍需要同时安装此模板引擎。

Consolidate 的作用是连接框架和 Mustache,如果开发者希望使用其他的模板引擎,则可以通过修改配置的方式,让 Consolidate 接入其他的模板引擎。

模板引擎的集成应该是在路由方法设置之前,即在 ExpressServer 类的 setRouter()调用之前,加入 app.engine()方法的调用即可,代码如下:

```typescript
//chapter03/05-template/src/default/express-server.class.ts

import * as express from "express";
import * as consolidate from "consolidate";
import ServerFactory from "../factory/server-factory.class";
import { setRouter } from "../route-mapping.decorator";
import { bean, log } from "../speed";

export default class ExpressServer extends ServerFactory {
    //提供 Web 服务对象
    @bean
    public getSever(): ServerFactory {
        const server = new ExpressServer();
        server.app = express();
        return server;
    }

    //设置中间件
    public setMiddleware(middleware: any) {
        this.middlewareList.push(middleware);
    }

    //启动服务
    public start(port: number) {
        this.middlewareList.forEach(middleware => {
            this.app.use(middleware);
        });
        this.setDefaultMiddleware();
        this.app.listen(port, () => {
            log("server start at port: " + port);
        });
    }
```

```
    //设置默认中间件
    private setDefaultMiddleware() {
        //模板配置
        const viewConfig = {
            "engine": "mustache",
            "path": "/test/views",
            "suffix": "html"
        };
        this.app.engine(viewConfig["suffix"], consolidate[viewConfig["engine"]]);
        this.app.set('view engine', viewConfig["suffix"]);
        this.app.set('views', process.cwd() + viewConfig["path"]);

        setRouter(this.app);
    }
}
```

上述代码把 setRouter() 的调用从 start() 方法里抽离出来，用 setDefaultMiddleware() 方法来代替，而 setDefaultMiddleware() 方法的内容用于设置模板引擎和 setRouter()，这样的处理方便未来可以给 Web 服务增加更多的内置服务，而不影响 start() 方法的可读性。

viewConfig 是模板引擎的配置，其配置项有 3 个，分别如下。

（1）engine：模板引擎名称，该名称将被输入 Consolidate 库来取得适配的模板引擎。

（2）path：模板目录路径，使用 app.set('views', path) 设置模板目录的路径。

（3）suffix：模板文件后缀。

FirstPage 类增加 /first/renderTest 页面来测试上述的集成结果，代码如下：

```
//chapter03/05 - template/test/first - page.class.ts

@GetMapping("/first/renderTest")
public renderTest(req: any, res: any) {
    res.render("index", {name:"zzz"});
}
```

启动服务，打开浏览器访问 http://localhost:8080/first/renderTest 即可看到 Mustache 渲染处理的页面。

3.5.7 小结

本节讲解了 Web 开发领域重要的设计模式之一：MVC 模式，而响应处理是 MVC 模式的视图层，负责处理页面的显示。

响应处理有两种主要类型，即 JSON 格式输出和模板引擎。

JSON 格式输出能够将页面方法返回的对象自动转换为 JSON 数据输出，方便开发者使用，并且页面方法作为一个有着清晰的输入/输出类型的函数，也提升了其可测试性。

模板引擎是 Web 开发领域早期较为流行的开发技术之一，本节也介绍了 ExpressJS 模板引擎的使用，以及实现框架集成多模板引擎适配库 Consolidate。

3.6 使用中间件增强框架功能

ExpressJS的设计非常精妙,它具有最小化的内核系统,仅提供路由方法和中间件机制。一个ExpressJS应用程序可以看作一系列中间件的聚合程序。

> **注意**:ExpressJS的文档将中间件按作用和来源划分为应用级、路由级、错误处理、内置和第三方等5类中间件,这5类中间件在开发上几乎没有区别。

本节将在TypeSpeed框架里集成以下与路由相关的常用功能,这些功能都是使用第三方中间件进行整合而成的。

(1) 静态资源服务。
(2) 站点图标功能。
(3) GZip传输压缩。
(4) Cookie。
(5) Session。

同时,框架还会配合第1章实现的@value配置装饰器来对这些功能进行配置。默认情况下这些功能不会自动开启,开发者可按需进行配置使用。

3.6.1 静态资源服务

静态资源也是前端资源,例如HTML文件、前端JavaScript、图片、字体等。

通常前后端分离的项目会将前端资源单独存放到另一个服务器和域名上,用Nginx服务器来提供资源访问,而Web框架本身也可以作为资源服务器使用,开发者可以将项目前后端文件放到同一个Web服务器上,方便管理。

express.static()是ExpressJS内置的中间件,它能够提供简单的静态资源服务。

> **注意**:express.static是ExpressJS内置的中间件,不需要用npm命令安装依赖。

TypeSpeed的静态资源服务基于express.static()进行集成,功能配置设计用节点static作为静态资源的配置项,其值是静态资源的文件目录,代码如下:

```
//chapter03/06-middleware/test/config.json



{
    …
    "static": "/static",
    …
}
```

上述配置/static 是静态资源存放的目录。在/static 目录下已保存了一张用于演示的图片 k.jpg。

在 ExpressServer 类增加 static 成员变量,用@value 装饰器给该变量注入配置值,代码如下:

```
//chapter03/05 - template/src/default/express - server.class.ts
```

```
@value("static")
private static: string;
```

接着在 setDefaultMiddleware()方法中加入设置 express.static()中间件的代码,使用前会先检查配置是否存在,代码如下:

```
//chapter03/05 - template/src/default/express - server.class.ts
```

```
if(this.static) {
    const staticPath = process.cwd() + this.static;
    this.app.use(express.static(staticPath))
}
```

启动程序,使用浏览器访问 http://localhost:8080/k.jpg,可以看到图片被显示出来了。

图 3-17　站点图标

3.6.2　站点图标功能

站点图标可以显示在浏览器的窗口标签和收藏夹里,站点图标能提升一个网站的用户认知度,尤其是在打开过多的浏览器窗口后,用户只能根据标签上显示的站点图标来切换窗口,如图 3-17 所示。

站点图标的文件名是 favicon.ico,浏览器在默认情况下会在域名根目录取得该图标,例如 https://www.baidu.com/favicon.ico。

> **注意**:将站点图标存放在 3.6.1 节静态资源目录也可以正常显示。

站点图标功能使用了 serve-favicon 中间件,安装 serve-favicon 的命令如下:

```
npm install serve - favicon
```

然后把准备好的图标文件 favicon.ico 存放在程序的根目录,将 favicon 设定为站点图标,代码如下:

```
//chapter03/06 - middleware/test/config.json
```

```
{
```

```
    ...
    "favicon" : "/favicon.ico",
    ...
}
```

在 ExpressServer 类增加变量以读取配置：

```
//chapter03/05-template/src/default/express-server.class.ts

@value("favicon")
private favicon: string;
```

在 setDefaultMiddleware()方法里增加对应的代码，同样先对配置进行检查，然后用 app.use()载入 serveFavicon 中间件，代码如下：

```
//chapter03/05-template/src/default/express-server.class.ts

if(this.favicon) {
    const faviconPath = process.cwd() + this.favicon;
    this.app.use(serveFavicon(faviconPath));
}
```

3.6.3 传输压缩实现

优化页面加载速度是 Web 开发工作时常遇到的一个挑战。优化页面速度的方法通常围绕资源的加载和页面渲染两个方面进行。资源的压缩传输便是其中一种常规的优化手段。

基于 HTTP 协议的资源压缩传输方案有 gzip、deflate、Brotli 等，其中 gzip 传输压缩最为普遍。

gzip 采用 zip 压缩算法，其原理是将准备传输的内容，在服务器端先进行 zip 压缩再传输，浏览器接收到内容后进行 zip 解压再显示。

经过压缩的传输内容比压缩前体积减小了很多，传输因此而快不少，尤其是文本文件的 zip 压缩率较高，诸如 HTML、JavaScript 等文件的传输速度优化效果明显。

gzip 压缩中间件选用的是 compression 库，安装命令如下：

```
npm install compression
```

压缩功能的配置项为 compression，与前面两个中间件不同，compression 的配置是对象，其 level 项表示压缩率，取值为 0~9，9 为最大压缩比，代码如下：

```
//chapter03/06-middleware/test/config.json


{
    ...
```

```
    "compression": {
      "level" : 9
    },
    …
}
```

ExpressServer 类增加配置并用 app.use() 载入中间件，代码如下：

```
//chapter03/05-template/src/default/express-server.class.ts

@value("compression")
private compression: object;

…

if(this.compression) {
  this.app.use(compression(this.compression));
}
```

启动程序后测试，使用浏览器访问 http://localhost:8080/first。打开 Chrome 浏览器的开发者工具，进入网络（Network）一栏，发现本次请求的响应标头并没有 gzip 字样，表示这次请求并没有使用 gzip 压缩进行传输。为什么 gzip 压缩没有生效？

检查 compression 库源码，发现它要求页面输出至少 1024 字节，才会进行 gzip 的压缩处理。

为了测试 1024 字节的页面输出，测试页面增加了内容，当内容增加到 1023 字节时，响应标头依然没有 gzip 字样，这时页面的传输大小为 1.3KB，如图 3-18 所示。

而当输出的内容达到 1024 字节时，终于可以看到响应标头 Content-Encoding：gzip，该字段代表响应页面已使用 gzip 压缩，要求浏览器进行 zip 解压。此时页面的传输大小也变成了 383B，只有之前的三分之一左右，如图 3-19 所示。

图 3-18　页面为 1023 字节的响应标头

图 3-19　页面超过 1024 字节的响应标头

3.6.4 Cookie

Cookie是浏览器保存用户信息的常用方案之一,相比其他浏览器保存信息的方案,Cookie有着简单易用、浏览器兼容性高的优点。

Cookie是HTTP协议的头信息(Header)的字段,它既可用于浏览器发往服务器端的请求,也可用于服务器端返回浏览器的响应。

Cookie字段的格式是键-值对(Key-Value)字符串,各键-值对之间用分号分隔,键和值之间用等号分隔,如图3-20所示。

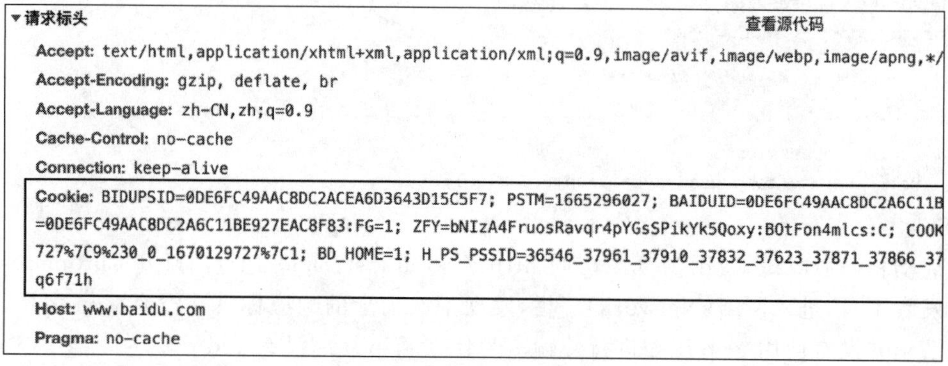

```
▼请求标头                                                    查看源代码
Accept: text/html,application/xhtml+xml,application/xml;q=0.9,image/avif,image/webp,image/apng,*/
Accept-Encoding: gzip, deflate, br
Accept-Language: zh-CN,zh;q=0.9
Cache-Control: no-cache
Connection: keep-alive
Cookie: BIDUPSID=0DE6FC49AAC8DC2ACEA6D3643D15C5F7; PSTM=1665296027; BAIDUID=0DE6FC49AAC8DC2A6C11B
=0DE6FC49AAC8DC2A6C11BE927EAC8F83:FG=1; ZFY=bNIzA4FruosRavqr4pYGsSPikYk5Qoxy:B0tFon4mlcs:C; COOK
727%7C9%230_0_1670129727%7C1; BD_HOME=1; H_PS_PSSID=36546_37961_37910_37832_37623_37871_37866_37
q6f71h
Host: www.baidu.com
Pragma: no-cache
```

图3-20 请求标头的Cookie信息

Cookie功能使用的中间件是cookie-parser库,安装命令如下:

```
npm install cookie-parser
```

Cookie的配置设定为Cookie项,其配置同样是对象格式,代码如下:

```
//chapter03/06-middleware/test/config.json

{
    …
    "cookie": {
        "secret": "catme",
        "options": {}
    },
    …
}
```

配置的secret字段是加密字符串,要求每个网站都设置不同的secret随机字符串。options用于配置Cookie的存放路径和统一过期时间等,如果options为空,则遵循浏览器对Cookie的默认设定。

ExpressServer类使用app.use()方法载入cookie-parser中间件,并进行配置,代码如下:

```
//chapter03/05-template/src/default/express-server.class.ts

@value("cookie")
private CookieConfig: object;


this.app.use(CookieParser(this.cookieConfig["secret"] || undefined, this.cookieConfig
["options"] || {}));
```

Cookie可以存在于请求或者响应的头信息中,它具有赋值和读取两个功能,因此这里用了两个页面进行测试,代码如下:

```
//chapter03/05-template/test/second-page.class.ts


@onClass
export default class SecondPage {

    @GetMapping("/second/setCookie")
    setCookiePage(req, res) {
        res.cookie("name", "zzz");
        return "setCookie";
    }

    @GetMapping("/second/getCookie")
    getCookiePage(req, res) {
        const CookieName = req.cookies.name;
        return "getCookie: " + CookieName;
    }
}
```

页面/second/setCookie里,用res.cookie()方法给Cookie进行赋值,该页面的Cookie是响应给浏览器的,因此赋值操作的对象是Response。

而/second/getCookie页面使用Request对象来读取请求中的Cookie信息,代码是req.cookies.name,其中name对应的是前面赋值Cookie的名称。

接下来启动服务进行测试,访问http://localhost:8080/second/setCookie可以看到浏览器收到的响应头信息已经带上Set-Cookie字段,该字段的内容对应的就是res.cookie()方法的赋值,如图3-21所示。

然后访问读取Cookie页面http://localhost:8080/second/getCookie,可以看到在请求头信息里有前面赋值的name值,而且/second/getCookie页面也显示了这个值,如图3-22所示。

至此,框架已经支持对Cookie的赋值和读取。接下来将讲解经常和Cookie一起出现的Session。

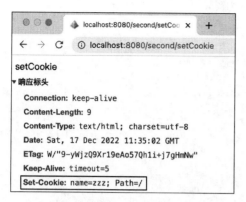

图 3-21　setCookie 页面的响应标头　　　　图 3-22　getCookie 页面的请求标头

3.6.5　Session

HTTP 协议是无状态(Stateless)的网络协议。无状态协议的特点是把每个请求都看作一次独立的事务,与之前的请求无关。无状态就意味着服务器端在协议层面无法确定任何两次请求是不是由同一个浏览器发出的。

因此,服务器端程序就需要从协议内容入手,采取一些手段辨别请求是否属于同一个浏览器或同一个访问用户。

注意：这里提到协议本身没有记录状态,但不代表协议传输的内容里没有记录这类信息。

最常见的辨别请求的方法就是 Cookie 加 Session 的组合,辨别的过程如下：

(1) 当用户在浏览器填写完登录信息后将信息发送给服务器端,服务器端将对资料进行检查,确认登录信息合法后会生成一串密钥,先把用户信息和密钥存到 Session 里,再把密钥设置到响应头的 Cookie 字段下发给浏览器。

(2) 浏览器获得 Cookie 字段的密钥后,接下来的每次请求都会在 Cookie 字段带上密钥信息。

(3) 当服务器端接收这些请求时,从 Cookie 字段取得密钥并与 Session 存储的值进行比对,如果比对成功,则确认这次的请求是该登录用户发起的,从 Session 里取得用户信息来处理业务逻辑。

通常,像这样的一系列请求-响应过程被称为一次会话。

从实现原理讲,Session 是一个运行在服务器端的小型数据库,它存储的格式是键-值对形式,每次登录操作成功后都会将用户信息存入,信息的键就是密钥,密钥会随着 Cookie 发送到浏览器并存储,而后的请求都带上该 Cookie 信息以供服务器端 Session 进行比对。

> 注意：本节讲解的是 Session 中间件的使用，因此 Session 是直接通过变量共享存储的，而在日常开发中，更常见的是通过 Redis、Memcache 等服务器来存储 Session。在本书的 5.3.5 节将介绍使用 Redis 存储 Session 的方案。

Session 功能使用的中间件是 express-session 库，安装命令如下：

```
npm install express-session
```

Session 的配置项是 session，配置格式是对象，代码如下：

```json
//chapter03/06-middleware/test/config.json
{
    ...
    "session": {
        "trust proxy": false,
        "secret": "keyboard cat",
        "resave": false,
        "saveUninitialized": true,
        "cookie": {
            "secure": false
        }
    }
    ...
}
```

Session 的配置比较多，较为关键的有以下两项：

（1）trust proxy 表示是否信任网关，如果 Web 程序使用了 Nginx 等反向代理，则需要将 trust proxy 设置为 true。

（2）secret 表示加密密钥，开发者必须给每个应用程序都设置不同的随机密钥，以确保 Session 不会在浏览器端被暴力破解。

ExpressServer 类使用 app.use() 方法载入 express-session 中间件，代码如下：

```ts
//chapter03/05-template/src/default/express-server.class.ts

@value("session")
private session: object;

if(this.session) {
    const sessionConfig = this.session;
    if(sessionConfig["trust proxy"] === 1){
        this.app.set('trust proxy', 1);
    }
    this.app.use(expressSession(sessionConfig));
}
```

上述代码有个细节,如果将 trust proxy 配置为 true,则还需要对 ExpressJS 进行设置,即需要将 trust proxy 设置为 1。

测试页面用 Session 来做个简单的计数器,每次访问该页面都会给计数器加一,并显示计数器的当前值,代码如下:

```typescript
//chapter03/05-template/test/second-page.class.ts
export default class SecondPage {
    @GetMapping("/second/testSession")
    testForSession(req, res) {
        req.session.view = req.session.view ? req.session.view + 1 : 1;
        return "testForSession: " + req.session.view;
    }
}
```

运行程序,每次刷新浏览器访问 http://localhost:8080/second/testSession 时页面显示的数字都会加一,即便是分开两个浏览器访问,该数字也是累计的。这也证明了 Session 可以跨多浏览器使用的特点,如图 3-23 所示。

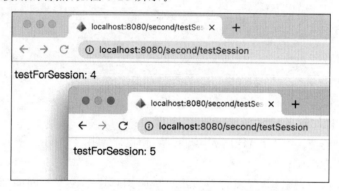

图 3-23　访问页面数字会不断累加

3.6.6　小结

本节介绍了如何将多个路由相关中间件集成到框架中的过程,其中涵盖了许多 Web 程序开发的基础知识,掌握这些知识可以让开发者更高效地开发 Web 程序,提升开发效率。

3.7　文件上传

文件上传是 Web 项目较常见的开发需求之一,本节将介绍文件上传的原理,以及如何将文件上传功能集成到框架里。

3.7.1　文件上传原理

文件上传是通过 HTTP 协议进行传输的。文件上传的过程粗略分为以下 4 步:

（1）用户单击页面的上传表单域并选择文件，表单域取得了上传文件的路径。

（2）表单提交时，根据路径读取文件二进制内容并附加到 HTTP 请求的请求体里，将请求发送到服务器端程序。

（3）服务器端程序发现请求头类型为 Content-Type：multipart/form-data，便会解析请求体内容，将上传文件的二进制重新写成文件存放到临时目录里。

（4）业务程序读取临时文件并做相应的业务处理。

从上述过程可以看出，上传文件的请求和普通 HTTP 请求的区别在于请求头类型及附加了文件内容。

请求头类型在 HTML 的 form 表单域设置，代码如下：

```
<form action = "/upload" enctype = "multipart/form-data" method = "post">
    <input type = "text" name = "title"><br>
    <input type = "file" name = "upload" multiple = "multiple"><br>
    <input type = "submit" value = "Upload">
</form>
```

请求体里文件内容的结构是依据请求头的 boundary 字段来区分的，代码如下：

```
Content-Type: multipart/form-data; boundary = ----WebKitFormBoundaryOejulrdFZFEOU4el
```

boundary 字段表示这是一个表单，它是这个表单的分隔符，如图 3-24 所示。

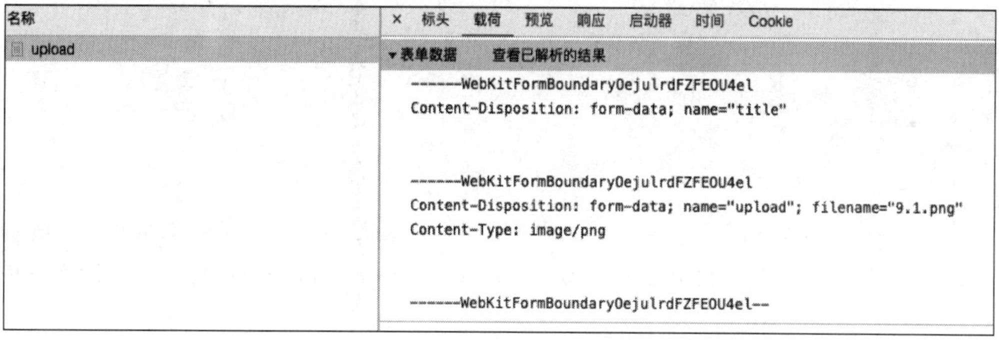

```
名称                    × 标头   载荷   预览   响应   启动器   时间   Cookie
□ upload               ▼ 表单数据      查看已解析的结果
                          ------WebKitFormBoundaryOejulrdFZFEOU4el
                          Content-Disposition: form-data; name="title"


                          ------WebKitFormBoundaryOejulrdFZFEOU4el
                          Content-Disposition: form-data; name="upload"; filename="9.1.png"
                          Content-Type: image/png


                          ------WebKitFormBoundaryOejulrdFZFEOU4el--
```

图 3-24　上传文件的 HTTP 请求体

从图 3-24 可以看到，boundary 的值被分隔成 3 段内容：

（1）输入框，名称为 title。

（2）文件域，名称是 upload，文件名为 9.1.png，文件类型是 image/png。

（3）该 PNG 文件的二进制内容。

服务器端程序收到此次请求，解析请求体内容并将二进制内容保存成临时文件，得到文件上传的数据，代码如下：

```
{
    fieldName: 'upload',
    originalFilename: '9.1.png',
```

```
    path:
    '/var/folders/_d/czpf83d16610sd0_1tqzm09h0000gn/T/eL4nhdPZ1BPFRFAj-u1QGvjm.png',
    headers: {
        'content-disposition': 'form-data; name="upload"; filename="9.1.png"',
        'content-type': 'image/png'
    },
    size: 27485
}
```

3.7.2 使用文件上传库

文件上传的原理是依据请求头 boundary 字段,对请求体的表单内容进行解析,因此,在框架内集成文件上传功能,也就是选用文件解析库并且将其内置到 Web 服务里。

这里选择的文件上传解析库是 multiparty。在 NPM 网站上类似的解析库有很多,multiparty 相对成熟,使用简单。

测试文件上传的 HTML 页面,可以用 3.3 节的模板引擎功能来渲染,代码如下:

```
//chapter03/07-upload/test/views/upload.html

<html>
<head>
</head>
<body>
    <form action="/upload" enctype="multipart/form-data" method="post">
        <input type="text" name="title"><br>
        <input type="file" name="upload" multiple="multiple"><br>
        <input type="submit" value="Upload">
    </form>
</body>
</html>
```

SecondPage 增加了 form()方法,用于显示 upload.html 上传表单页面,还增加了 upload()方法,用于接收文件并上传。在 upload()方法使用 multiparty 获取上传文件的信息,代码如下:

```
//chapter03/07-upload/test/second-page.class.ts


@PostMapping("/upload")
public upload(req, res) {
    const form = new multiparty.Form();

    form.parse(req, (err, fields, files) => {
        res.writeHead(200, { 'content-type': 'text/plain' });
        res.write('received upload:\n\n');
        log(files);
        res.end(util.inspect({ fields: fields, files: files }));
    });
```

```
}
@GetMapping("/form")
form(req, res) {
    res.render("upload");
}
```

运行程序,使用浏览器访问 http://localhost:8080/form 以显示上传表单,当选择一个文件上传时,即可看到命令行输出了上传文件的信息,如图 3-25 所示。

图 3-25　文件上传表单和结果输出

3.7.3　实现文件上传装饰器

文件上传过程是使用解析库来解析请求,提供文件上传信息以供开发者使用。那么,是否能开发一个@upload 装饰器,让开发者有选择性地在需要上传解析时装饰在页面方法上,只对当前页面的请求进行解析,既节省系统开销,也符合框架的设计风格。

按需解析上传的逻辑是将 form.parse()这段代码移到路由装饰器的位置来执行,而@upload 装饰器的主要作用是对页面方法进行标注,从而可以判断是否需要执行解析,代码如下:

```
//chapter03/07-upload/src/route-mapping.decorator.ts

const uploadMapper = {}
//收集上传页面
function mapperFunction(method: string, value: string) {
  return (target: any, propertyKey: string) => {
    routerMapper[method][value] = (req, res, next) => {
      if (uploadMapper[target.constructor.name + "#" + propertyKey]) {
        uploadMapper[target.constructor.name + "#" + propertyKey](req, res, next);
      }
...
```

```typescript
//对上传请求进行解析处理
function upload(target: any, propertyKey: string) {
  uploadMapper[target.constructor.name + "#" + propertyKey] = (req, res, next) => {
    if (req.method === 'POST') {
      const form = new multiparty.Form();
      log("upload start");
      form.parse(req, function (err, fields, files) {
        req.files = files;
        log("upload end");
        next();
      });
    };
  }
}
```

@upload 装饰器将当前的类和方法作为键,将带有 form.parse() 代码的中间件作为值,存到全局变量 uploadMapper 中,这也是多种方法装饰器共同装饰一种方法时常用的技巧。

存入的中间件和 3.7.2 节的代码类似,用 form.parse 对 Request 对象进行解析,取得上传文件的数据并赋值给 req.files,之后调用 next() 进入下一个中间件,下一个中间件即页面方法,这样就能取得上传文件信息了。

@upload 装饰器和 res.files 的测试页面,代码如下:

```typescript
//chapter03/07-upload/test/second-page.class.ts


@PostMapping("/upload")
@upload
public upload(req, res) {
    const files = req.files;
    log(files);
    res.send("upload success");
}
```

执行程序,使用浏览器访问 http://localhost:8080/form,选择文件并提交后会发现命令行输出的 req.files 值是 undefined,也就是没有取得上传信息。

先检查 form.parse() 代码是否对上传请求进行了解析。在 form.parse() 代码里加入对 files 的打印输出,代码如下:

```typescript
form.parse(req, function (err, fields, files) {
    req.files = files;
    log(files);
    log("upload end");
    next();
});
```

再次执行程序后上传文件,发现 form.parse() 位置输出的 files 日志确实是有内容的,如图 3-26 所示。

```
[LOG] 2022-12-18 10:51:49 route-mapping.decorator.ts:46 () {
  upload: [
    {
      fieldName: 'upload',
      originalFilename: 'k.jpg',
      path: '/var/folders/jv/z3x8y3k95r5473y9jq7c0t6r0000gn/T/afrdKci30EdNY0Z5ucsLlHpE.jpg',
      headers: [Object],
      size: 1380
    }
  ]
}
```

图 3-26　上传文件的检查输出

从输出看，日志顺序似乎有点问题，继续增加日志输出来检查，代码如下：

```
function upload(target: any, propertyKey: string) {
    uploadMapper[target.constructor.name + "#" + propertyKey] = (req, res, next) => {
        if (req.method === 'POST') {
            const form = new multiparty.Form();
            log("upload start");
            form.parse(req, function (err, fields, files) {
                req.files = files;
                log(files);
                log("upload end");
                next();
                log("upload next end");
            });
        };
    }
}

...

@PostMapping("/upload")
@upload
public upload(req, res) {
    log("page start");
    const files = req.files;
    log(files);
    res.send("upload success");
    log("page end");
}
```

增加更多输出后的日志，如图 3-27 所示。

从输出可以看到，form.parse() 里的日志输出在页面方法执行结束后，这就意味在 form.parse() 里调用的 next() 没有起到作用，所以执行的顺序错乱了。

经过进一步的测试，发现 next() 只有写在中间件里才能正常运作，而前面的写法并不是写在中间件里，而只是将 form.parse() 当作页面逻辑的一部分，所以 next() 没有生效。

```
[LOG] 2022-12-18 10:59:08 route-mapping.decorator.ts:43 (Object.uploadMapper.<computed> [as SecondPage#upload]) upload start
[LOG] 2022-12-18 10:59:08 second-page.class.ts:29 (SecondPage.upload) page start
[LOG] 2022-12-18 10:59:08 second-page.class.ts:31 (SecondPage.upload) undefined
[LOG] 2022-12-18 10:59:08 second-page.class.ts:33 (SecondPage.upload) page end
[LOG] 2022-12-18 10:59:08 route-mapping.decorator.ts:46 () {
  upload: [
    {
      fieldName: 'upload',
      originalFilename: 'k.jpg',
      path: '/var/folders/jv/z3x8y3k95r5473y9jq7c0t6r0000gn/T/i-itD6b1mxLv12vVaLg4Ztlr.jpg',
      headers: [Object],
      size: 1380
    }
  ]
}
[LOG] 2022-12-18 10:59:08 route-mapping.decorator.ts:47 () upload end
[LOG] 2022-12-18 10:59:08 route-mapping.decorator.ts:49 () upload next end
```

图 3-27　详细的上传文件日志输出

注意：在使用 JavaScript/TypeScript 编程时，next() 的写法是避免回调顺序错乱的技巧。只要 next() 在适当的位置（例如回调函数或者 Promise）使用，理论上就能解决顺序问题。

解决的方案是将上传逻辑抽离出来，使其变成中间件。这里先来了解 ExpressJS 中间件的另一种用法：将一个或多个中间件写在路由方法的参数里，这些中间件只针对当前的路由请求生效，代码如下：

```
//中间件针对特定路由生效的伪代码
app.get("/index", 中间件1, 中间件2, …, function(req, res){
    …
});
```

和前面的中间件的用法做一个对比，app.use() 载入的中间件是全局范围生效的，可以理解成任意的请求都会经过 app.use() 的中间件进行处理，代码如下：

```
//普通中间件的伪代码
app.use(中间件1);
app.use(中间件2);
…
```

现在，将 form.parse() 部分代码抽离为独立中间件 uploadMiddleware()，并配置在路由方法的参数里，查看它的 next() 是否生效，代码如下：

```
function uploadMiddleware(req, res, next) {
    const form = new multiparty.Form();
    form.parse(req, (err, fields, files) => {
        req.files = files["upload"] || undefined;
        next();
    });
}
```

而@upload装饰器用来标识哪个路由方法需要使用 uploadMiddleware(),代码如下:

```
function upload(target: any, propertyKey: string) {
  uploadMapper.push(target.constructor.name + "#" + propertyKey)
}
```

接着 setRouter()方法匹配是否启用 uploadMiddleware(),代码如下:

```
if (method === "post" && uploadMapper.includes(rounterFunction["name"])) {
    app[method](key, uploadMiddleware, rounterFunction["invoker"]);
} else {
    app[method](key, rounterFunction["invoker"]);
}
```

修改程序并运行,再对上传文件进行测试。发现这次上传文件的信息可以在/upload页面正常输出,如图3-28所示。

```
[LOG] 2022-12-18 14:08:05 second-page.class.ts:30 (SecondPage.upload) [
  {
    fieldName: 'upload',
    originalFilename: 'k.jpg',
    path: '/var/folders/jv/z3x8y3k95r5473y9jq7c0t6r0000gn/T/WQPYyUwPHAtKaeT_TuGvLs8-.jpg',
    headers: {
      'content-disposition': 'form-data; name="upload"; filename="k.jpg"',
      'content-type': 'image/jpeg'
    },
    size: 1380
  }
]
[LOG] 2022-12-18 14:08:05 second-page.class.ts:31 (SecondPage.upload) uploaded
```

图 3-28　上传文件的正确输出

3.7.4　小结

本节实现文件上传装饰器@upload,它使用了 app.use()之外另一种 ExpressJS 中间件的使用方法,这种方法将中间件放到路由方法的参数列表,中间件的作用范围仅限于该路由方法内生效。

@upload 在实现时使用了全局变量 uploadMapper 来收集装饰器对应的方法,提供给@GetMapping 等路由装饰器进行判定使用,这是多种方法装饰器协作的编程方法,读者务必留意。

3.8　Web 服务鉴权

Web 服务鉴权是针对请求的访问权限进行检查的能力,也就是通常所讲的网站登录和权限验证等相关功能。

3.8.1 实现基本访问认证

Basic Authentication 是最基础的权限验证方案,是早期的 HTTP 协议内置的权限认证方案,因此 Basic Authentication 在 HTTP 协议有专用的状态码 401,401 状态码指示下一步操作必须提供 Basic Authentication 验证。

Basic Authentication 的定义:在 HTTP 协议中,基本认证(Basic Access Authentication)是允许 HTTP 用户浏览器在请求时提供用户名和密码的一种方式。在进行基本认证的过程里,请求的 HTTP 头字段会包含 Authorization 字段,形式为 Authorization:Basic <凭证>,该凭证是用户和密码组合的 Base64 编码字符串。

Basic Authentication 的中间件库是 express-basic-auth,安装命令如下:

```
npm install express-basic-auth
```

在 3.1.4 节实现了给 ExpressJS 设置中间件的 setMiddleware() 方法,这里通过 setMiddleware() 方法来集成 Basic Authentication 中间件,代码如下:

```
//chapter03/02-routes/test/main.ts


public main(){
    this.server.setMiddleware(basicAuth({
        users: { 'admin': 'supersecret' }
    }));
    this.server.start(8080);
    log('start application');
}
```

执行程序,访问任意页面都可正常显示,没有发现 401 状态码或者其他错误提示。显然,Basic Authentication 没有生效。

在 start() 方法输出检查 this.middlewareList,检查 setMiddleware() 方法是否正常设置了 Basic Authentication 中间件,代码如下:

```
//chapter03/02-routes/test/main.ts


public start(port: number) {
    log(this.middlewareList);
    this.middlewareList.forEach(middleware => {
        this.app.use(middleware);
    });
    this.setDefaultMiddleware();
    ...
```

执行程序,观察输出,此时可发现 this.middlewareList 是空数组,setMiddleware() 执行前后两个 this.server 指代的对象不同,出现了 3.3.3 节相同的问题:this 指向错误,因此才会出现 setMiddleware()无效的情况。

引起该问题的原因是 BeanFactory 存入对象的构造方法函数，只有再取出时才进行调用实例化，因此每次取得的都是重新创建的对象，从而导致使用时上下文的 this 不能指向同一个对象。

至此，对象工厂需要进行一些优化，BeanFactory 增加两种方法，即 putObject() 和 getObject()，代码如下：

```
//chapter03/08-auth/src/bean-factory.class.ts

export default class BeanFactory {
    private static beanMapper: Map<string, any> = new Map<string, any>();
    private static objectMapper: Map<string, any> = new Map<string, any>();

    public static putBean(mappingClass: Function, beanClass: any): any {
        this.beanMapper.set(mappingClass.name, beanClass);
    }

    public static getBean(mappingClass: Function): any {
        return this.beanMapper.get(mappingClass.name);
    }

    public static putObject(mappingClass: Function, beanClass: any): any {
        this.objectMapper.set(mappingClass.name, beanClass);
    }

    public static getObject(mappingClass: Function): any {
        return this.objectMapper.get(mappingClass.name);
    }
}
```

至此 BeanFactory 拥有以下 4 个静态方法。

(1) putBean()：存入的参数由类名 target、方法名 propertyKey、函数执行结果 factory 等三者组成。用于存入对象标识，但未实例化。

(2) getBean()：获取 putBean()存入的内容。

(3) putObject()：存入实例化后的对象。

(4) getObject()：获取 putObject()保存的对象。

这样对象工厂就能分别应对两类场景：

(1) 取出对象再进行实例化。

(2) 直接取用已实例化的对象。

改进 BeanFactory 后执行程序，访问任意页面都会提示 HTTP 401 错误，401 错误意味着需要进行 Basic Authentication 验证。

测试验证可以使用 Postman 工具，在 Postman 请求设置 Basic Auth 认证，填入前面 main.ts 代码内的用户信息。单击发起请求可以发现通过验证，正常返回页面，如图 3-29 所示。

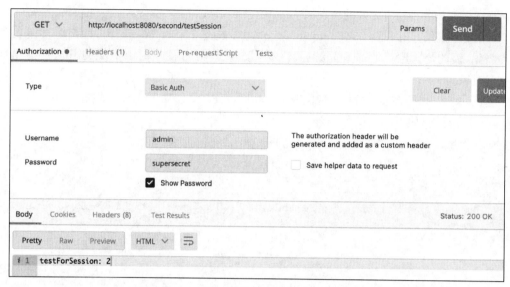

图 3-29 Postman 测试 Basic Authentication 验证

注意：Postman 可以对接口进行调试，对 API 发起 GET、POST 等测试请求，支持编辑头信息和参数、上传文件等功能。同类工具还有 Apifox、PAW、JMeter 等。

3.8.2 实现验证装饰器

JWT(JSON Web Token)是基于 JSON 格式的一种网络程序认证方案，其遵循的标准为 RFC7519。对比 Cookie 等验证方案，JWT 有两个突出的优点：携带信息相对较多、具备独立认证特性。

（1）Cookie 以明文方式传输信息，其加密信息只能是少量的（如标识符等）关键信息，而 JWT 是密文传输，因此携带的信息可包含用户标识、用户角色和权限等较多的信息。

（2）Cookie 的用户信息等内容必须在服务器端通过标识符查询取得，而 JWT 自身携带了认证信息，因此 JWT 可以独立使用，不需要依赖于服务器存储额外的用户信息。

基于以上特性，JWT 特别适用于分布式网站的验证场景。

JWT 协议格式由 3 部分构成：

（1）头部(Header)包含 JWT 声明类型和加密算法名称。

（2）数据(Payload)存放有效信息，主体是令牌字符串和开发者自定义的字段信息，如用户 ID、权限标识等。

（3）签名(Signature)对上述两部分数据分别用 Base64 编码后再使用加密算法加密得到的字符串，该字段确保了内容的有效性和完整性。

框架在实现 JWT 功能时使用 express-jwt 中间件。@jwt 装饰器和 3.7 节的 @upload 类似，同样是通过全局变量进行记录，代码如下：

```
//chapter03/08-auth/src/route-mapping.decorator.ts

function jwt(jwtConfig) {
  return (target: any, propertyKey: string) => {
    if (routerMiddleware[target.constructor.name + "#" + propertyKey]) {
      routerMiddleware[target.constructor.name + "#" + propertyKey].push(expressjwt
(jwtConfig));
    } else {
      routerMiddleware[target.constructor.name + "#" + propertyKey] = [expressjwt
(jwtConfig)];
    }
  }
}
```

与@upload稍有不同的是,@jwt装饰器需要输入参数,JWT要用到参数进行配置。例如@jwt({ secret: "shhhhhhared-secret", algorithms: ["HS256"] }),这里secret是加密密钥,而algorithms是加密算法。

> **注意**:JWT方案最机密的信息是密钥,密钥可以解密程序中所有的JWT密文,因此每个应用程序必须有单独的、妥善保存的、唯一的密钥。

此时需要优化3.7节在路由中间件参数设置@upload中间件的写法,直接在中间件参数上面硬编码,现在增加JWT中间件就需要重新修改框架,因此,这里采用了JavaScript内置的apply()函数,apply()函数在调用函数时动态地增减参数,代码如下:

```
//chapter03/08-auth/src/route-mapping.decorator.ts

let rounterFunction = routerMapper[method][key];
if (routerMiddleware[rounterFunction["name"]]) {
    let args: Array < any > = [key, ...routerMiddleware[rounterFunction["name"]],
rounterFunction["invoker"]];
    app[method].apply(app, args);
} else {
    app[method](key, rounterFunction["invoker"]);
}
```

至此,@jwt收集启用验证的页面,统一了@jwt和@upload设置中间件的写法,在setRouter()方法进行批量调用的方法。

接下来在SecondPage测试页面修改原有的/form页面,使只有带有JWT验证信息的请求才能打开该页面,代码如下:

```
//chapter03/08-auth/test/second-page.class.ts

@jwt({ secret: "shhhhhhared-secret", algorithms: ["HS256"] })
```

```
@GetMapping("/form")
form(req, res) {
    res.render("upload");
}
```

运行程序,访问 http://localhost:8080/form 时会出现未验证的错误提示,如图 3-30 所示。

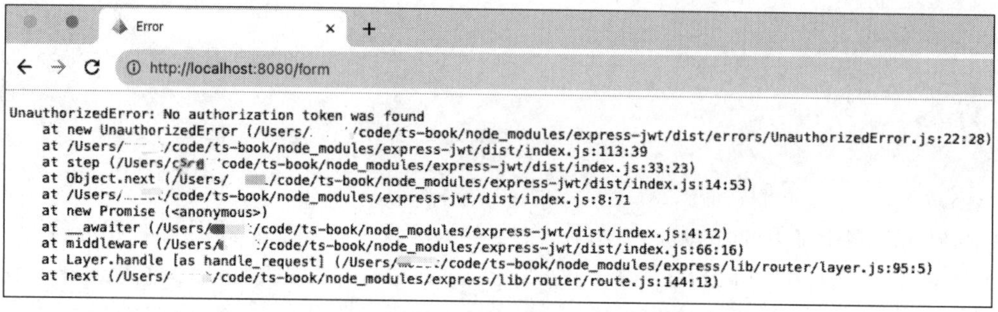

图 3-30 要求 JWT 验证访问的页面

要进行 JWT 验证,首先需要生成 JWT 验证字符串,这里使用 jsonwebtoken 库,安装命令如下:

```
npm install jsonwebtoken
```

FirstPage 测试页面/login 假定是一个登录页面,它将输出验证字符串,代码如下:

```
//chapter03/08-auth/test/first-page.class.ts


@GetMapping("/login")
login() {
    const token = jwttoken.sign({ foo: 'bar' }, 'shhhhhhared-secret');
    return token;
}
```

jwttoken.sign()方法的第 2 个参数密钥和前面/form 页面的@jwt 参数密钥一致。这时/form 页面将@GetMapping 改为@PostMapping。

执行程序,访问 http://localhost:8080/login 可以得到一串验证字符串,如图 3-31 所示。

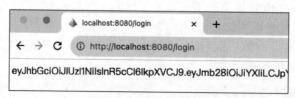

图 3-31 取得验证字符串

在 Postman 将请求方法设置为 POST，在 Headers 增加 Authorization 项，值为 Bearer＋空格＋验证字符串，如图 3-32 所示。

图 3-32　测试 JWT 验证

图 3-32 中请求已经成功地通过了 JWT 验证，并输出了 3.7 节的上传表单 HTML。

3.8.3　拦截器

Basic Authentication 和 JWT 装饰器都是针对单个页面方法的鉴权方式，在少量页面需要鉴权的网站使用比较方便，但是在网站大量页面需要统一鉴权的情景（如站点管理后台）就显得力不从心了。

页面单点鉴权采用的是黑名单逻辑，只对特定的页面进行检查，而像管理后台这种应用，要求全部页面都必须鉴权，只保留少数页面（如登录页、注册页等）不进行检查就是白名单逻辑，被称为全局访问鉴权。

按照全局访问鉴权的特性来设计框架的全局鉴权有以下两个要点：

(1) 只有在白名单的页面才能豁免权限检查。

(2) 其他任何页面，一律进行权限检查。

设想在任意页面方法前插入一个特定中间件对权限进行检查，期间跳过白名单的页面就能符合上述两点，从而实现全局鉴权。

在任意页面方法前执行的操作逻辑被称为拦截器（Interceptor）。

3.8.4　开发全局拦截器机制

拦截器机制是一个在页面方法前的代码执行阶段，其代码主要完成的工作有解析请求参数、转换数据赋值、执行权限检查、调试程序异常等。

因此,框架需要提供这样的代码执行时机,让开发者能够自行实现各种拦截逻辑,其中就包括基于白名单的权限检查。

拦截器的实现沿用对象管理机制,方便开发者自行继承及扩展,代码如下:

```typescript
//chapter03/08-jwt/src/factory/authentication-factory.class.ts

import * as express from 'express';
export default abstract class AuthenticationFactory {
    public preHandle (req: express.Request, res: express.Response, next: express.NextFunction): void{
        next();
    }
     public afterCompletion (req: express.Request, res: express.Response, next: express.NextFunction): void{
        next();
    }
}
```

AuthenticationFactory 的两种方法 preHandle()和 afterCompletion()分别对应在页面方法前执行的前置中间件和在页面方法后执行的后置中间件。两种方法的默认实现都是不进行任何操作,调用 next()进入下一个中间件,因此,AuthenticationFactory 的默认对象非常简单,只需提供@bean 装饰器初始化,代码如下:

```typescript
//chapter03/08-jwt/src/default/default-authentication.class.ts

export default class DefaultAuthentication extends AuthenticationFactory{
    @bean
    public getAuthentication(): AuthenticationFactory {
        return new DefaultAuthentication();
    }
}
```

实现在页面方法前后起作用,即将 AuthenticationFactory 插入 setRouter()的代码前后,代码如下:

```typescript
//chapter03/08-jwt/src/default/express-server.class.ts

export default class ExpressServer extends ServerFactory {
    ...
    @autoware
    public authentication: AuthenticationFactory;

    private setDefaultMiddleware() {
        ...
        //配置前置处理器
```

```
                this.app.use(this.authentication.preHandle);

        if (this.static) {
            const staticPath = process.cwd() + this.static;
            this.app.use(express.static(staticPath));
        }
        setRouter(this.app);
        //配置后置处理器
        this.app.use(this.authentication.afterCompletion);
        …
```

@autoware 装饰器先取得 AuthenticationFactory 对象,然后在 setRouter() 的前后位置调用 AuthenticationFactory 的 preHandle()、afterCompletion() 方法,从而实现拦截器逻辑。

preHandle() 方法放置在静态文件中间件 express.static() 的前面,使拦截器可以对图片、JS 等访问请求进行拦截,确保静态文件也在权限保护之下。

至此,框架完成了拦截器机制的开发,此时拦截器仅仅是默认实现,在实际使用中还需要扩展新的拦截器。

3.8.5　实现 JWT 全局拦截器

实现自定义的全局拦截器只要先继承于 AuthenticationFactory,然后用 @bean 提供实例化对象即可,代码如下:

```
//chapter03/08-jwt/app/src/jwt-authentication.class.ts

import { AuthenticationFactory, bean, config } from "../../src/typespeed";
import express from "express";
import { expressjwt, GetVerificationKey } from "express-jwt";
import * as jwt from 'jsonwebtoken';

const jwtConfig: {
    secret: jwt.Secret | GetVerificationKey;
    algorithms: jwt.Algorithm[];
    ignore: string[];
} = config("jwt");

export default class JwtAuthentication extends AuthenticationFactory {
    //提供拦截器对象
    @bean
    public getJwtAuthentication(): AuthenticationFactory {
        return new JwtAuthentication();
    }
    //拦截前置处理器
     public preHandle ( req: express.Request, res: express.Response, next: express.NextFunction): void {
```

```typescript
        if(!jwtConfig.ignore.includes(req.path)) {
            const jwtMiddleware = expressjwt(jwtConfig);
            //用 JWT 中间件进行检验
            jwtMiddleware(req, res, (err) => {
                if (err) {
                    //next(err);
                }
            });
        }
        next();
    }
}
```

getJwtAuthentication()方法提供了 AuthenticationFactory 对象,框架的对象管理会用它覆盖 AuthenticationFactory 的默认实现,成为在 ExpressJS 路由方法使用的拦截器中间件。

JwtAuthentication 的 preHandle()方法首先判断当前访问路径 req.path 是否在 JWT 配置的白名单里,如果在白名单里,则略过权限检查并放行。JWT 配置的白名单 jwtConfig.ignore 是数组,内容可配置多个需要放行的路径地址。

if 判断的内部是权限判断的演示代码,用 express-jwt 库检查请求的 JWT 字符串信息。在实际使用时,还需要从 JWT 信息取出当前用户的其他信息,示例代码如下:

```typescript
public preHandle(req: express.Request, res: express.Response, next: express.NextFunction): void {
    if(!jwtConfig.ignore.includes(req.path)) {
        const jwtMiddleware = expressjwt(jwtConfig);
        jwtMiddleware(req, res, (err) => {
            if (err) {
                next(err);
            }
            const checkIsUser = checkFromDatabase(req.auth?.user, req.auth?.token);
            if(checkIsUser){
                req["user"] = req.auth?.user;
            }
        });
    }
    next();
}
```

checkFromDatabase()示范使用数据库校验用户名和认证信息,用户名来自 JWT 存储的 auth 字段,如果校验成功,则对 req 赋值用户信息 req.user,其他页面即可用 req.user 作为用户信息进行业务处理。

上述 JWT 的配置内容用 config("jwt")方法取得,配置变量 jwtConfig 有 secret、algorithms、ignore 字段,分别表示密钥、加密算法和白名单数组。

3.8.6 小结

本节介绍了两类 Web 服务鉴权,即单个页面鉴权及全局拦截器。单个页面鉴权适用于限制黑名单页面访问的场景,采用@jwt装饰器来标记特定的机密页面,只有合法的请求才能访问这些页面。

相对而言,全局拦截器适用场景采用的是白名单逻辑,如后台管理系统。白名单逻辑只允许少量白名单页面能够自由访问系统,如登录页、注册页等,其余页面都需要进行鉴权。框架采用对象管理机制实现全局拦截器逻辑,方便开发者进行扩展,而JWT全局拦截器示范了利用全局拦截器进行JWT验证的例子。

3.9 服务器端错误输出

在3.8.2节介绍权限验证时,出现了如图3-30所示的验证错误提示,该错误提示较为原始,由于暴露了程序的堆栈信息,存在安全隐患,因此本节将介绍框架如何收敛这些错误提示,让用户只能看到友好的页面提示,并且让开发者能自行实现所需的提示内容。

3.9.1 捕捉常见错误

服务器端常见的错误提示有404和500错误。这里404和500指的是HTTP状态码。

(1) 404 Page Not Found,一般因为浏览器访问的页面不存在、路由没有正确配置或者页面引用了错误的图片和资源地址。

(2) 500 Internal Server Error,起因是服务器端程序出现错误情况,被动或者主动地将情况返回浏览器。

被动和主动的区别是服务器端程序是否针对错误进行处理。服务器端代码如果没有主动捕获错误而使程序崩溃信息直接输出到浏览器,则是被动情况,如图3-30所示的提示,而主动意味着服务器端捕获了错误并给浏览器返回友好的信息,这时HTTP状态码仍为500,表示当前服务确实存在问题。

在中间件链上捕获400和500错误需要建立两个特殊的中间件,代码如下:

```
//chapter03/09-error/src/default/express-server.class.ts

setRouter(this.app);

this.app.use((req, res, next) => {
    res.status = 404;
    res.write("404 Not Found");
    res.end();
});

this.app.use((err, req, res, next) => {
    if (!err) {
        next();
    }
```

```
        res.status(err.status || 500);
        res.send("500 Server Error");
    });
```

在 setRouter()方法之后的第 1 个中间件捕获的是 400 错误。setRouter()可以匹配所有正确配置了页面路径的地址,当某个请求路径无法被 setRouter()匹配到时,请求的地址就是不正确的,即找不到页面。

这时程序会执行到 setRouter()后的第 1 个中间件,这个中间件特殊之处是它没有路径参数,因此它能捕获所有的错误路径,给浏览器返回 404 状态码和 Page Not Found 提示,如图 3-33 所示。

接下来第 2 个中间件是 500 错误处理,相比其他中间件,500 错误处理中间件有 4 个参数(err,req,res,next),其中第 1 个参数 err 是错误处理的关键。

中间件的错误处理规则是,当中间件链条上的任何一个中间件出错时都会直接跳过后续所有没有使用 err 参数的中间件,落在第 1 个带有 4 个参数的中间件,这时 err 参数带有具体的出错信息。

500 错误处理中间件会检查 err 值,如果发现 err 非空,则输出 err 携带的错误码,或者 500 错误码,并且给浏览器返回 500 Server Error 提示。

测试 500 错误处理,需准备一个抛出错误的页面,代码如下:

```
//chapter03/09-error/test/second-page.class.ts


@GetMapping("/second/testError")
testError(req, res) {
    throw new Error('Test Error');
}
```

运行程序,访问 http://localhost:8080/second/testError 即可看到错误提示,如图 3-34 所示。

图 3-33　404 错误提示

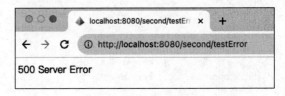

图 3-34　500 错误提示

3.9.2　错误日志输出

在 500 错误测试例子里,抛出错误使用 throw new Error('Test Error')方式,这样的错误会被输出直接输出到系统命令行里,但无法被日志系统取得,因此,在日常开发中异常处理更多地会使用预定义的错误输出方法。

异常处理是编程的重点课题之一,异常指的是逻辑上存在的问题,但该问题并不影响系统的运作。例如,上传文件时发现上传的文件格式不正确,这时需要给浏览器返回预先定义的错误信息,同时在服务器端记录错误日志,使异常也有迹可循。

> **注意**:通常在系统运行过程里,当同类的异常多次发生时,极有可能是代码有不符合期待的情况存在,这是值得重视的预兆,因此对错误日志的统一收集极其有必要。

框架设计了 log() 函数作为一般信息的输出方法,下面增加 error() 函数来作为错误日志统一记录的方法,代码如下:

```
//chapter03/09-error/src/speed.ts

public error(message?: any, ...optionalParams: any[]) : void {
    this.logger.error(message, ...optionalParams);
}
```

error() 函数使用 LogFactory 日志类的 error() 方法,因此在 LogFactory 和它的子类 LogDefault、CustomLog 中也需要增加 error() 方法,代码如下:

```
//chapter03/09-error/src/default/log-default.class.ts

export default class LogDefault extends LogFactory {

    @bean
    createLog(): LogFactory {
        return new LogDefault();
    }

    public log(message?: any, ...optionalParams: any[]): void {
        console.log(message, ...optionalParams);
    }
    //增加错误捕获日志
    public error(message?: any, ...optionalParams: any[]) : void{
        console.error(message, ...optionalParams);
    }

}
```

在上述的 404 错误处理中间件测试 error() 方法,观察其生效情况,代码如下:

```
this.app.use((req, res, next) => {
    error("404 not found, for page: " + req.url);
    res.status = 404;
    res.write("404 Not Found");
    res.end();
});
```

测试 404 页面可以看到 error() 在命令行输出 ERROR 类型的日志，如图 3-35 所示。

```
[LOG] 2023-11-08 18:11:30 speed.ts:46 (onClass) decorator onClass: SecondPage
[LOG] 2023-11-08 18:11:30 speed.ts:46 (onClass) decorator onClass: TestLog
[LOG] 2023-11-08 18:11:30 test-log.class.ts:7 (new TestLog) TestLog constructor
[LOG] 2023-11-08 18:11:30 speed.ts:39 () main start
[LOG] 2023-11-08 18:11:30 express-server.class.ts:43 (ExpressServer.start) []
[LOG] 2023-11-08 18:11:30 main.ts:16 (Main.main) start application
[LOG] 2023-11-08 18:11:30 express-server.class.ts:49 (Server.<anonymous>) server start at port: 8080
[ERROR] 2023-11-08 18:11:45 express-server.class.ts:88 () 404 not found, for page: /unkown
```

图 3-35　ERROR 类型的日志

3.9.3　美化内置错误页面

在 3.9.1 节介绍了 404 和 500 错误的捕获，其页面输出比较粗糙，在实际开发中开发者还需要自行设计页面对 3.9.1 节中的页面进行替换，因此，本节将介绍框架如何提供美观的默认错误提示页面，方便开发者开箱即用。

1. 目录结构

首先框架选用了两个开源的错误提示页面，页面的样式、图片等均被内嵌在 HTML 文件中，能够直接显示，无须依托其他的外部资源。这两个页面放置在 /static/error-page 目录，目录结构如图 3-36 所示。

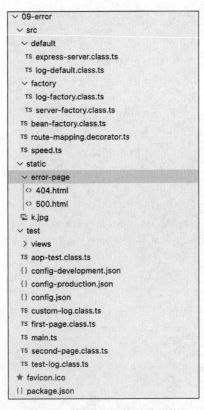

图 3-36　错误页面的目录结构

> **注意**：这两个错误页面的源码都是基于 MIT 开源协议的，允许免费商用，具体协议可参考页面文件头部的注释内容。

2. 404 页面美化

修改 setDefaultMiddleware() 方法 404 处理中间件，使其输出 404.html 文件，代码如下：

```
//chapter03/09 - error/src/default/express - server.class.ts



//404 页面
this.app.use((req, res, next) => {
    error("404 not found, for page: " + req.url);
    if (req.accepts('html')) {
        res.render(process.cwd() + "/static/error - page/404.html");
    } else if (req.accepts('json')) {
        //当浏览器需要 JSON 格式时，返回 JSON 错误提示
        res.json({ error: 'Not found' });
    } else {
        //默认情况返回文本类型错误提示
        res.type('txt').send('Not found');
    }
});
```

注意，404 中间件用 req.accepts() 方法获得当前请求预期的返回类型。现行前后端开发大量采用的是 JSON 格式交互的 API，因此只有在 req.accepts() 方法明确预期是 HTML 时，才能用 res.render() 方法给浏览器显示 HTML 页面。

非 HTML 请求则需要再检查是否是 JSON 请求并使用 req.json() 方法返回信息，如果前两者均不支持，则认为浏览器端仅需要通用的文本类型返回。

404 页面的显示效果如图 3-37 所示。

3. 500 页面美化

500 页面也采用了开源的错误页面，如图 3-38 所示。

在 setDefaultMiddleware() 方法中，同样要注意用 req.accepts() 方法检查是否支持 HTML 格式或者 JSON 格式，采用对应的输出方法，代码如下：

```
//chapter03/09 - error/src/default/express - server.class.ts



//500 页面
this.app.use((err, req, res, next) => {
    if (!err) {
        next();
    }
    error(err);
```

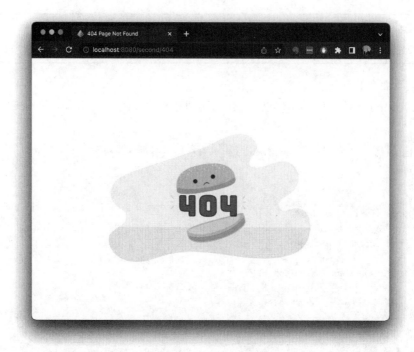

图 3-37　404 页面显示效果

图 3-38　500 页面显示效果

```
    res.status(err.status || 500);
    if (req.accepts('html')) {
        res.render(process.cwd() + "/static/error-page/500.html");
    } else if (req.accepts('json')) {
        //当浏览器需要 JSON 格式时,返回 JSON 错误提示
        res.json({ error: 'Internal Server Error' });
    } else {
        //默认情况返回文本类型错误提示
        res.type('txt').send('Internal Server Error');
    }
});
```

3.9.4 小结

本节讲解了框架对状态码为 404 和 500 两种服务错误的处理。找不到资源或路由配置错误的 404 错误,以及服务器端程序出错导致的 500 错误都是最常见的网络错误情况。

两类错误的捕获,比较巧妙地运用了 ExpressJS 中间件的特性,它们是特殊的中间件:

(1) 404 错误处理中间件紧跟着 setRouter() 方法,当请求路径无法匹配 setRouter() 里的所有页面路径时,不管是请求路径本身写错,还是页面的路由配置错误都能解释成找不到页面的错误,那么该请求将由 404 中间件进行处理。

(2) 500 错误处理中间件遵循了 ExpressJS 中间件的错误流转规则。当中间件链条任意中间件抛出异常或者给 err 参数赋值都会被视为出现服务错误。那么请求会跳过链条上后续的中间件,直接交给有 4 个参数的 500 错误中间件捕获处理。

值得注意的是,在 3.1.2 节介绍的中间件机制是名为责任链的设计模式,而当某个环节出错时,略过后续环节而直接进入错误处理程序的方式,有效地解决了链条过长出错难以捕获的问题,这是责任链模式的标准做法。

第 4 章 数据库开发

数据读写是 Web 框架的三大组成模块之一,也是和业务逻辑关系最紧密的功能。绝大多数 Web 应用程序有对数据进行操作的逻辑,因此编写数据读写代码是开发者日常工作的重心之一。

现今业界 Web 框架的数据库操作有两类较典型的方案:装饰器风格和数据模型风格。本章重点讲解如何在 Web 框架实现这两类设计各异的数据操作方案,以及注入攻击防范、数据分页、查询缓存、多数据源读写分离等数据开发的进阶知识,帮助读者全面掌握数据库开发知识。

8min

4.1 数据库开发准备

在开始学习数据库开发知识前,读者需要做一些准备工作:安装 MySQL 数据库、创建测试数据库和数据表,方便接下来的开发实践。如果读者已经掌握这些步骤,则可略过本节内容。

4.1.1 安装 Docker Desktop

相比其他安装数据库的方法,Docker 使用简易、有着极强的跨版本的特性,因此不仅是 MySQL,本书讲述的其他服务器端软件也是通过 Docker 安装管理的。

Docker 提供了免费的 Docker Desktop 版本,可运行在 Windows、Mac、Linux 等桌面系统。Docker Desktop 对初学者十分友好,有很多突出的优点:

(1) 内置 Docker 引擎,在系统命令行可以执行各种 Docker 命令。
(2) 可一键开启单机版 Kubernetes,方便学习。
(3) 提供 Docker Hub 市场,可搜索、下载、运行各种官方和第三方的 Docker 镜像。
(4) 提供可视化界面来操作和管理 Docker 容器和镜像,能够替代大部分 Docker 命令。

从上述的第 4 点可以看出,安装和使用 Docker Hub 市场里的镜像时,Docker Desktop 能支持命令行和图形化界面两种操作方法。

1. 下载并安装 Docker Desktop

进入 Docker 官网 https://www.docker.com/,在 Product 菜单下找到 Docker Desktop

页面，可下载 Windows、Mac 及 Linux 版本的 Docker Desktop，如图 4-1 所示。

图 4-1　下载 Docker Desktop

安装 Docker Desktop 的方法较简单，Windows 版本直接单击 Next 按钮即可完成安装，Mac 版本将 Docker 拖曳到 Application 目录即可。

2．注册 Docker 账号

要使用 Docker Desktop 需要先注册 Docker 账号，可使用谷歌或者 GitHub 第三方账号注册，亦可使用邮件地址注册，如图 4-2 所示。

3．登录 Docker Desktop

注册 Docker 账号后即可登录 Docker Desktop 使用 Docker Hub 市场的资源，也可以上传自己的 Docker 镜像在市场上托管。

Docker Desktop 的登录过程和大部分桌面软件不同的是，单击右上角 Sign in 按钮后会打开浏览器，以便在 Docker 网站上登录，登录成功后会自动登入 Docker Desktop 软件，如图 4-3 所示。

4.1.2　安装 MySQL

本节将介绍用命令行和可视化界面两种方式安装 MySQL 的方法。

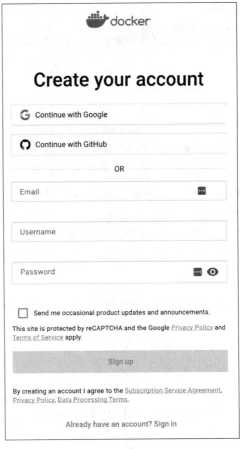

图 4-2　注册 Docker 账号

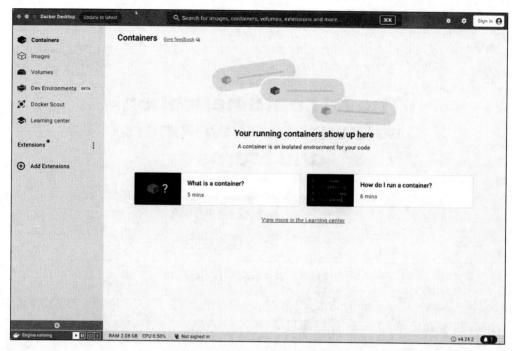

图 4-3 登录 Docker Desktop

1. MySQL 镜像

在 Docker Hub 市场 https://hub.docker.com/ 托管了大量的 Docker 镜像，其中包括软件官方提供的镜像及数量众多的第三方镜像。

在市场搜索 MySQL 可以看到很多结果，其中标记 Docker Official Image 是官方镜像。官方镜像通常由 Docker 开源组织或软件官方维护，具有最佳的稳定性和适用性，文档齐全。例如，MySQL 官方镜像文档对于 MySQL 镜像的启动、命令参数、配置、数据存储和备份等均有详尽介绍，如图 4-4 所示。

2. 命令行启动 MySQL 镜像

Docker Desktop 内置了 Docker 引擎，因此直接通过计算机的命令行即可安装并启动 MySQL，命令如下：

```
docker run -p 3306:3306 --env MYSQL_ROOT_PASSWORD=root mysql:latest
```

该命令将 MySQL 对外的端口配置为 3306，将数据库 ROOT 用户密码设置为 root，采用 MySQL 的最新版本 latest。命令执行时会先提示本地找不到 MySQL 镜像，然后从网络拉取镜像，如图 4-5 所示。

拉取镜像会启动 MySQL 镜像，如图 4-6 所示。

启动 MySQL 后打开 Docker Desktop 即可看到 MySQL 容器正在运行，如图 4-7 所示。

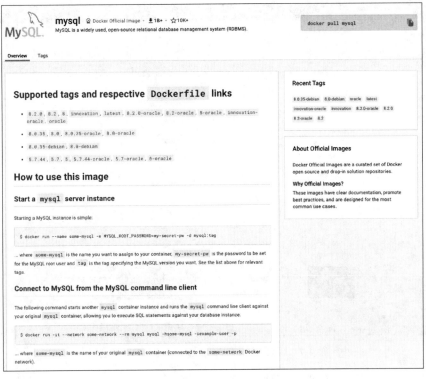

图 4-4 MySQL 官方镜像

```
→ docker run -p 3306:3306 --env MYSQL_ROOT_PASSWORD=root -d mysql:latest
Unable to find image 'mysql:latest' locally
latest: Pulling from library/mysql
8e0176adc18c: Downloading [==============================================>    ]  41.47MB/44.28MB
2d2c52718f65: Download complete
d88d03ce139b: Download complete
4a7d7f11aa1e: Download complete
ce5949193e4c: Download complete
f7f024dfb329: Download complete
5fc3c840facc: Downloading [==============================>                    ]  37.56MB/62.59MB
509068e49488: Download complete
cbc847bab598: Downloading [=============================>                     ]  33.89MB/58.39MB
942bef62a146: Waiting
```

图 4-5 命令行拉取 MySQL 镜像

```
→ docker run -p 3306:3306 --env MYSQL_ROOT_PASSWORD=root -d mysql:latest
Unable to find image 'mysql:latest' locally
latest: Pulling from library/mysql
8e0176adc18c: Pull complete
2d2c52718f65: Pull complete
d88d03ce139b: Pull complete
4a7d7f11aa1e: Pull complete
ce5949193e4c: Pull complete
f7f024dfb329: Pull complete
5fc3c840facc: Pull complete
509068e49488: Pull complete
cbc847bab598: Pull complete
942bef62a146: Pull complete
Digest: sha256:1773f3c7aa9522f0014d0ad2bbdaf597ea3b1643c64c8ccc2123c64afd8b82b1
Status: Downloaded newer image for mysql:latest
2473086ddbf3defc55828530dd696901f828fdc542ee7b29170d50f71f1b6157
```

图 4-6 命令行完成 MySQL 的安装

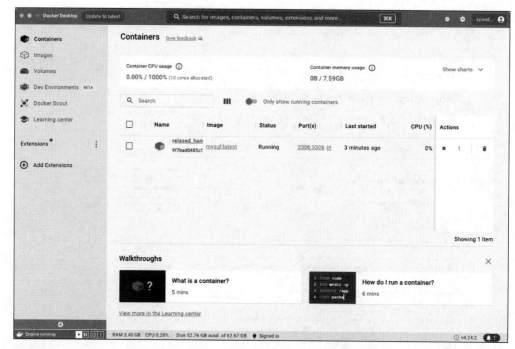

图 4-7　Docker Desktop 显示 MySQL 正在运行

3. 可视化界面启动 MySQL 镜像

Docker Desktop 可视化界面同样可以对 MySQL 镜像进行拉取和启动。单击 MySQL 容器列表右边的"删除"按钮,如图 4-8 所示,便可删除正在运行的 MySQL 容器,同时进入 Images 镜像菜单删除已拉取的 MySQL 镜像,以便观察拉取并启动镜像的完整过程。

可视化界面简化了命令行操作,同时支持一些命令行常用的参数,操作过程如下:

1) 搜索 MySQL 镜像

单击 Docker Desktop 顶部搜索栏后输入 mysql,按 Enter 键,可以看到和 Docker Hub 市场类似的搜索结果,第 1 个结果是带有标记的官方镜像,如图 4-9 所示。

2) 拉取镜像

单击 MySQL 官方镜像右侧的 Run 按钮,界面开始拉取镜像,如图 4-10 所示。

3) 配置参数启动

完成镜像拉取后,MySQL 不会马上启动,而会弹出提示,询问如何配置 Optional settings。这里的可配置项和前面命令行启动参数类似,因此需输入端口 3306 和环境变量 MYSQL_ROOT_PASSWORD,如图 4-11 所示。

单击 Run 按钮启动,即可看到如图 4-7 所示的 MySQL 容器正在运行的界面。

4.1.3　连接 MySQL

管理 MySQL 数据库需要安装数据库管理工具,这里推荐使用 DBeaver。社区版的

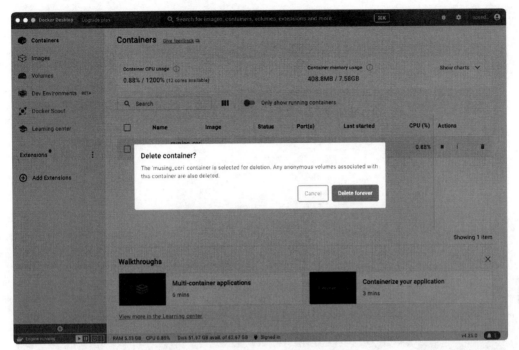

图 4-8　删除正在运行的 MySQL 容器

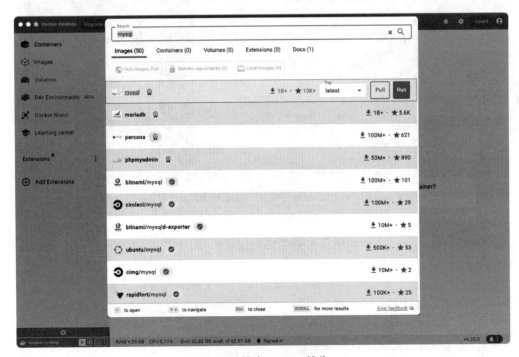

图 4-9　搜索 MySQL 镜像

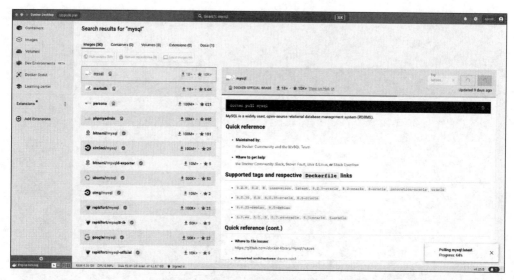

图 4-10　可视化界面拉取 MySQL 镜像

图 4-11　配置参数启动 MySQL

DBeaver(DBeaver Community)是开源免费的数据库管理工具，支持 Windows、Mac、Linux 等系统，适合大部分开发测试场景。

需要到 DBeaver 的官方网站 https://dbeaver.io/下载 DBeaver 社区版，其安装过程较简单，不再赘述。启动 DBeaver 可以看到左边的数据库导航为空，如图 4-12 所示。

单击左上角新增数据库连接，选择数据库，如图 4-13 所示。

单击 MySQL 图标，接下来填写数据库连接的信息，如图 4-14 所示。

数据库连接信息主要有这几项。

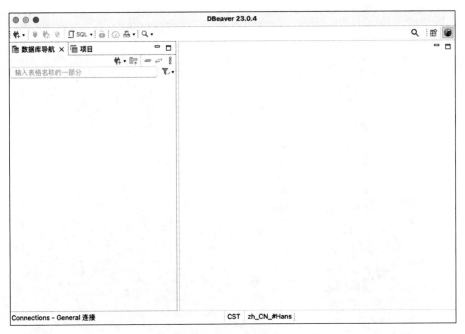

图 4-12　启动 DBeaver

图 4-13　选择数据库

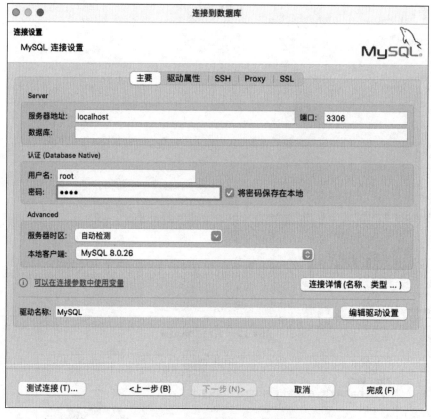

图 4-14 填写数据库连接信息

（1）服务器地址：由于 MySQL 在本机运行，因此这里填写 localhost 或者 127.0.0.1。

（2）端口：默认为 3306。

（3）用户名：root，数据库管理员的默认账号。

（4）密码：root，对应 4.1.2 节启动 MySQL 命令所用的 MYSQL_ROOT_PASSWORD 环境变量值。

由于本地数据库并没有使用 SSL 安全链接，因此还需要设置忽略安全证书，单击驱动属性一栏，找到 allowPublicKeyRetrieval 后将其设置为 TRUE，如图 4-15 所示。

单击"完成"按钮，如果是第 1 次连接，则 DBeaver 会提示下载 MySQL 驱动文件，如图 4-16 所示。

等待下载驱动文件完成，即可看到已经成功连接 MySQL 数据库，如图 4-17 所示。

4.1.4　创建测试数据库

展开左侧窗体的 localhost 连接，右击"数据库"，选择"新建数据库"，如图 4-18 所示。在弹出的提示框填入 test，即可新建测试数据库，如图 4-19 所示。

第 4 章　数据库开发　133

图 4-15　设置驱动属性

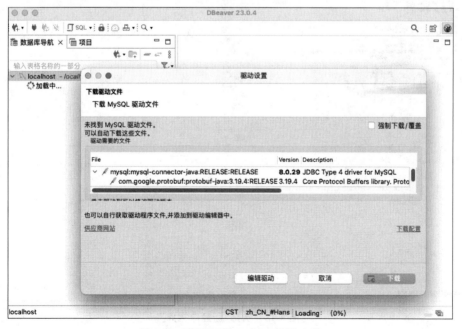

图 4-16　提示下载 MySQL 驱动文件

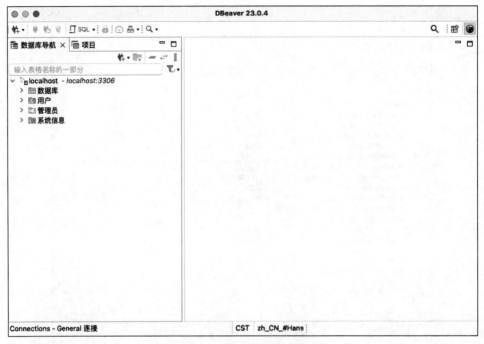

图 4-17 成功连接 MySQL 数据库

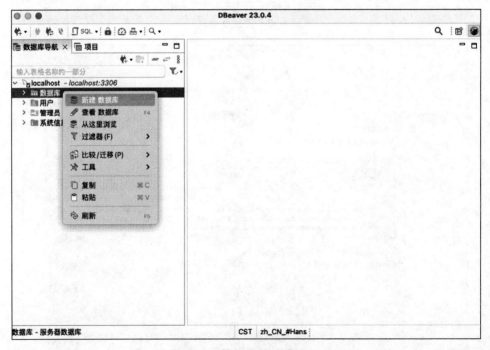

图 4-18 选择"新建数据库"

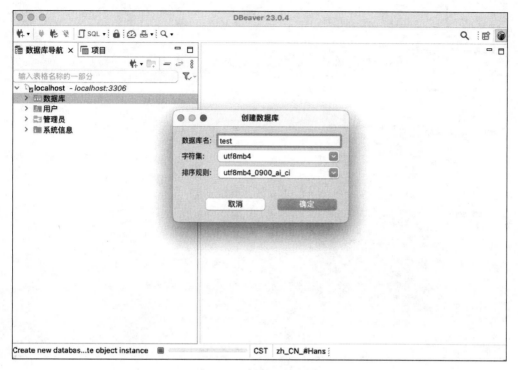

图 4-19　新建 test 测试数据库

4.1.5　创建测试表

展开 DBeaver 左侧数据库导航栏,右击"test→表",然后选择"新建表",如图 4-20 所示。打开如图 4-21 所示的创建表窗口,表名填 user,其他保持默认值。

在创建表窗口的右下方右击,选择"新建列",如图 4-22 所示,打开编辑属性 Column1 窗口,如图 4-23 所示,填写字段的名称,此处为 id,数据类型选择 INT,勾选非空和自增这两项。

如图 4-24 所示,用同样的方式新建用户名字段,只是数据类型是 varchar(100),并且为非自增。

这时 user 表已有如图 4-25 所示的 id 和 name 字段。接下来切换到约束栏创建主键约束。

打开创建约束窗口,在字段栏将 id 勾选为主键约束,其他项保持默认,单击"确定"按钮,如图 4-26 所示。

单击窗口右下角的"保存"按钮,此时会弹出如图 4-27 所示的创建表 SQL 语句确认窗口,确认字段条件等无误后单击"执行"按钮完成 user 表的创建,如图 4-28 所示。

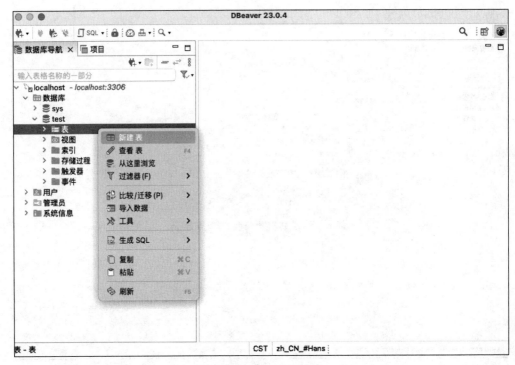

图 4-20 选择"新建表"

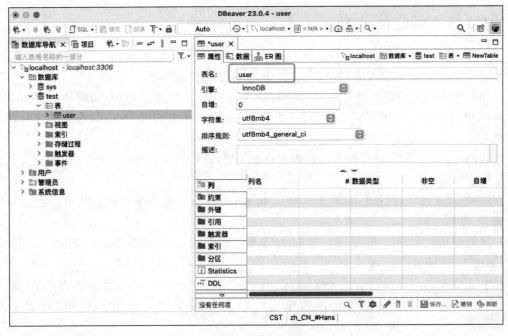

图 4-21 填写表名

第4章 数据库开发

图 4-22 选择"新建列"

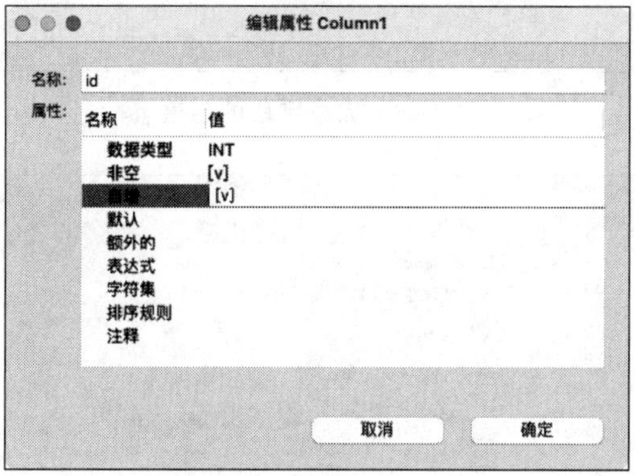

图 4-23 新建列表单

图 4-24 新建用户名字段

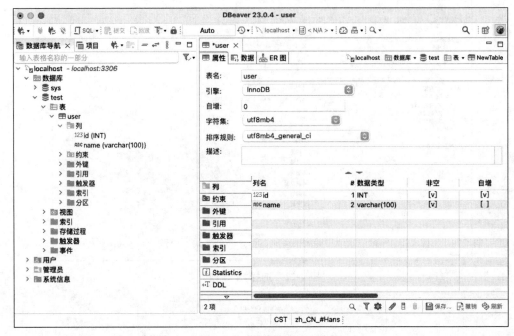

图 4-25 完成字段的创建

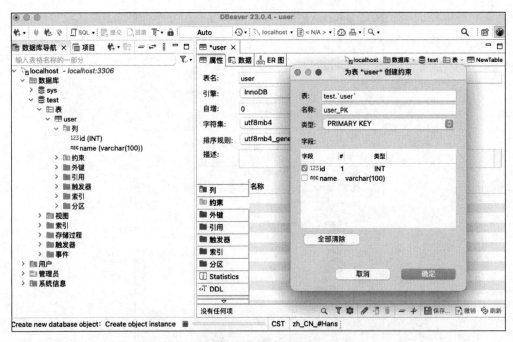

图 4-26 创建主键约束

图 4-27　确认创建表 SQL 语句

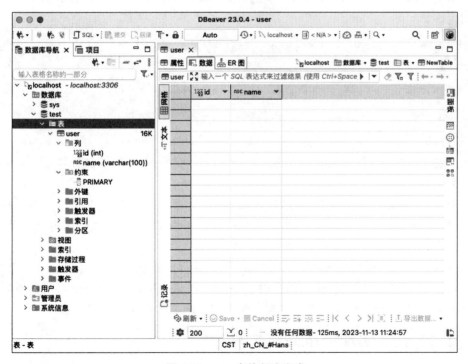

图 4-28　user 表的创建完成

4.2 装饰器风格的 SQL 方法

SQL(Structured Query Language)为结构化查询语言,是操作和使用数据库服务的主要语言。SQL 的功能包括对数据库和对数据表的操作,数据库操作包括创建和修改数据库、事务操作、管理用户权限等,数据表操作包括查询数据、修改数据、删除数据、改变表结构等。

实际上各种数据库操作软件,如 DBeaver 虽提供了可视化界面,但底层仍是通过 SQL 语句和数据库打交道。从如图 4-27 所示的 SQL 语句可见一斑。

增、查、改、删(CRUD)是数据库最常见的 4 类操作的合称。

(1) Create:新增记录,对应的是 INSERT 语句。

(2) Read:查询数据,对应的是 SELECT 语句。

(3) Update:更新数据,对应的是 UPDATE 语句。

(4) Delete:删除数据,对应的是 DELETE 语句。

本节将开发对应增、查、改、删的 @Insert、@Update、@Delete 和 @Select 等 4 个 SQL 方法装饰器,作为框架提供的第一类数据库操作方案。

4.2.1 SQL 装饰器的设计

SQL 方法装饰器参考 Java 数据操作框架 MyBatis 的映射器注解功能,MyBatis 的注解的示例代码如下:

```
@Results(id = "userResult", value = {
  @Result(property = "id", column = "uid", id = true),
  @Result(property = "firstName", column = "first_name"),
  @Result(property = "lastName", column = "last_name")
})
@Select("select * from users where id = #{id}")
User getUserById(Integer id);
```

在上述代码里,getUserById()通过输入的 id 值来查询数据记录,可以看到 getUserById() 使用了类似装饰器的 Java 注解语法。

@Select 注解的参数是 Select 语句,从 users 表根据 id 为条件查询记录。该语句会在调用 getUserById()方法时被执行,并按照@Result 注解的字段与类属性的对应关系,将查询到的结果数据赋值为 User 对象返回。

观察这个 Select 语句会发现有 #{id}标记,这是绑定参数的名称。getUserById()方法需要输入参数 id,参数值将在 Select 语句执行时 #{id},该 Select 语句就能够根据不同的 id 值来查询用户记录,该过程称为参数绑定。参数绑定的特性将在 4.3 节介绍。

4.2.2 初步实现@Insert 装饰器

数据库操作的装饰器代码统一存放在 query-decorator.ts 文件中,初步实现的@Insert

装饰器简单地执行参数里的 SQL 语句并作为被装饰方法的返回值。这里用 descriptor.value 来给被装饰器的方法赋值，代码如下：

```
//chapter04/02-sql-decorator/src/database/query-decorator.ts

import { createPool, ResultSetHeader } from 'mysql2';
import { config } from '../speed';
const pool = createPool(config("mysql")).promise();

//插入记录的装饰器
function Insert(sql: string) {
    return function (target, propertyKey: string, descriptor: PropertyDescriptor) {
        descriptor.value = async (...args: any[]) => {
            const result: ResultSetHeader = await queryForExecute(sql);
            return result.insertId;
        };
    };
}

//执行 SQL 的核心方法
async function queryForExecute(sql: string): Promise<ResultSetHeader> {
    const [result] = await pool.query(sql);
    return <ResultSetHeader> result;
}

export { Insert };
```

上述代码使用了 mysql2 库，这是操作 MySQL 的驱动库，安装命令如下：

```
npm install mysql2
```

queryForExecute()函数使用 mysql2 的 pool.query()方法执行 SQL 语句，@Insert 装饰器调用 queryForExecute()函数执行参数输入的 SQL 语句，并返回最新插入自增 result.insertId 值。

在调用 pool.query()方法前，程序使用 config()函数获取应用程序的 mysql 配置参数，用 mysql2 的 createPool()方法返回数据库连接实例。

注意：mysql2 库的各种方法都要使用 async/await 异步语法。这是因为操作 MySQL 需要通过网络读写进行，而服务器端 Node.js 的读写功能均采用异步语法。

query-decorator.ts 文件导出@Insert 装饰器，它的使用方法和前面 MyBatis 示例类似，代码如下：

```
//chapter04/02-sql-decorator/test/test-database.class.ts

export default class TestDatabase {
    @GetMapping("/db/insert")
```

```
async insert(req, res) {
    this.addRow();
    res.send("Insert success");
}

@Insert("Insert into `user` (name) values ('test')")
private async addRow() {}
```

@Insert 装饰 addRow()方法,它的参数是插入新记录的 Insert 语句。该语句的含义是: 在 user 表插入一条新记录,新记录的 name 字段的值为 test。

页面方法 insert()在代码中调用了 addRow()方法,当浏览器访问/db/insert 地址时,页面方法会调用 addRow()方法,然后@Insert 将执行 Insert 语句并插入新记录。

执行程序,使用浏览器打开 http://localhost:8080/db/insert,此时会发现错误提示,代码如下:

```
Error [ERR_HTTP_HEADERS_SENT]: Cannot set headers after they are sent to the client
```

该提示不允许在响应内容已经发到浏览器后再重复发送头信息。

经检查,发现该错误是因为 this.addRow()方法并没有被异步执行,因此产生了重复发送头信息的错误。虽然前面 queryForExecute()等方法都是由 async/await 异步调用的,但路由装饰器并没有进行异步处理,因此还需要在路由相关代码里加入 async/await,代码如下:

```
//chapter04/02 - sql - decorator/src/route - mapping.decorator.ts

function mapperFunction(method: string, value: string) {
    return (target: any, propertyKey: string) => {
        routerMapper[method][value] = {
            "path": value,
            "name": target.constructor.name + "#" + propertyKey,
            //异步调用路由方法
            "invoker": async (req, res) => {
                const routerBean = BeanFactory.getObject(target.constructor);
                const testResult = await routerBean[propertyKey](req, res);
                if (typeof testResult === "object") {
                    res.json(testResult);
                } else if (typeof testResult !== "undefined") {
                    res.send(testResult);
                }
                return testResult;
            }
        }
    }
}
```

在 mapperFunction()方法里使用 await routerBean[propertyKey](req,res)的方式来调用路由方法。

修正代码后重新执行程序,使用浏览器打开 http://localhost:8080/db/insert,即可看到如图 4-29 所示的 user 数据表插入了新记录。

图 4-29 @Insert 装饰器插入新记录

4.2.3 初步实现@Update 和@Delete

@Update、@Delete 装饰器和@Insert 类似,先参照@Insert 建立测试页面,代码如下:

```
//chapter04/02-sql-decorator/test/test-database.class.ts

@GetMapping("/db/update")
async update(req, res) {
    const affectedRows = await this.editRow();
    //const affectedRows = await this.delRow();
    log("Update rows: " + affectedRows);
    res.send("update success");
}

@Update("Update `user` set `name` = 'test5' where id = 1")
private async editRow() {}

@Delete("Delete from `user` where id = 1")
private async delRow() {}
```

页面方法 update()用来测试 delRow()和 editRow()两种方法,可以注释一个来测试另一个。

@Update 装饰 editRow()方法,其参数是 Update 语句,含义是:查找 user 表里符合条件 id 为 1 的记录,将这些记录的 name 字段值修改为 test5。

@Delete 装饰 delRow()方法,参数里的 Delete 语句,函数用于查询 user 表内符合 id 为 1 的所有记录并删除。

Delete 语句和 Update 语句很相似,只是前者少了 set 子句部分内容。同样地,@Update 和@Delete 装饰器在处理逻辑上也是相同的。它们都是通过 queryForExecute() 执行 SQL 语句,并返回执行后的结果,因此,这里将@Delete 直接作为@Update 的别名导出,代码如下:

```
//chapter04/02-sql-decorator/src/database/query-decorator.ts

function Update(sql: string) {
```

```
        return function (target, propertyKey: string, descriptor: PropertyDescriptor) {
            descriptor.value = async (...args: any[]) => {
                const result: ResultSetHeader = await queryForExecute(sql);
                return result.affectedRows;
            };
        };
    }

export { Insert, Update, Update as Delete };
```

两个装饰器的返回值都是 result.affectedRows，affectedRows 代表 SQL 语句影响了多少行数据，或者说符合 Update 或 Delete 查询条件的记录有多少条。

运行程序，使用浏览器访问 http://localhost:8080/db/update，即可看到 @Insert 插入的记录被修改了，如图 4-30 所示。

将 update() 方法的代码换成 const affectedRows=await this.delRow()，再次执行会看到唯一的记录已被删除，如图 4-31 所示。

图 4-30　@Update 装饰器修改了记录

图 4-31　@Delete 装饰器删除了记录

4.2.4　@Select 查询实现

@Select 装饰器和其他 3 个装饰器的不同点是 @Select 需要返回数据，其测试页面的代码如下：

```
//chapter04/02-sql-decorator/test/test-database.class.ts

@GetMapping("/db/select")
async select(req, res) {
    const rows = await this.selectRow();
    log("select rows: " + rows);
    res.send(rows);
}

@Select("Select * from `user`")
private async selectRow() {}
```

在上述代码中 selectRow() 方法返回了 rows 变量，输出到浏览器显示。@Select 装饰器的参数是 Select 语句，其含义是查询 user 表中的所有记录。

@Select 装饰器的实现代码如下：

```
//chapter04/02-sql-decorator/src/database/query-decorator.ts
function Select(sql: string) {
    return (target, propertyKey: string, descriptor: PropertyDescriptor) => {
        descriptor.value = async (...args: any[]) => {
            const [rows] = await pool.query(sql);
            return rows;
        };
    }
}
```

在 4.2.3 节 user 表的数据被删除了，因此这里使用 DBeaver 给 user 表手工增加了一些数据，如图 4-32 所示。

运行程序，使用浏览器访问 http://localhost:8080/db/select，页面会显示整个 user 表的记录，如图 4-33 所示。

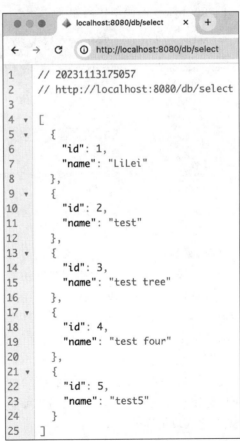

图 4-32 增加测试数据　　　　图 4-33 页面显示 user 表的所有记录

从图 4-33 可见 selectRow() 的返回值是数组,数组的每项对应 user 表的一条记录。数据记录的格式是{"id":5,"name":"test5"},其键名是字段名,值是字段值。

4.2.5 小结

本节实现了初步的增、查、改、删装饰器。装饰器风格的 SQL 方法参考了 Java 知名的 MyBatis 框架,语法采用装饰器来关联 SQL 语句和对应的方法,编程时可直接使用这些方法,从而得到相应语句的执行结果,该设计遵循框架的设计风格,使用起来十分简单方便。

目前 4 个装饰器的功能比较简陋,接下来的 4.3 节和 4.4 节将为其加入参数绑定和结果注入等功能,从而让这些装饰器能够正式投入使用。

4.3 参数绑定

4.2 节开发的 4 个装饰器,它们参数上的 SQL 目前是固定的,无法根据实际需要来修改。例如@Insert 的使用代码如下:

```typescript
//chapter04/02-sql-decorator/test/test-database.class.ts
export default class TestDatabase {
    @GetMapping("/db/insert")
    async insert(req, res) {
        this.addRow();
        res.send("Insert success");
    }

    @Insert("Insert into `user` (name) values ('test')")
    private async addRow() {}
}
```

@Insert 参数内的 SQL 语句,只能插入一条 name 字段值为 test 的记录,name 字段值无法修改,显然这是无法满足正常使用需求的,因此,本节将介绍如何为这 4 个装饰器加上可变换的字段值功能,也就是绑定参数功能。

参数绑定指的是在 SQL 语句里使用类似#{id}的语法标记特定参数,开发者能够给这些参数赋值,从而使执行的 SQL 语句可以取得不同的结果。

参数绑定的行为看起来和文本拼接相似,但是正好相反,参数绑定避免了文本拼接会引起的问题。

文本拼接只是对字符串文本的简单替换,而替换的内容不一定是正确的。因为替换内容可以是用户提交的数据,这些数据有可能会带有攻击内容,从而导致 SQL 注入攻击。关于 SQL 注入攻击详见 4.3.1 节。

参数绑定是给 SQL 语句赋值的首选方法,它能够在底层 SQL 执行阶段确保参数值不会作为攻击命令来执行。

参数绑定的原理是对带有参数标记的 SQL 语句进行预编译,编译成二进制 SQL 指令,然后在 SQL 执行阶段才把对应的值填充进来。执行阶段 SQL 命令已经被固化为二进制指令,因此传入的参数值便不能改变 SQL 指令的内容,从而保证了 SQL 语句如预期那样执行。

4.3.1 SQL 注入攻击示例

防范 SQL 注入攻击是 Web 安全领域的重点课题之一。

SQL 注入(SQL Injection)是一种发生于应用程序与数据库层的安全漏洞。简单理解就是在设计不良的程序中忽略了字符检查,特定的攻击字符串有机会注入待执行的 SQL 语句,这些 SQL 语句被数据库服务器误认为是正常的 SQL 指令,执行后对系统造成非预期的影响,例如数据被破坏、系统权限遭到入侵等。

用文本拼接的方式把用户输入的参数拼接到 SQL 语句执行就是典型的"设计不良的程序"。接下来将演示利用文本拼接进行 SQL 注入攻击的过程,代码如下:

```typescript
//chapter04/03-binding-parameters/test/test-sql-injection.class.ts

import { GetMapping, PostMapping } from "../src/route-mapping.decorator";
import { onClass, log, config } from "../src/speed";
import { createPool, ResultSetHeader } from 'mysql2';
const pool = createPool(config("mysql")).promise();

@onClass
export default class TestSqlInjection {
    @GetMapping("/sql/injection")
    async select(req, res) {
        const sql = "Select * from check_user where name = '" + req.query.name + "' and password = '" + req.query.password + "'";
        log("test sql: " + sql);
        const [rows] = await pool.query(sql);
        if (rows === null || Object.keys(rows).length === 0) {
            res.send("账号和密码不匹配!");
        } else {
            res.send("登录成功,欢迎你:" + rows[0].name);
        }
    }
}
```

为了演示方便,将连接数据库执行 SQL 的代码直接放到/sql/injection 页面。该页面的 SQL 语句用文本拼接方式构建,并且拼接了从 req.query 获取的用户名和密码。req.query 是浏览器在 URL 网址后面附加的键-值对。

这里输出拼装好的 SQL 语句以便观察,接着 SQL 语句将通过 pool.query()方法执行。代码对执行的结果进行判断,如果结果值 rows 为空,则认为用户名和密码没有通过认证,而反之则认为用户成功登录。

上述过程是一般用户登录程序的常规做法,将用户名和密码作为条件来查询用户数据表,如果能匹配上某条记录,就证明该用户在数据表里是存在的,并且密码也对得上,此时程序会认为用户是合法登录用户,继而赋予该用户各种操作权限,例如生成 3.8 节介绍的 JWT 验证密钥串。

例子所需数据表是 check_user 表,创建方法参考 4.1.5 节。check_user 表有 id 用户 ID、用户名 name、密码 password 共 3 个字段。该表已有一条示例记录,如图 4-34 所示。

注意:在生产实践中,密码字段通常会采用单向的随机字符串加密码的双重哈希算法进行加密存储,以确保密码安全;其密文即使被泄露,也无法从密文推导出原密码。本节的数据表演示了 SQL 注入攻击,因此密码只是以明文的方式存储。

图 4-34 check_user 数据表

运行程序,使用浏览器打开/sql/injection 页面,在该地址后加上 name 和 password 参数,完整的地址如图 4-35 所示,当输入的 password 是 QWER1234 时,页面显示登录成功;当 password 是 123456 时,则显示账号和密码不匹配。

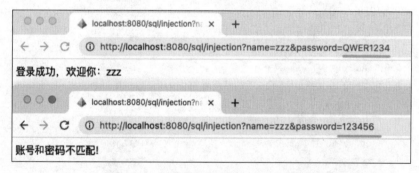

图 4-35 浏览器登录/sql/injection 页面

用户名和密码的判断逻辑似乎是正确的,观察命令行输出的 SQL 语句,SQL 语句也是常规的 SELECT 语句,并无特殊之处,如图 4-36 所示。

```
→ ts-node test/main.ts
[LOG] 2023-11-15 15:10:26 main.ts:16 (Main.main) start application
[LOG] 2023-11-15 15:10:26 express-server.class.ts:48 (Server.<anonymous>) server start at port: 8080
[LOG] 2023-11-15 15:10:28 test-sql-injection.class.ts:11 (TestSqlInjection.select) test sql: Select *
from `check_user` where `name` = 'zzz' and `password` = 'QWER1234'
[LOG] 2023-11-15 15:10:34 test-sql-injection.class.ts:11 (TestSqlInjection.select) test sql: Select *
from `check_user` where `name` = 'zzz' and `password` = '123456'
```

图 4-36 /sql/injection 页面输出的 SQL 语句

假设攻击者的意图是即便没有用户密码也能登录成功,那么会修改在浏览器提交的 password 参数,将其值改写为 123456' or '1'='1,将地址改写为 http://localhost:8080/sql/injection?name=zzz&password=123456' or '1'='1。

把这个地址输入浏览器,打开页面可以看到登录成功,如图 4-37 所示。

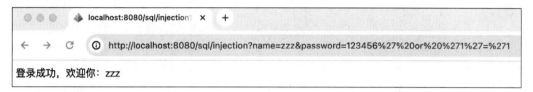

图 4-37　伪造参数登录成功

攻击者并不知道正确的密码,但仍能够通过检查登录成功。观察命令行输出的 SQL 语句,如图 4-38 所示。

图 4-38　伪造参数拼装的 SQL 语句

对比前面的 SQL 语句,where 子句前面部分是相同的,但是后面部分多了 or '1'='1'的条件。or 是 where 子句的逻辑或符号,表示 or 左右的条件只要有一边通过则整个条件就通过。

该 SQL 语句 or 右边的'1'='1'结果是通过的,即便 where 子句用户名和密码匹配不通过,但整个 SQL 语句的结果仍然是通过的,从而导致登录判断的结果为 true,该非法用户成功登录。

这是一次比较简单的 SQL 注入攻击,攻击者通过伪造参数获得了用户权限,而 SQL 注入攻击的危害远不止于此。因为文本拼接的 SQL 语句不仅能构造查询条件,还有可能执行一些关键操作,例如查询数据库的机密数据表、清空数据库、修改数据库权限等。

分析这次的 SQL 注入攻击,其关键问题在于两方面:

(1) 将浏览器输入的参数直接用作文本拼接。一般网站或手机 App 对用户名和密码的格式有一定的要求,如密码只能是字母加数字。当程序收到输入的密码时,对密码格式进行检查,那么在上面的例子中,带有等号或引号等特殊字符的 password 值就不能通过检查了。在生产实践中,不仅是密码,开发者应该尽可能地对浏览器输入的所有参数都进行校验,谨慎对待包括浏览器在内的外部系统所输入的数据。

(2) 文本拼接 SQL 语句是根本问题,即便对所有输入的参数进行格式校验,但在实际开发场景中,有时参数必须允许一些特殊的字符输入,例如搜索功能的查询关键字,因此需要用参数绑定来代替文本拼接,从根本上解决 SQL 注入问题。

4.3.2 SQL 参数装饰器

参数绑定需要指定输入值对应绑定的参数,因此框架使用 @Param 装饰器来标注输入参数。

@Param 是参数装饰器,参数装饰器通常和方法装饰器结合使用,参数装饰器的作用是在方法参数里做一些特殊的标注,以便在方法执行时取得该参数进行处理。参数装饰器和方法装饰器的结合是固定的配合编程写法。

这里用 4.2.2 节的 @Insert 装饰器例子来测试 @Param 装饰器,其页面地址是 /db/insert,代码如下:

```typescript
//chapter04/03-binding-parameters/test/test-database.class.ts

@GetMapping("/db/insert")
async insert(req, res) {
    const newId = await this.addRow("new name 21", 21);
    log("Insert newId: " + newId);
    res.send("Insert success");
}

@Insert("Insert into `user` (id, name) values (#{id}, #{name})")
private async addRow(@Param("name") newName: string, @Param("id") id: number) { }
```

代码里 addRow() 的两个参数都用 @Param 装饰,@Param 参数值是占位符名称。对应的是 SQL 语句里 #{占位符} 格式的占位符。例如 @Param("id") 对应 #{id}、@Param("name") 对应 #{name}。这种对应关系比较灵活,方法的参数名不需要跟占位符名称一致,也不需要每个参数都对应着占位符,只有 SQL 语句里用到的占位符,才能使用 @Param 来标注。此外,/db/insert 页面方法调用 addRow() 时也增加了两个输入的参数值。

@Param 装饰器的作用是收集这些占位符,把占位符和参数位置存放到全局变量里,代码如下:

```typescript
//chapter04/03-binding-parameters/src/database/query-decorator.ts

//SQL 参数装饰器
function Param(name: string) {
    return function (target: any, propertyKey: string | symbol, parameterIndex: number) {
        const existingParameters: [string, number][] = Reflect.getOwnMetadata(paramMetadataKey, target, propertyKey) || [];
        existingParameters.push([name, parameterIndex]);
        //将参数索引存入 metadata
        Reflect.defineMetadata(paramMetadataKey, existingParameters, target, propertyKey,);
    };
}

//执行 SQL 的核心方法
```

```typescript
async function queryForExecute(sql: string, args: any[], target, propertyKey: string):
Promise<ResultSetHeader> {
    const queryValues = [];
    //从 metadata 中取出参数索引
    const existingParameters: [string, number][] = Reflect.getOwnMetadata(paramMetadataKey,
target, propertyKey,);
    log(existingParameters);
    const argsVal = new Map(existingParameters.map(([argName, argIdx]) => [argName, args
[argIdx]]));
    log(argsVal);
    const regExp = /#{(\w+)}/;
    //循环匹配 SQL 语句里的占位符
    let match;
    while (match = regExp.exec(sql)) {
        const [replaceTag, matchName] = match;
        sql = sql.replace(new RegExp(replaceTag, 'g'), '?');
        queryValues.push(argsVal.get(matchName));
    }
    log(queryValues);
    //执行 SQL 语句
    const [result] = await pool.query(sql, queryValues);
    return <ResultSetHeader> result;
}
```

这里用到 reflect-metadata 库，在 2.1.3 节讲述装饰器的执行原理时有过详细介绍。

@Param 通过 Reflect.getOwnMetadata()取得当前方法的所有参数，然后把当前装饰器的参数值（也就是标识符名和表示参数位置的 parameterIndex 变量）一起存储到全局变量 existingParameters 里。随后用 Reflect.defineMetadata()方法存储 existingParameters。Reflect.defineMetadata()方法也是一种存储数据的方式，之后用 Reflect.getOwnMetadata()方法即可取得这些数据。

@Insert 和@Update 两个装饰器的核心都是 queryForExecute()方法，queryForExecute()方法使用 Reflect.getOwnMetadata()取得标识符名称和参数位置，以便对 SQL 语句进行匹配，代码如下：

```typescript
const argsVal = new Map(existingParameters.map(([argName, argIdx]) => [argName, args
[argIdx]]));
```

接着 queryForExecute()方法循环匹配 SQL 语句的占位符，把占位符替换成问号，同时将占位符的值保存至 queryValues 数组。随后替换后的 SQL 语句和 queryValues 一起输入 pool.query()方法并由此方法执行。

执行程序，使用浏览器访问 http://localhost:8080/db/insert，可以在命令行输出相应的日志，如图 4-39 所示。

user 数据表相应地插入了新记录，如图 4-40 所示。

```
[LOG] 2022-12-21 09:43:28 express-server.class.ts:49 (Server.<anonymous>) server start at port: 8080
[LOG] 2022-12-21 09:43:47 query-decorator.ts:44 (queryForExecute) [ [ 'id', 1 ], [ 'name', 0 ] ]
[LOG] 2022-12-21 09:43:47 query-decorator.ts:46 (queryForExecute) Map(2) { 'id' => 21, 'name' => 'new name 21' }
[LOG] 2022-12-21 09:43:47 query-decorator.ts:54 (queryForExecute) [ 21, 'new name 21' ]
[LOG] 2022-12-21 09:43:47 test-database.class.ts:11 (TestDatabase.insert) Insert newId: 21
```

图 4-39　@Param 装饰器的执行结果

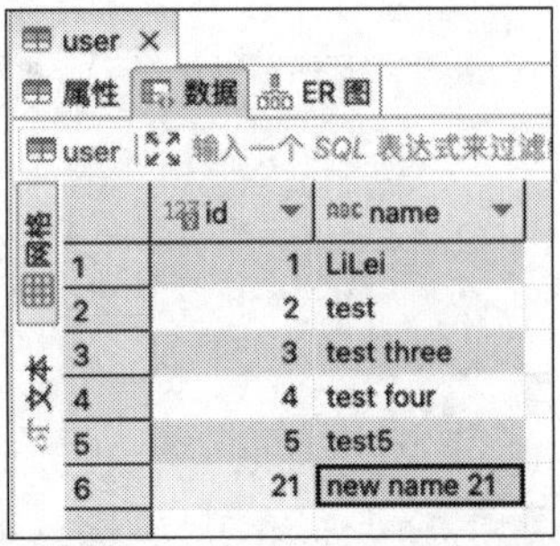

图 4-40　user 表插入了对应的记录

4.3.3　优化查询装饰器

在日常开发中，使用对象作为 SQL 语句的参数是比较常见的编程需求，因此本节将扩展 @Param 的功能，使其能够支持对象参数。

首先修改 queryForExecute() 方法，判断输入的值是否是对象，代码如下：

```
const argsVal = new Map(existingParameters.map(([argName, argIdx]) => [argName, args[argIdx]]));
```

当输入对象值时，通过数组的 map() 方法循环保存占位符名称和参数值，代码如下：

```
//chapter04/03-binding-parameters/src/database/query-decorator.ts

let argsVal;
if (typeof args[0] === 'object') {
    argsVal = new Map(
        Object.getOwnPropertyNames(args[0]).map((valName) => [valName, args[0][valName]]),
    );
} else {
    const existingParameters: [string, number][] = Reflect.getOwnMetadata(paramMetadataKey, target, propertyKey);
    argsVal = new Map(
        existingParameters.map(([argName, argIdx]) => [argName, args[argIdx]]),
    );
}
```

然后在页面 /db/insert2 里输入对象来测试其作用，代码如下：

```
//chapter04/03-binding-parameters/test/test-database.class.ts

@GetMapping("/db/insert2")
async insertByObject(req, res) {
    const newId = await this.addRowByObject({
        "id": 22, "name": "new name 22"
    });
    log("Insert newId: " + newId);
    res.send("Insert success");
}
```

执行程序，使用浏览器访问 http://localhost:8080/db/insert2 即可看到插入了新记录，记录内容是在上述代码的 addRowByObject() 方法中输入的对象值，如图 4-41 所示。

图 4-41　以对象作为值插入了新的记录

上述的 queryForExecute() 方法在此时变得比较复杂，包含 SQL 语句的处理和 SQL 执行两部分逻辑。为了让代码更清晰，这里将 SQL 语句的处理和参数解析等代码先抽离出来，然后写成 convertSQLParams() 方法。

为 @Select 查询装饰器增加 @Param 装饰器功能和 @Update 等装饰器类似，其测试页面 /db/select1 将根据输入 id 查询对应用户记录，代码如下：

```
//chapter04/03-binding-parameters/test/test-database.class.ts

@GetMapping("/db/select1")
async selectById(req, res) {
    const row = await this.findRow(req.query.id || 1);
    log("select rows: " + row);
    res.send(row);
}
@Select("Select * from `user` where id = #{id}")
private async findRow(@Param("id")id: number) { }
```

@Select 装饰器的代码也复用了 convertSQLParams() 函数来解析 SQL 语句和参数，代码如下：

```
//chapter04/03-binding-parameters/src/database/query-decorator.ts

function Select(sql: string) {
    return (target, propertyKey: string, descriptor: PropertyDescriptor) => {
        descriptor.value = async (...args: any[]) => {
            let newSql = sql;
            let sqlValues = [];
            if (args.length > 0) {
                //调用 convertSQLParams() 进行参数的处理
```

```
                [newSql, sqlValues] = convertSQLParams(args, target, propertyKey, newSql);
            }
            const [rows] = await pool.query(newSql, sqlValues);
            return rows;
        };
    }
}
```

执行程序,使用浏览器访问 http://localhost:8080/db/select1?id=5,可以看到页面显示 id 为 5 的数据,如图 4-42 所示。

图 4-42　页面显示 id 为 5 的数据

4.3.4　小结

SQL 注入攻击是 Web 安全领域的重点问题之一,本节演示了一次简单的 SQL 注入过程。分析此次的攻击过程,可以观察到 SQL 注入攻击的根源是程序未进行任何校验和过滤,直接使用了用户输入的内容,而且除了 SQL 注入攻击,Web 安全领域的其他类型攻击,例如跨站脚本攻击、漏洞攻击、缓存穿透攻击等,其主要攻击手段也使用了特殊的输入数据,因此,Web 安全领域有一句俗语,"永远不要信任用户的输入"。

防范 SQL 注入攻击要做到下面两点:

(1) 不能信任用户的输入,需要对数据进行校验和过滤。

(2) 使用参数绑定代替文本拼接来构建 SQL 语句。

本节开发了@Param 参数绑定装饰器,支持与增、查、改、删 4 个装饰器配合使用,实现 SQL 语句的操作可针对不同的参数灵活变化。

4.4　查询结果的处理

本节将进一步优化@Select 查询装饰器,和其他增、删、改装饰器不同的是,@Select 需要返回更为复杂的数据格式。

当前@Select 仅简单地返回对象数组,数组的每项代表一条数据记录,而数据项的类型是 object 对象。这里会产生一个问题:由于 TypeScript 编译器不能识别 object 的属性,因此类型检查不会对 object 进行类型校验,开发者在编程时只能小心地记住对象的属性,并期待程序运行后不会出现类型错误问题。

对比弱类型(Loosely Typed)的 JavaScript 语言,类型检查(Type Checking)是 TypeScript 语言的一个优势。类型检查所带来的类型安全(Type Safety)能力是强类型语言(如

TypeScript、Java、C♯等)构建大型服务器端应用时确保代码健壮性的关键。

类型检查方便开发者在开发阶段即可发现类型不匹配的错误,避免运行时出错。同时,代码编辑器(如 Visual Studio Code 等工具)也可以在编码界面上对类型、方法、属性等关键字进行提示,从而提升开发效率。

配合类型检查的能力,本节将实现 @ResultType 装饰器,提供给开发者指定承接 @Select 查询结果的对象。

注意:@ResultType 结果类型装饰器同样参考了 MyBatis 框架。MyBatis 框架的 @ResultType 注解,其作用是为 @Select 指定承载数据结果的类型,MyBatis 会将查询结果转换为指定类型再返给程序。

4.4.1 数据类

@ResultType 装饰器的开发基础是数据类。数据类(Data Classes)是专门用于承接数据的类型。数据类有以下 3 个特点:

(1) 数据类的结构和数据的结构一一对应,即数据类的属性名就是数据表的字段名,数据类的属性值对应一条数据里同名字段的内容。

(2) 数据类提供了专用于读取属性(Getter)和写入属性(Setter)的方法,并且有固定的命名规则。例如属性 id 的读取方法一般写作 getId(),而 id 的写入方法则为 setId()。

(3) 数据类只承载数据记录,不做其他用途。Java 开发领域将数据类命名为简单 Java 类(Plain Ordinary Java Object,POJO),突出数据类只有读写属性能力,不具备其他能力。

注意:数据类在开发中通常会在其名称后加上 DO(Data Object)或 DTO(Data To Object)后缀,如 UserDTO,表示这是一个数据类。

UserDTO 是一个表示用户表的数据类,如图 4-43 所示,它对应的是 user 表,代码如下:

```
//chapter04/04-results/test/entities/user-dto.class.ts

export default class UserDto {
    constructor(public id: number, public name: string){}
}
```

UserDto 数据类的属性对应了 user 表的字段,这些属性在构造函数 constructor 的参数里,并且加上关键字 public。

UserDto 数据类属性可以通过属性名称直接读取和写入,不需要带 get/set 字样,代码如下:

```
const user:UserDto = new UserDto(1, "LiLei");
log("User id: " + user.id);
```

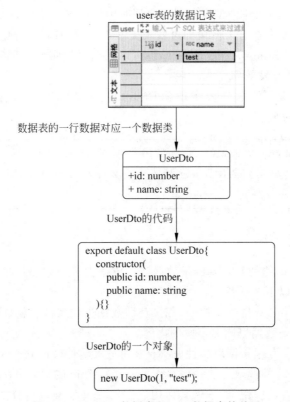

图 4-43　UserDto 数据类和 user 数据表的关系

4.4.2　查询结果装饰器

查询结果装饰器@ResultType 的作用是标记承载结果的数据类，代码如下：

```
//chapter04/04-results/src/database/query-decorator.ts

function ResultType(dataClass) {
    return function (target, propertyKey: string) {
        resultTypeMap.set([target.constructor.name, propertyKey].toString(), new dataClass());
        //never return
    };
}
```

@ResultType 比较简单，仅收集当前制定的数据类对象，存入全局对象 resultTypeMap，而 @Select 装饰器也进行相应修改，代码如下：

```
//chapter04/04-results/src/database/query-decorator.ts

//查询装饰器
function Select(sql: string) {
    return (target, propertyKey: string, descriptor: PropertyDescriptor) => {
        descriptor.value = async (...args: any[]) => {
```

```
            let newSql = sql;
            let sqlValues = [];
            if (args.length > 0) {
                //处理参数绑定
                [newSql, sqlValues] = convertSQLParams(args, target, propertyKey, newSql);
            }
            const [rows] = await pool.query(newSql, sqlValues);
            if (Object.keys(rows).length === 0) {
                return;
            }

            const records = [];
            //取得@ResultType 装饰器记录的数据类型
            const resultType = resultTypeMap.get(
                [target.constructor.name, propertyKey].toString(),
            );
            //遍历查询结果记录,每行记录都创建一个数据类来装载
            for (const rowIndex in rows) {
                const entity = Object.create(resultType);
                Object.getOwnPropertyNames(resultType).forEach(function (propertyRow) {
                    //匹配数据类的属性和字段名,对应赋值
                    if (rows[rowIndex].hasOwnProperty(propertyRow)) {
                        Object.defineProperty(
                            entity,
                            propertyRow,
                            Object.getOwnPropertyDescriptor(rows[rowIndex], propertyRow),
                        );
                    }
                });
                //组成数据类数组
                records.push(entity);
            }
            return records;
        };
    }
}
```

在@Select 获取数据结构部分,程序把每行结果都使用 Object.create()新建一个数据类,然后使用 Object.getOwnPropertyNames()将数据类的属性取出来进行循环,在循环中检查结果的字段名和数据类属性名是否对应,如果对应,就会用 Object.defineProperty 给属性赋值,代码如下:

```
const entity = Object.create(resultType);
Object.getOwnPropertyNames(resultType).forEach(function (propertyRow) {
    if (rows[rowIndex].hasOwnProperty(propertyRow)) {
        Object.defineProperty(
            entity,
            propertyRow,
            Object.getOwnPropertyDescriptor(rows[rowIndex], propertyRow),
```

```
            );
        }
    });
```

测试@ResultType 的页面在/db/select-user,用@ResultType 装饰器来指定 findUsers()方法的返回值是 UserDto 数据类,代码如下:

```
@GetMapping("/db/select-user")
async selectUser(req, res) {
    const users:UserDto[] = await this.findUsers();
    log("select users: " + users);
    res.send(users);
}

@ResultType(UserDto)
@Select("Select * from `user`")
private findUsers(): UserDto[] {return;}
```

执行程序,使用浏览器访问 http://localhost:8080/db/select-user,可以看到查询结果是 UserDto 对象数组,如图 4-44 所示。

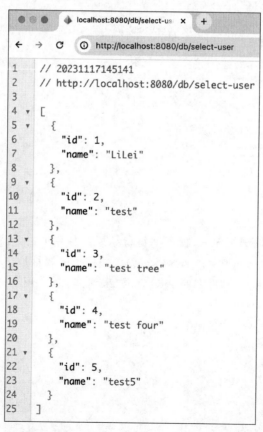

图 4-44　@ResultType 标记结果为 UserDto 数据类

4.4.3 装饰器配合使用

@ResultType 结果装饰器为@Select 查询装饰器标记了承载结果的数据类,至此框架有 @Select、@Param、@ResultType 3 个装饰器共同作用于查询方法。

多个装饰器共同装饰同一种方法,常规的写法是用全局变量来存储装饰器收集到的数据,然后在主要的装饰器的执行过程中读取全局变量共同实现相关功能。

@Select 装饰器执行过程中分别用全局变量 existingParameters 和 resultTypeMap 来保存@Param 和 @ResultType 收集的参数及结果数据类,共同完成查询操作,如图 4-45 所示。

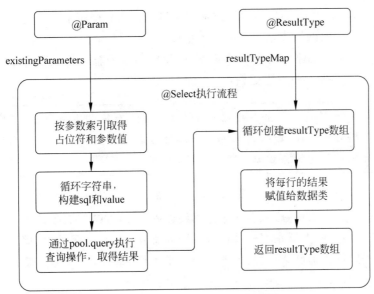

图 4-45 多个装饰器配合完成查询操作

4.4.4 小结

数据类是承载数据结果的对象结构,它是面向对象设计中将数据和对象关联起来的关键概念,能够记录数据并映射成简单的数据对象,从而让编辑器和语言类型检查可以对其进行提示和检查,提高代码的健壮性。数据类是非常普遍的编码方法之一,例如 TypeScript、Kotlin 等新兴语言都将数据类简化,无须增加额外的 set/get 等方法,而 Java 语言也经常使用 Lambok 等数据类的增强库。

本节开发了标记结果类型的@ResultType 装饰器,它通过全局变量和@Select 配合实现将查询结果装载到数据类的功能。读者应留意,@ResultType 的实现方法是多装饰器协作的编码示范,是较为常规的写法,本书中有相当部分装饰器的实现使用了这样的方法。

4.5 内置查询缓存

本节将在框架实现数据库查询的缓存功能。缓存是数据库开发中的重点功能之一。

4.5.1 缓存的作用

Web 程序的业务逻辑通常需要对数据库进行增、删、查、改操作，尤其是查询操作居多。在用户同一时间查询请求数量增大时，程序就需要使用缓存技术应对频繁的查询操作，这是应对高并发场景的常规做法。使用缓存有两方面好处：

(1) 避免数据库因为查询过多而导致资源耗尽，使 Web 程序不能稳定运行。同时缓存也是防御针对数据库的网络流量攻击的主要手段。

(2) 页面请求能更快速地响应，缓存通常使用 Web 服务器内存或者专用的缓存服务器如 Redis，速度比直接查询数据库更快速。

> **注意**：通常多个 Web 程序会共用同一个数据库，假如其中某个 Web 程序甚至单个页面查询引起该数据库资源压力过高，很容易引起连锁反应，拖慢其他 Web 程序的响应。由于数据库连锁反应引起的服务故障，通常被称作雪崩。

那么，为什么不采用增加数据库数量或者提高数据库硬件性能来解决高并发问题？

从服务器硬件成本来衡量，数据库服务器硬件成本比起 Web 服务器或专用的缓存服务器要高很多，使用缓存服务器来部分替代数据服务器成本较优。另外，数据库服务器还需要配备人力对数据库进行集群架设、数据备份等运维工作，相对而言，缓存服务器仅需要维持基本的运行稳定即可，从人力成本考量也是后者更占优。

缓存通常采用键-值对(Key-Value)存储结构，键是单条缓存的唯一名称，指向对应的值，即缓存数据。从代码层面来看，缓存可以被简单地理解成一个全局的 Map<string, object>变量。

每次浏览器请求时，程序先从该 Map 变量里查询对应的键，如果变量里有该键值，则直接返回对应的值。如果没有查到，则会去数据库搜索结果，然后把结果存入 Map 变量，留待下次使用。

findRow()方法在查询 id=5 的数据时使用了缓存，当程序检查 id 为 5 的缓存存在时，程序流程会直接执行 1→2→3 步的逻辑并返回数据，绕过数据库查询取得数据的操作，如图 4-46 所示。

当然，在实际开发中很少会直接用 Map 类型作为缓存。Map 类型本身没有对缓存过期、溢出等场景的有效管理，而且 Map 数据都是存放在程序运行空间的，在缓存场景下，数据很容易占满所有的程序运行空间，进而影响整个程序的正常运行。

因此缓存的选型，通常使用第三方库，例如本节将介绍的 node-cache 库，或者使用外部

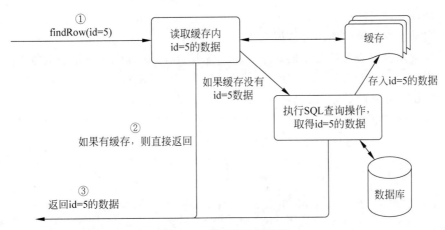

图 4-46 缓存查询的过程

存储服务器，如 Redis 服务等。这些缓存服务会提供诸如存储时效配置、管理内存的算法等功能，对缓存的内存占用来进行管理，以保障整体服务的稳定。

使用缓存也会遇到以下 3 个问题：

（1）缓存数据更新不及时。因为缓存的数据独立于数据库之外，缓存的更新受制于更新频率或更新策略：假如在刚生成新的缓存时，数据库里对应的记录就被修改了，此次的修改内容极有可能未能及时更新到缓存里，那么这时从缓存里读取到的数据就不是正确的数据，而是所谓的脏数据。

（2）缓存逻辑会增加代码的复杂度。缓存必须有更新策略，即便是简单地每秒定时更新一次也算是更新策略的一种，而在使用缓存时，编写代码让程序在缓存不存在时去查询数据，然后将结果存入缓存，这些工序都是在原有数据查询之外增加的逻辑，它们会增加整体代码的复杂度，也有可能导致代码管理困难或者隐藏了一些缺陷。

（3）增加硬件成本。使用缓存意味着需要在数据库之外增加额外的服务器成本，虽然比起增加数据库硬件来讲成本相对较低。

本节开发的缓存功能由两部分组成：@cache 缓存装饰器和内置的缓存更新功能，以期能解决上述的前两个问题。

4.5.2 内置缓存功能

现在先将缓存功能内置到 TypeSpeed 框架，方便下一步将其作为查询缓存的基础。内置缓存的方案采用了框架的对象管理机制，以便开发者可以自行扩展缓存功能。

注意：通常生产环境的缓存功能，建议优先采用 Redis 等第三方缓存服务，因此，开发者可以借助 TypeSpeed 的对象管理功能，自行扩展对接 Redis 的缓存实现。

本节使用的缓存库是 node-cache。node-cache 除了拥有基本的键-值对存储能力，还具备完善的缓存管理功能：

(1) 缓存过期时间设置。

(2) 自动检查已删除的缓存数据。

(3) 设置是否需要存储对象的副本，node-cache 在缺省的情况下复制数据对象进行存储。在特殊场景，如内存较紧张的机器上，可以设置直接引用对象，节省内存开销。

(4) 限制缓存键的数量，避免缓存键过多产生的内存溢出。

用对象管理来扩展缓存功能，需要先建立缓存的父类 CacheFactory，代码如下：

```
//chapter04/05 - cache/src/factory/cache-factory.class.ts

export default abstract class CacheFactory {
    public abstract get(key: string): any;
    public abstract set(key: string, value: any, expire?: number): void;
    public abstract del(key: string): void;
    public abstract has(key: string): boolean;
    public abstract clear(): void;
}
```

CacheFactory 类提供了操作缓存的必要方法，这些方法的作用如下。

(1) get(key: string): 取缓存键为 key 的数据。

(2) set(key: string, value: any, expire?: number): 存入缓存数据，参数 key 为缓存键值、value 是存入的数据，通常是对象或者字符串，可选参数 expire 表示缓存的有效时长，单位为秒。

(3) del(key: string): 删除缓存键为 key 的数据。

(4) has(key: string): 判断键值为 key 的缓存是否存在。

(5) clear(): 清空所有缓存。

CacheFactory 类的默认实现为 NodeCache 类。NodeCache 使用 node-cache 库实现上述方法，代码如下：

```
//chapter04/05 - cache/src/default/node-cache.class.ts

export default class NodeCache extends CacheFactory {
    private NodeCache: any;
    private nodeCacheOptions;

    //注入缓存配置
    @value("cache")
    private config : object;

    //实例化当前缓存对象
    constructor() {
        super();
        this.nodeCacheOptions = this.config || { stdTTL: 3600 };
        this.NodeCache = new cache();
    }
```

```
    //提供缓存对象
    @bean
    public getNodeCache(): CacheFactory {
        return new NodeCache();
    }

    public get(key: string) {
        return this.NodeCache.get(key);
    }
    public set(key: string, value: any, expire?: number): void {
        this.NodeCache.set(key, value, expire || this.nodeCacheOptions["stdTTL"]);
    }
    public del(key: string): void {
        this.NodeCache.del(key);
    }
    public has(key: string): boolean {
        return this.NodeCache.has(key);
    }
    public flush(): void {
        this.NodeCache.flushAll();
    }

}
```

NodeCache 使用@value("cache")来取得全局配置,配置只有 stdTTL 一项,表示默认的缓存时长,单位为秒。需要注意,虽然 node-cache 库的 set()方法的第 3 个参数的缓存时长是可选的,但是在这里还是将它设计成有默认值的参数,即便 NodeCache 的 set()方法没有输入缓存时长,set()方法也会直接使用配置值或默认的 3600s 作为缓存时长。

这样的设计是为了避免缓存永不过期而导致系统内存占用过多的隐患,Node.js 在实际生产使用上,内存占用导致的崩溃是很常见的,这是因为其所用的 JavaScript 语言本身对内存管理并没有太多的处理。

注意:服务器端的开发语言通常对内存管理十分重视,例如 Java、GO 等语言有设计精良的垃圾回收机制,C++语言虽然没有垃圾回收机制,但能够提供众多的手段让开发者直接管理内存,而 JavaScript 在早期的设计是一个浏览器脚本语言,之后才被应用到服务器开发领域,即便在后期对内存管理进行了部分优化,但仍有所不足,也缺乏直接控制内存的手段,因此在编程时应尽可能谨慎地考虑对内存的使用。

接下来在 TestDatabase 类增加两个页面,以便对 NodeCache 进行测试,代码如下:

```
//chapter04/05-cache/test/test-database.class.ts

@autoware
private cacheBean: CacheFactory;
```

```
@GetMapping("/db/set-cache")
testCache(req, res) {
    this.cacheBean.set("test", req.query.value || "test");
    res.send("set cache success");
}

@GetMapping("/db/get-cache")
displayCache(req, res) {
    res.send(this.cacheBean.get("test"));
}
```

运行程序,使用浏览器访问 http://localhost:8080/db/set-cache?test=zzz,即可设置名为 test 的缓存键值,然后访问 http://localhost:8080/db/get-cache 可以看到 test 缓存的值。

4.5.3 缓存装饰器

如图 4-46 所示,从查询缓存的流程可以看到,直接在查询功能之外使用 NodeCache 缓存,代码会比较复杂,因为开发者必须明确地把查询结果用 set()方法设置到 NodeCache 里,这中间的缓存键 key 需要开发者自行拼装,并且用 get()方法读取缓存时也需要写类似的逻辑,这种编码方式的缺点很明显:

(1) 查询数据逻辑和存取缓存逻辑强关联,即两者有一方的逻辑被修改时,另一方的逻辑也必须对应地进行修改,并且每次增加查询逻辑都需要重复写一次缓存代码。这就是 4.5.1 节提到的缓存会增加代码复杂度的问题。

(2) 开发者这时不仅要关注业务逻辑,还要额外考虑缓存逻辑怎么写,例如 key 要用什么方式拼装,才能保证每个查询逻辑在每次输入不同的参数值组合时,key 值都是唯一的。

(3) 缓存内容更新逻辑也很复杂,要考虑删除重建缓存的恰当时机,使缓存的数据既能够更新及时,又不会更新太频繁,从而影响性能。

框架的原则是解决开发者所面临的问题,因此@cache 缓存装饰器的设计对应地解决了上述 3 个问题:

(1) 将@cache 标记在@Select 装饰器的前面,@Select 就具备了查询缓存功能。这样开发者只要考虑是哪个查询要缓存,而无须了解缓存的具体实现,例如 key 的拼装隐藏在@cache 的内部,开发者无须了解 key 的拼装逻辑,甚至可以不知道 key 的存在。

(2) @cache 装饰器读取缓存的过程,如图 4-46 所示那样,自动判断缓存是否存在,如果存在,则返给调用方,如果不存在,则会查询数据库以获得结果,然后将结果存入缓存并返回数据。

(3) @cache 能够区分不同的查询参数进行缓存,确保查询参数的作用。

先来看一看@cache 的使用方法,测试页面是/db/select1,页面使用的 findRow()方法是被@cache 和@Select 装饰的查询方法,代码如下:

```
//chapter04/05-cache/test/test-database.class.ts

@GetMapping("/db/select1")
async selectById(req, res) {
    const row = await this.findRow(req.query.id || 1);
    log("select rows: " + row);
    res.send(row);
}

@cache(1800)
@Select("Select * from `user` where id = #{id}")
private async findRow(@Param("id") id: number) { }
```

@cache 装饰器的参数是缓存的过期时间,单位为秒,上述代码被配置为 1800s。findRow()方法在查询时要输入参数 id,findRow()会根据 id 来查询用户数据。@cache 必须保证 findRow()方法输入不同的 id 参数能够返回不同的内容。

注意：查询缓存开发的关键点在于对缓存键值 key 的处理,因为 key 一方面需要确保不同参数的查询有效性,另一方面也是保证缓存过期失效的基础。

@cache 的实现基于 4.4.3 节装饰器配合使用的方法,即使用全局变量来传递装饰器所标记的数据,代码如下：

```
//chapter04/05-cache/src/database/query-decorator.ts

const cacheDefindMap = new Map<string, number>();
let cacheBean: CacheFactory;
function cache(ttl: number) {
    return function (target: any, propertyKey: string) {
        //收集需要缓存的查询方法和缓存过期时间
        cacheDefindMap.set([target.constructor.name, propertyKey].toString(), ttl);
        if (cacheBean == null) {
            const cacheFactory = BeanFactory.getBean(CacheFactory);
            if (cacheFactory || cacheFactory["factory"]) {
                cacheBean = cacheFactory["factory"];
            }
        }
        log(cacheDefindMap);
    }
}
```

在上述代码中,cacheDefindMap 全局变量保存了需要进行缓存的查询方法名和缓存过期时间。

cacheBean 是 4.5.2 节的缓存扩展类,具体的缓存方法默认由 NodeCache 提供。cacheBean 是全局变量,使用时程序先判断 cacheBean 是否已经实例化,如果为 null,则在 BeanFactory 里获取缓存对象。

随后，@Select装饰器实现如图4-46所示的缓存查询逻辑，代码如下：

```typescript
//chapter04/05-cache/src/database/query-decorator.ts

//查询装饰器
function Select(sql: string) {
    return (target, propertyKey: string, descriptor: PropertyDescriptor) => {
        descriptor.value = async (...args: any[]) => {
            let newSql = sql;
            let sqlValues = [];
            if (args.length > 0) {
                //处理参数绑定
                [newSql, sqlValues] = convertSQLParams(args, target, propertyKey, newSql);
            }
            let rows;
            //检查当前查询是否需要缓存
            if (cacheBean && cacheDefindMap.has([target.constructor.name, propertyKey].toString())) {
                //构建缓存键
                const cacheKey = JSON.stringify([newSql, sqlValues]);
                if (cacheBean.get(cacheKey)) {
                    //如果有结果，则返回
                    rows = cacheBean.get(cacheKey);
                } else {
                    //查询结果
                    [rows] = await pool.query(newSql, sqlValues);
                    log("cache miss, and select result for " + rows);
                    const ttl = cacheDefindMap.get([target.constructor.name, propertyKey].toString());
                    //存入缓存
                    cacheBean.set(cacheKey, rows, ttl);
                }
            } else {
                [rows] = await pool.query(newSql, sqlValues);
            }
......
```

@Select在查询数据前会先检查cacheDefindMap全局变量，看@cache是否标记了当前方法，如果标记了当前方法，则表示当前查询需要执行缓存逻辑。

缓存逻辑先判断cacheKey是否存在于缓存里，如果存在，则直接取得结果并返回；如果不存在，则跟原来查询逻辑一样，用pool.query()方法查询数据库以取得结果，随后将结果存入缓存并返回。

这里的cacheKey是针对不同查询参数进行缓存的关键。cacheKey值是由此次查询参数加SQL语句拼装而来的，不同的输入参数或者SQL语句都会产生不同的cacheKey，因此cacheKey对应的缓存内容也就不同了。

接下来检查@cache是否达到了预期。运行程序，使用浏览器打开http://localhost：

8080/db/select1?id=5，可以看到 id 为 5 的查询结果，如图 4-47 所示。

这时无法分辨该结果是来自缓存数据还是来自查询数据，因此在数据库里将 id 修改为 5 的记录，以便观察缓存是否生效，如图 4-48 所示。

图 4-47　id 为 5 的查询结果

图 4-48　修改数据以便观察缓存是否生效

使用浏览器刷新页面，发现页面显示仍是如图 4-47 所示的内容。这就证明了页面上 id 为 5 的数据是从缓存里读取的，@cache 装饰器起作用了。

4.5.4　优化缓存更新

目前 id 为 5 的数据处在所谓的"脏数据"的状态。脏数据是数据源（数据库记录）与其数据副本（缓存）不相符所引发的数据错乱情况。脏数据是由缓存更新不及时所导致的。

这里的 @cache 装饰器只能按设定的过期时间来更新。这种更新策略不够灵活，数据表内容很有可能在过期时间之前就被修改，但缓存没到时间并不会更新，因而造成缓存的数据和数据表数据不一致。那么，是否有办法在更新数据表时，同时更新缓存内容呢？

观察增、删、查、改几个操作装饰器，发现除了查询，增、删、改都会改变数据记录，因此只要在增、删、改的操作执行时清理相应的缓存，查询就能及时取得更新后的正确数据了。

这里对增、删、改进行上述修改，以 @Update 为例，代码如下：

```
//chapter04/05-cache/src/database/query-decorator.ts

function Update(sql: string) {
    return (target, propertyKey: string, descriptor: PropertyDescriptor) => {
        descriptor.value = async (...args: any[]) => {
            const result: ResultSetHeader = await queryForExecute(sql, args, target, propertyKey);
            if(cacheBean && result.affectedRows > 0){
                cacheBean.flush();
            }
            return result.affectedRows;
        };
    };
}
```

在上述代码中，CacheFactory 类的 clear() 方法改名为 flush()，这样命名更贴近清理数据的逻辑。代码里@Update装饰器直接执行了flush()操作,将整个缓存全部清理了,虽然这样能够达到让缓存过期的效果,但是不能算是理想的解决方案。因为在实际生产环境中,当缓存完全被清理后需要在每个新的查询时重建缓存,这时瞬间的查询压力都会集中在数据库,很容易使数据库崩溃。

那么是否可以根据数据表名来更新呢?也就是当增、删、改记录时,只清理当前数据表的缓存。在大部分场景下缓存是用于单个数据表的,并且增、删、改等操作针对单个数据表的居多,因此按数据表名来更新缓存是比较恰当的。

接着产生了两个新的问题:首先是如何找到当前的数据表名称,这里使用单独的ts文件,用于测试正则表达式匹配SQL语句取得数据表名,代码如下:

```
const sql = "select * From `user` where id = ?";
console.log(sql.match(/(from|join)\s+([\w`\'\"]+)/i));
const insert = "Insert into `user` (id, name) values (#{id}, #{name})";
console.log(insert.match(/insert\sinto\s+([\w`\'\"]+)/i));
const update = "Update `user` set name = #{name} where id = #{id}";
console.log(update.match(/update\s+([\w`\'\"]+)/i));
const delete1 = "Delete from `user` where id = #{id}";
console.log(delete1.match(/delete\sfrom\s+([\w`\'\"]+)/i));
```

其次是如何拼装缓存键cacheKey。4.5.3节提到,cacheKey是缓存逻辑较为关键的内容,因其一方面要做到每次查询的每个参数都要有所区别,另一方面要能够做到按数据表名进行清理缓存。按表名进行清理也就意味着通过cacheKey可以找到该表所有的缓存内容,然后清理这些内容,这就相当于更新了该表的缓存。拼装cacheKey的getTableAndVersion()函数的代码如下:

```
function getTableAndVersion(name: string, sql: string): [string, number]
{
    const regExpMap = {
        insert: /insert\sinto\s+([\w`\'\"]+)/i,
        update: /update\s+([\w`\'\"]+)/i,
        delete: /delete\sfrom\s+([\w`\'\"]+)/i,
        select: /\s+from\s+([\w`\'\"]+)/i
    }
    const matchs = sql.match(regExpMap[name]);
    if (matchs && matchs.length > 1) {
        const tableName = matchs[1].replace(/[`\'\"]/g, "");
        const tableVersion = tableVersionMap.get(tableName) || 1;
        tableVersionMap.set(tableName, tableVersion);
        log(tableVersionMap);
        return [tableName, tableVersion];
    } else {
        throw new Error("can not find table name");
    }
}
```

应留意上述代码删除cacheKey的方法,它利用了缓存的自动过期机制,只要变更了缓存键 cacheKey，那么这些用新的 cacheKey 无法找到的缓存内容就将留待过期清理，进而达到自动清理整个表缓存的效果。

getTableAndVersion() 函数的 regExpMap 变量存放了匹配 SQL 语句增、删、查、改的正则表达式，用这些正则表达式可以从 SQL 语句里取得当前数据表名。

cacheKey 的拼装重点在 tableVersionMap 变量，它是一个 Map 结构的变量，为每张表的名字保存一个版本号，版本号都是正整数。代码中的 tableVersion 变量就是从 tableVersionMap 取得的当前表的版本号。

tableVersion 版本号是解决清理整表缓存的关键。每次@Select 查询都使用"表名＋版本号 A"作为 cacheKey 查询对应的缓存。当@Insert、@Update 和@Delete 对该表数据的缓存进行清理时，它们把"版本号 A"加一变成"版本号 B"，随后@Select 的 cacheKey 也跟着变成"表名＋版本号 B"，那么@Select 就再也不会去寻找"表名＋版本号 A"的缓存内容了，这些缓存也就等着自动过期被清理了。使用这种版本号递增的方法，就能达到删除当前数据表所有缓存的效果。

修改代码后重复一次 4.5.3 节测试@cache 装饰器的步骤，首先打开 http://localhost:8080/db/select1?id=5，让@Select 生成 id 为 5 的缓存，然后通过@Update 将 id 修改为 5 的记录，注意这里不能直接通过 DBeaver 修改数据库的内容。随后刷新页面，即可看到@Select 查询到的内容更新了，证明@Update 已经清理了原来的缓存。

4.5.5 小结

缓存的开发逻辑是"空间换时间"，即增加内存或者额外缓存服务器来换取更快的数据查询速度。

本节框架实现了@cache 缓存装饰器。它为开发者解决了缓存的两个问题：

（1）缓存更新不及时。@cache 具备了过期时间参数配置和在增、删、改等操作时清理当前数据表缓存的两种策略，进而达到及时更新缓存的效果。尤其是@cache 内置了增、删、改等操作的缓存清理能力，使开发者完全无须关注，甚至无感知缓存是如何及在何时被更新的。

（2）代码复杂度高。开发者只需给查询方法标记@cache 装饰器，便可以让查询拥有缓存能力，无须重复编写缓存存取和更新的代码，极大地简化了代码。

4.6 模型风格的数据操作

装饰器风格的数据库操作功能十分强大，其能力基本等同于 SQL 语句，不过装饰器风格的做法略显烦琐，每个数据操作都必须编写一种方法及其配套的 SQL 语句，即便是最简单的查询也是如此。

因此，从框架开发者的角度思考，我们设想是否有更简便的方式来应付简单的数据操作场景？例如根据 id 查询用户记录，能否仅输入 id＝5 这样的条件即可查到结果，无须编写

findRow()方法和完整的 SQL 语句。

这种简便方式就是模型风格的数据操作。模型风格将单个数据表都视作一个数据模型，把数据表抽象为 Model 类或是 Model 类的子类进行编程。Model 类型具备各种便捷方法，这些便捷方法包括但不局限于在无须编写 SQL 语句的前提下进行单表的增、删、查、改操作。

> **注意**：或许读者有了解过对象关系映射(Object Relational Mapping，ORM)的概念，事实上 ORM 是模型风格数据操作的一种实现方式，ORM 强调的是如何将对象转换为数据类型。

正如装饰器风格参考了 Java 的 MyBatis，本节的模型风格也参考了 MyBatis 的衍生框架 MyBatisPlus。MyBatisPlus 基于 MyBatis 提供了一系列便捷方法，开发者无须编写 SQL 也能方便地进行各种数据操作。

4.6.1　统一底层数据库执行机制

框架实现模型风格的数据操作方法，和 4.2 节实现的装饰器风格，虽然两者使用体验和编码方式不同，但它们在底层应该共用一套数据库操作的逻辑，因此需要对底层的数据操作进行抽象，代码如下：

```typescript
//chapter04/06-model/src/database/curd-decorator.ts

//执行 SQL 命令函数
async function actionExecute(newSql, sqlValues): Promise<ResultSetHeader>
{
    const [result] = await pool.query(newSql, sqlValues);
    return <ResultSetHeader>result;
}

//执行 SQL 查询函数
async function actionQuery(newSql, sqlValues, dataClassType?) {
    const [rows] = await pool.query(newSql, sqlValues);
    if (rows === null || Object.keys(rows).length === 0 || !dataClassType) {
        return rows;
    }
    //将结果赋值给数据类
    const records = [];
    for (const rowIndex in rows) {
        const entity = new dataClassType();
        Object.getOwnPropertyNames(entity).forEach((propertyRow) => {
            if (rows[rowIndex].hasOwnProperty(propertyRow)) {
                Object.defineProperty(entity, propertyRow, Object.getOwnPropertyDescriptor(rows[rowIndex], propertyRow));
            }
        });
        records.push(entity);
    }
    return records;
}
```

代码中的 actionExecute()方法执行 SQL 语句的函数，对应增加、删除、修改操作，而 actionQuery()函数是查询 SQL 语句，对应查询操作。actionQuery()函数是由原有的 @Select 装饰器内部代码逻辑演化而来的。

actionExecute()和 actionQuery()是框架底层直接对数据库操作的函数，它们被分成执行和查询两个函数，为后续实现读写分离功能打下基础。

4.6.2　设计 Model 类型

模型风格的数据操作是将普通的类型转变为数据 Model 类，首先可以想到的是使用装饰器，例如开发名为@model 类装饰器，用@model 装饰普通类，后者就能拥有各种便捷方法，代码如下：

```
@model("user")
export default class UserModel{

}
```

在实际测试中发现，被@model 装饰的 UserModel 类无法达到预期的效果，虽然@model 装饰器可以在 UserModel 实例化时将其替换为模型类，但这个替换的过程是在程序运行时进行的，UserModel 本身是不具备这些模型方法，因此 UserModel 的实例在调用这些不存在的方法时，编辑器会提示不存在这些方法，编译时也无法通过 TypeScript 的检查，如图 4-49 所示。

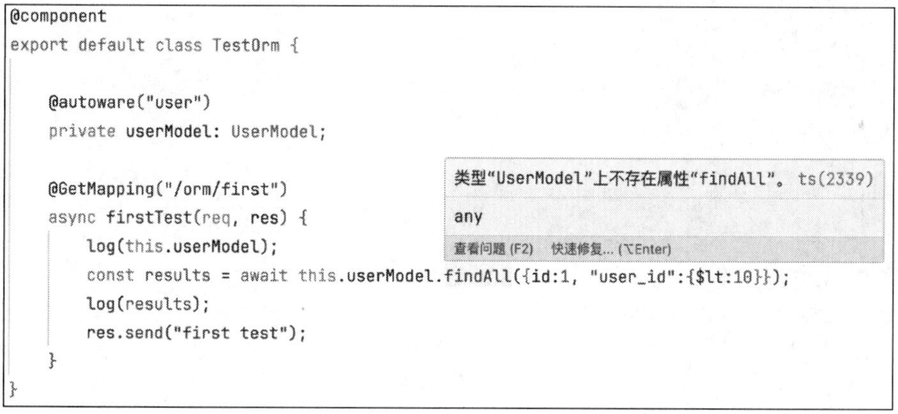

```
@component
export default class TestOrm {

    @autoware("user")
    private userModel: UserModel;

    @GetMapping("/orm/first")
    async firstTest(req, res) {
        log(this.userModel);
        const results = await this.userModel.findAll({id:1, "user_id":{$lt:10}});
        log(results);
        res.send("first test");
    }
}
```

类型"UserModel"上不存在属性"findAll"。ts(2339)
any
查看问题 (F2)　快速修复... (⌥Enter)

图 4-49　编辑器提示 UserModel 不存在 findAll 方法

那么，让代码编辑器和 TypeScript 编译器都认为类方法存在，较为直观的方法是继承，代码如下：

```
export default class UserModel extends Model{
}
```

上述代码的 UserModel 继承于 Model 类，这样 UserModel 就能正常使用 Model 类提供的各种便捷方法了。

Model 类是模型风格的关键类，在 4.7 节～4.9 节将介绍 Model 完整的开发实现。

4.6.3 开发模型查询方法

在 Model 类的初始代码里使用了 lodash 库，lodash 是 NPM 下载量最大的扩展工具库，安装命令如下：

```
npm install lodash
```

Model 类的创始版本从 K 框架复制而来，本书将在后续的开发里逐步改造 Model 类。

K 框架是基于 Koa 框架的 JavaScript Web 框架。K 框架是笔者开发的另一个开源框架。K 框架以 Koa 框架中间件的实现为基础，提供 MVC 架构、集中配置的路由系统和简化的 Model 数据操作类等功能。

注意：Koa 框架和 ExpressJS 均是 T. J. Holowaychuk 的作品。Koa 框架提供了比 ExpressJS 更精细化的路由系统。

由于框架在开发过程中的一些尝试和优化所需，部分功能特性和命名会有一些微调，例如本节的@autoware 装饰器改名为@inject，作为对象工厂注入扩展类的专用装饰器，代码如下：

```
//chapter04/06-model/test/test-database.class.ts

@inject
private cacheBean: CacheFactory;
```

而新开发的@autoware 装饰器则定义为直接获取类实例的装饰器，代码如下：

```
//chapter04/06-model/src/speed.ts

function autoware(...args): any {
    return (target: any, propertyKey: string) => {
        const type = Reflect.getMetadata("design:type", target, propertyKey);
        Object.defineProperty(target, propertyKey, {
            get: () => {
                return new type(...args);
            }
        });
    }
}
```

这时在 TestOrm 页面使用@autoware 装饰 UserModel 类，以取得 UserModel 的实例，代码如下：

```
//chapter04/06-model/test/test-orm.class.ts

@component
```

```typescript
export default class TestOrm {

    @autoware("user")
    private userModel: UserModel;

    @GetMapping("/orm/first")
    async firstTest(req, res) {
        log(this.userModel);
        const results = await this.userModel.findAll({id:1, "user_id":{$lt:10}});
        log(results);
        res.send("first test");
    }
}
```

接着开始改进 findAll() 查询方法。findAll() 底层查询逻辑使用的是 actionQuery() 函数，因此需要从 curd-decorator.ts 文件将 actionQuery() 和 actionExecute() 两个函数引入，代码如下：

```typescript
//chapter04/06-model/src/database/orm-decorator.ts

import { actionQuery, actionExecute } from './database/curd-decorator';

async findAll(conditions, _sort = '', fields = '*', _limit = undefined) {
    console.log(this.where(conditions));
    //处理参数
    let sort = _sort ? 'ORDER BY ' + _sort : ''
    let [where, params] = this._where(conditions)
    let sql = 'FROM ' + this.tableName + where
    let limit: string | number = _limit;
    if (_limit === undefined || typeof _limit === 'string') {
        sql += (_limit === undefined) ? '' : 'LIMIT ' + _limit
    }
    else {
        //处理分页逻辑
        let total = await this.query('SELECT COUNT(*) AS M_COUNTER ' + sql, params)
        if (!total[0]['M_COUNTER'] || total[0]['M_COUNTER'] == 0) return false
        limit = lodash.merge([1, 10, 10], _limit)
        limit = this.pager(limit[0], limit[1], limit[2], total[0]['M_COUNTER'])
        limit = lodash.isEmpty(limit) ? '' : 'LIMIT ' + limit['offset'] + ',' + limit['limit']
    }
    return await actionQuery('SELECT ' + fields + sql + sort + limit, params);
}
```

执行程序，使用浏览器打开 http://localhost:8080/orm/first 即可在命令行看到 findAll() 的查询结果，如图 4-50 所示。

findAll() 目前并非最终版本，在后续将对它逐渐进行补充优化，这里先介绍它的几个参数，代码如下：

```typescript
findAll(conditions: string | object, _sort?, fields?, _limit?)
```

```
[LOG] 2022-12-22 17:05:00 test-orm.class.ts:13 (TestOrm.firstTest) UserModel { tableName: 'user', _page: null }
[LOG] 2022-12-22 17:05:00 test-orm.class.ts:15 (TestOrm.firstTest) [
  { id: 1, name: 'LiLei' },
  { id: 2, name: 'test' },
  { id: 3, name: 'test three' },
  { id: 4, name: 'test four' },
  { id: 5, name: 'test55' },
  { id: 21, name: 'test5' },
  { id: 22, name: 'new name 22' }
]
```

图 4-50 findAll 的查询结果

(1) 查询条件 conditions。condition 相当于 SELECT 语句的 where 条件子句，findAll() 的 condition 参数会被输入内部函数 _where(conditions) 进行处理。

_where(conditions) 函数先判断 condition 是否是 object 对象。当 condition 是对象时会把 object 的每个键-值对拼装成 "AND 键 = 值" 的条件并返给 findAll() 处理，而当 condition 是字符串时保持原样返回，代码如下：

```
//chapter04/06-model/src/database/orm-decorator.ts

_where(conditions) {
    let result = ["", {}]
    if (typeof conditions === 'object' && !lodash.isEmpty(conditions)) {
        let sql = null
        if (conditions['where'] !== undefined) {
            sql = conditions['where']
            conditions['where'] = undefined
        }
        if (!sql) sql = Object.keys(conditions).map((k) => '`' + k + '` = :' + k).join(" AND ")
        result[0] = " WHERE " + sql
        result[1] = conditions
    }
    return result
}
```

(2) 排序字段 _sort?。该字段可为空，对应 SELECT 语句的 order by 排序子句，用于指定结果的排序字段。

(3) 结果字段 fields?。该字段可为空，对应 SELECT 语句 select 字段子句，格式为字符串，表示所需结果的字段名，字段名之间用逗号分隔。当 fields 为空时，返回全部字段。

(4) 限制记录条数 _limit?。该字段可为空，对应 SELECT 语句 limit 限制结果子句，格式是字符串或对象，将字符串格式的参数直接拼接到 limit 子句之后，即可限制返回记录的数量。当参数是对象格式时，对应的是分页逻辑，将在 4.9 节详细介绍，这里略过。

findAll() 是查询数据的便捷方法，从上述参数可以看到 findAll() 方法基本涵盖了 SELECT 语句的常用场景，使用起来比 SELECT 更简单些。

4.6.4 小结

本节开始给框架集成模型风格的数据操作。这时框架已经存在两套数据库操作功能，因此需要对这两套功能的底层操作统一进行抽象，方便后续的开发。

findAll()方法是模型风格 Model 类的主要查询方法，从它的参数可以看到，findAll()基本涵盖了 SELECT 查询的日常使用场景，这是模型风格数据操作的意义所在。模型风格数据操作提供给开发者简便的数据操作方法，尽可能地简化开发者日常高频的操作。

接下来 4.7 节将继续完善 findAll()方法，使其可以提供更丰富的查询语法。

4.7 自定义查询语法

23min

本节继续完善 findAll()查询方法的功能。在 findAll()的 4 个参数里，conditions 是最为关键的参数。它相当于 SELECT 语句的 where 条件子句，因此，除了表示查询条件的 AND 关系之外，还需要制定一些简单的自定义语法来扩充它的能力。

4.7.1 设计自定义查询语法

自定义语法是框架开发中最具创造性的课题。自定义的语法既可以参考现有的开源框架所提供的语法，也可以自行设计符合使用习惯的语法。自定义语法的原则有 3 条：

(1) 满足使用需求，这是自定义语法的基础。

(2) 理解简单，自定义语法通常需要比原实现相同功能的方法更简单。举个例子，XML 曾经是 Java 开发领域十分重要的自定义语法之一，其复杂度比较高。随着 Java 的语言特性增强和各种框架的迭代更新，已能够提供比 XML 更为简单易懂的自定义语法，因而 XML 在 Java 开发领域便日渐没落。

(3) 有一定规律，自定义语法是一种供开发者使用的语法，因此它的编写必须有一定的规则。

自定义语法在前端开发领域也十分流行，以 jQuery 链式语法为例，代码如下：

```
$('.mydiv').addClass('banner').draggable().css('color', 'blue')
```

上述代码即便开发者对 jQuery 并不熟悉，也能大致猜到其作用，这就是精良的自定义语法。

findAll()的查询条件 conditions 参数，便参考了 PHP 语言的 MongoDB 数据库查询语法，设计出以下的自定义语法，见表 4-1。

表 4-1 条件参数的自定义语法

符 号	意 义	示 例	对应的 SQL 查询条件
:	等于	{id: 3}	id＝3
$ gt	大于	{id: {$ gt: 10}}	id＞10

续表

符　号	意　义	示　例	对应的 SQL 查询条件
$ lt	小于	{id: { $ gt: 10, $ lt: 20}}	id>10 AND id<20
$ gle	大于或等于	{id: { $ glt: 30}}	id>=30
$ lte	小于或等于	{id: { $ lte: 30}}	id<=30
$ ne	不等于	{id: { $ lte: 30, $ ne: 10}}	id<=30 AND id<>10
$ like	LIKE 模糊查询	{"name": { $ like: "test%" }}	"name" like "test%"
$ or	OR 条件	{ $ or: [{ id: 1 }, { id: 2 }]}	AND((id=1)OR(id=2))
并列两个条件	AND 条件	{id: { $ gt: 10, $ lt: 20}}	id>10 AND id<20

表 4-1 的自定义查询语法可以看作两类，一类是 AND 和 OR 逻辑关系语法，另一类是字段值之间的比较关系。它们基本涵盖了常用的 where 条件子句的表达需求，让各种条件在单个 JSON 就能完整表示。

值得注意的是 $ or 符号，它开拓了第 2 个条件分支，使 SELECT 查询可以兼容 AND 和 OR 两种条件的组合嵌套。

4.7.2　开发比较条件语法

表 4-1 的查询语法，首先实现的是 5 个比较条件的符号，它们的逻辑是类似的。在开发条件语法的过程中，findAll() 方法会先注释部分代码，逐步修改完善。

测试先行，用 TestOrm 类的 /orm/first 页面来测试比较条件的效果，代码如下：

```
//chapter04/06-model/test/test-orm.class.ts

@GetMapping("/orm/first")
async firstTest(req, res) {
    log(this.userModel);
    const results = await this.userModel.findAll({id:1, "user_id":{ $ lt:10}});
    log(results);
    res.send("first test");
}
```

在上述测试代码里，findAll() 的参数是 {id:1, "user_id":{ $ lt:10}}，这个 JSON 条件转换成对应的 SQL 查询条件是 id=1 AND user_id<10。

实现这些比较符号的方法是 operatorFormat() 方法，它将符号当作字符串模板，对 SQL 语句进行替换操作，代码如下：

```
//chapter04/06-model/src/database/orm-decorator.ts

const operatorFormat = (key, value) => {
    const operator = { $ lt: '<', $ lte: '<=', $ gt: '>', $ gte: '>=', $ ne: '!=' };
    return {
        sql:`AND $ {key} $ {operator[Object.keys(value)[0]]} : $ {key}`,
        values: {[key]: value[" $ lt"]}
    }
}
```

执行程序，访问网页 http://localhost:8080/orm/first，命令输出的日志如图 4-51 所示，内容是替换后的 SQL 条件子句和待绑定参数的键-值对 values。

```
[LOG] 2023-11-22 10:49:26 express-server.class.ts:48 (Server.<anonymous>) ser
ver start at port: 8080
[LOG] 2023-11-22 10:49:27 test-orm.class.ts:13 (TestOrm.firstTest) UserModel
{ tableName: 'user', _page: null }
{
  sql: '1 AND id = :id AND user_id < :user_id',
  values: { id: 1, user_id: 10 }
}
```

图 4-51　比较符号测试结果

随后，将比较符号的逻辑集成到 Model 类，代码如下：

```
private where(conditions) {
    const result = { sql: '1 ', values: {} };
    if (typeof conditions === 'object' && Object.keys(conditions).length > 0) {
        Object.keys(conditions).map((key) => {
            if (typeof conditions[key] === 'object') {
                result["sql"] += this.operatorFormat(key, conditions[key]);
                result["values"][key] = conditions[key]["$lt"];
            } else {
                result["sql"] += ` AND ${key} = :${key}`;
                result["values"][key] = conditions[key];
            }
        });
    }
    return result
}
```

上述代码是构建 SQL 语句的 where() 函数，它将 conditions 参数逐项循环，用 operatorFormat() 方法进行拆分和替换处理，这里的 conditions 参数就是 JSON 格式的自定义语法。

operatorFormat() 处理后返回 sql 和 value 两个变量。sql 变量用于拼装 SQL 语句的 where 条件子句，value 用作绑定参数的键-值对。两个变量将结果都存入了变量 result 里，最后返给 findAll() 方法。

4.7.3　开发模糊查询和 OR 语法

接下来实现模糊查询 $like 和或逻辑 $or，主要代码是 where() 函数和 operatorFormat() 方法，代码如下：

```
private where(conditions) {
    const result = { sql: '', values: {} };
    if (typeof conditions === 'object' && Object.keys(conditions).length > 0) {
        //遍历条件
        Object.keys(conditions).map((field) => {
            if(result["sql"].length > 0){
                result["sql"] += " AND "
```

```typescript
            }
            //判定是否为对象,如果是,则视为自定义语法
            if (typeof conditions[field] === 'object') {
                if (field === '$or') {
                    //$or 开启新的条件分支
                    let orSql = "";
                    conditions[field].map((item) => {
                        const { sql, values } = this.where(item);
                        orSql += (orSql.length > 0 ? " OR " : "") + `(${sql})`;
                        result["values"] = Object.assign(result["values"], values);
                    });
                    result["sql"] += `(${orSql})`;
                } else {
                    //解析自定义语法
                    const { sql, values } = this.operatorFormat(field, conditions[field]);
                    result["sql"] += sql;
                    result["values"] = Object.assign(result["values"], values);
                }

            } else {
                //如果不是对象,则是字符串条件
                const fieldNum = `${field}_${this.suffixNumber++}`.toLocaleUpperCase();
                result["sql"] += `${field} = :${fieldNum}`;
                result["values"][fieldNum] = conditions[field];
            }
        });
    }
    return result
}

private operatorFormat = (field, expression) => {
    const result = { sql: '', values: {} };
    //符号模板
    const operatorTemplate = {
        $lt: (f) => `< :${f}`,
        $lte: (f) => `<= :${f}`,
        $gt: (f) => `> :${f}`,
        $gte: (f) => `>= :${f}`,
        $ne: (f) => `!= :${f}`,
        $like: (f) => `LIKE :${f}`
    };

    ...
}
```

代码里 $like 跟 5 个比较符号一样,也是替换操作,其代码放在 operatorFormat()方法里。

$or 逻辑比较复杂一些。$or 开拓了分支条件,每个分支条件仍是完整的自定义语

法,因此需要使用递归。每当遇到 $or 符号时会循环 $or 数组,数组的每项都交由 where() 递归处理,递归项之间的关系是 OR;之后再通过 result 变量收集 values 键-值对,并且返回的 SQL 子句使用括号来拼装,这部分代码如下:

```
if (field === '$or') {
    let orSql = "";
    conditions[field].map((item) => {
        const { sql, values } = this.where(item);
        orSql += (orSql.length > 0 ? " OR " : "") + `( ${sql})`;
        result["values"] = result["values"].concat(values);
    });
    result["sql"] += `( ${orSql})`;
}
```

测试程序使用自定义语法来测试构建的 SQL 语句是否达到预期,代码如下:

```
//chapter04/07-conditions/test/test-orm.class.ts

const users = await this.findAll({
    id: 1, "user_id": { $lt: 10, $lte: 20 }, "user_name": { $like: "%a%" },
    $or: [{ id: 1 }, { id: 2 }]
});
```

上述页面将输出 SQL 查询条件和键-值对 values,如图 4-52 所示。

```
{
sql: 'id = :ID_1 AND user_id < :USER_ID_2 AND user_id <= :USER_ID_3 AND user_name LIKE :USER_NAME_4 AND ((id = :ID_5) OR (id = :ID_6))',
values: {
    ID_1: 1,
    USER_ID_2: 10,
    USER_ID_3: 20,
    USER_NAME_4: '%a%',
    ID_5: 1,
    ID_6: 2
  }
}
```

图 4-52 条件语法的输出结果

图 4-52 的输出涵盖了比较条件、Like 和 OR 三类语法。

(1) "user_id": { $lt: 10, $lte: 20 } 构建了小于和小于或等于语句,两者的关系为 AND。

(2) $like: "%a%" 构建了 user_name LIKE :USER_NAME_4 语句。

(3) $or: [{ id: 1 }, { id: 2 }] 构建了 AND ((id = :ID_5) OR (id = :ID_6)) 语句,可见 $or 的二级分支和 OR 逻辑条件都如预期拼装完成。

values 的键和 sql 变量的标识符一一对应,以便进行参数的绑定,并且这些键的标识符都附加了一个递增的编号,例如 user_id < :USER_ID_2 AND user_id <= :USER_ID_3 里的 :USER_ID_2 和 :USER_ID_3 标识符,避免相同名称的字段多次出现而产生冲突。

4.7.4 优化查询方法

随后需要将上述代码集成到 SELECT 查询功能,这时遇到一个问题:SQL 语句参数绑定的标识符只能是问号,前面 values 的键值用不了,因此必须对 where() 函数进行修改,把绑定参数的标识符改成问号,并且将 operatorFormat() 方法集成到 where() 函数,使代码更清晰,代码如下:

```typescript
//chapter04/07-conditions/src/database/orm-decorator.ts

private where(conditions) {
    const result = { sql: '', values: [] };
    if (typeof conditions === 'object' && Object.keys(conditions).length > 0) {
        //遍历条件
        Object.keys(conditions).map((field) => {
            if (result["sql"].length > 0) {
                result["sql"] += " AND "
            }
            //判定是否为对象,如果是,则视为自定义语法
            if (typeof conditions[field] === 'object') {
                if (field === '$or') {
                    //$or 开启新的条件分支
                    let orSql = "";
                    conditions[field].map((item) => {
                        const { sql, values } = this.where(item);
                        orSql += (orSql.length > 0 ? " OR " : "") + `(${sql})`;
                        result["values"] = result["values"].concat(values);
                    });
                    result["sql"] += `(${orSql})`;
                } else {
                    //解析自定义语法
                    const operatorTemplate = { $lt: "<", $lte: "<=", $gt: ">", $gte: ">=", $ne: "!=", $like: "LIKE" };
                    let firstCondition: boolean = Object.keys(conditions[field]).length > 1;
                    Object.keys(conditions[field]).map((operator) => {
                        if (operatorTemplate[operator]) {
                            //替换占位符
                            const operatorValue = operatorTemplate[operator];
                            result["sql"] += `${field} ${operatorValue} ? ` + (firstCondition ? " AND " : "");
                            result["values"].push(conditions[field][operator]);
                            firstCondition = false;
                        }
                    });
                }
            } else {
                //如果不是对象,则是字符串条件
                result["sql"] += `${field} = ?`;
                result["values"].push(conditions[field]);
            }
        });
```

```
    }
    return result
}
```

findAll()内部集成了修改后的 where()函数,代码如下:

```
//chapter04/07-conditions/src/database/orm-decorator.ts

async findAll<T>(conditions, _sort = '', fields = '*', limit = undefined): Promise<T[]>
{
    let sort = _sort ? 'ORDER BY ' + _sort : '';
    const { sql, values } = this.where(conditions);
    let newSql = 'SELECT ' + fields + ' FROM ' + this.table + ' WHERE ' + sql + sort;
    if (limit === undefined || typeof limit === 'string') {
        newSql += (limit === undefined) ? '' : 'LIMIT ' + limit
    }
    return <T[]> await actionQuery(newSql, values);
}
```

运行程序,打开测试页面即可看到命令输出 SQL 语句和绑定参数都符合预期。

注意：由于上例测试代码条件较复杂,findAll()查询无法找到结果,但 SQL 语句是正确的,因此测试通过了。

4.7.5 便捷查询方法

自定义查询语法实现了 findAll()的复杂查询逻辑,本节将开发 findAll()增加衍生的find()方法。在日常开发中,较常见查询场景是根据条件来查询特定的结果,即只需查询一条记录。find()方法就是只查询一条结果的便捷查询方法。

find()的实现比较简单,它沿用了 findAll()的查询条件和排序、分组,因此直接使用findAll()的前 3 个参数,而将第 4 个参数 limit 设置为 1,也就是限制只返回一条记录,代码如下:

```
//chapter04/07-conditions/src/database/orm-decorator.ts

async find<T>(conditions, sort = '', fields = '*'): Promise<T> {
    let res = await this.findAll(conditions, sort, fields, 1);
    return res.length > 0 ? <T> res[0] : null;
}
```

find()测试页面是/orm/one,代码如下:

```
//chapter04/07-conditions/test/test-orm.class.ts

@GetMapping("/orm/one")
```

```
async findOneTest(req, res) {
    const results = await this.userModel.getUser(req.query.id || 0);
    res.send("find one test, to " + results);
}

public async getUser(id: number) {
    const user = await this.find({ id : id });
    log("user", user);
    return "getUser";
}
```

运行程序，使用浏览器打开 http://localhost:8080/orm/one？id=5，从输出日志可以看到，find()成功地取得了 id 为 5 的单条记录，如图 4-53 所示。

```
[LOG] 2023-11-22 18:06:47 main.ts:16 (Main.main) start application
[LOG] 2023-11-22 18:06:47 express-server.class.ts:48 (Server.<anonymous>)
 server start at port: 8080
[LOG] 2023-11-22 18:06:49 user-model.class.ts:18 (UserModel.getUser) user
 { id: 5, name: 'test5' }
```

图 4-53　find()查询结果

4.7.6　小结

本节为查询方法实现了自定义查询语法，做到了使用 JSON 来表示 AND/OR 逻辑、大小比较及模糊查询等三类条件。另外也开发了 find()作为查询单条记录的 findAll()简化版方法。

自定义语法是框架开发中最具创造性的内容之一。值得注意的是，设计自定义语法的原则是满足使用需求、理解起来简单、有一定规律。做到这 3 点的语法才能更好地帮助开发者完成开发任务。换个角度来看，开发者在选用开发方案时也可以依据上述的 3 个要求来选择最优的解决方案。

4.8　增、删、改的优化

在两类典型的数据操作方案里，装饰器风格提供了各种装饰器标记让开发者自由地编写 SQL 语句，并不关注具体的 SQL 语句的作用，而与之相对，模型风格更倾向于提供具体的方法，帮助开发者完成特定的操作。

在 4.7 节框架开发了 findAll()和 find()查询方法，它们分别代表完整功能方法和便捷方法两类模型风格操作的典型。本节将继续完善其他增、删、改的完整方法，和一些增、删、改的便捷方法。

4.8.1　增、删、改方法

1. 增加记录

create()是增加数据记录的方法，它的参数是 JSON 格式的键-值对，表示字段名和对应的值。这里对其进行扩展，让 create() 具有一次增加多条记录的能力，代码如下：

```ts
//chapter04/08-crud/src/database/orm-decorator.ts

async create(rows): Promise<number> {
    let newSql = "";
    let values = [];
    if (!Array.isArray(rows)) {
        //当插入一条数据时，转换成多维数组
        rows = [rows];
    }
    const firstRow = rows[0];
    newSql += 'INSERT INTO ' + this.table + ' (' + Object.keys(firstRow).map((field) => '`' + field + '`').join(', ') + ') VALUES';
    //遍历构建插入 SQL
    rows.forEach((row) => {
        const valueRow = [];
        Object.keys(row).map((field) => {
            values.push(row[field]);
            valueRow.push('?');
        });
        newSql += '(' + valueRow.map((value) => '?').join(', ') + ')' + (rows.indexOf(row) === rows.length - 1 ? '' : ',');
    });
    const result: ResultSetHeader = await actionExecute(newSql, values);
    return result.insertId;
}
```

插入多条记录的关键逻辑是 if(!Array.isArray(rows)) 的判断，当变量 rows 不是数组时，认为只需插入一条数据，把变量 rows 赋值为只有一条数据的数组 rows=[rows]，统一了后续对数组处理的逻辑。

接着循环 rows 变量，把每行数据的键-值对拼装成 INSERT 语句，并解析对应的绑定参数，这些语句和参数将输入 actionExecute() 函数执行数据操作，actionExecute() 的执行结果是 ResultSetHeader 类型的变量，create() 方法使用执行结果的 insertId 属性作为返回值。

insertId 是最近一条新增记录的自增量主键值。在开发插入操作的场景中，经常会遇到需要在插入新记录之后，取得新记录的主键 id，再插入其他表以关联或返回浏览器作为数据的显示。

create() 的测试页面是 /orm/new，代码如下：

```ts
//chapter04/08-crud/test/test-orm.class.ts

@GetMapping("/orm/new")
async newUserTest(req, res) {
    log(this.userModel);
    const results = await this.userModel.newUsers();
    res.send("new user test, to " + results);
}
```

代码中 newUserTest()页面方法调用 UserModel 对象的 newUsers()方法,newUsers()方法使用 create()方法插入 3 条新数据,代码如下:

```
//chapter04/08-crud/test/user-model.class.ts

async newUsers() {
    const users = await this.create([
        new UserDto(30, "UserDto 30"),
        new UserDto(31, "UserDto 31"),
        {id : 33, name : "UserDto 33"}
    ]);
    return "newUsers";
}
```

运行程序,使用浏览器访问 http://localhost:8080/orm/new,在数据表可看到新插入的记录,如图 4-54 所示。

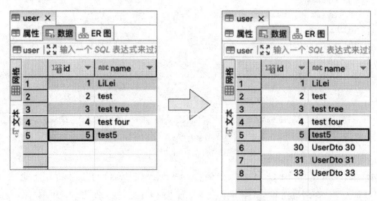

图 4-54　create()新增记录

2. 删除记录

在 4.7 节查询方法实现了自定义查询语法,其实现的基础是 where()函数。where()函数对应着 SQL 语句中的 WHERE 查询子句。

而 DELETE 和 UPDATE 语句同样使用了 WHERE 查询子句,因此删除和修改方法也可以使用 where()函数作为其查询语法的基础。

delete()是按查询条件删除记录的方法,代码如下:

```
//chapter04/08-crud/src/database/orm-decorator.ts

async delete(conditions): Promise<number> {
    const { sql, values } = this.where(conditions);
    const newSql = 'DELETE FROM ' + this.table + ' WHERE ' + sql;
    const result: ResultSetHeader = await actionExecute(newSql, values);
    return result.affectedRows;
}
```

delete()方法只有一个参数 conditions,表示删除记录的条件,conditions 参数直接被输入 where() 函数进行处理，然后 delete() 把 where() 返回的 SQL 子句拼装成 DELETE 语句，和返回的键-值对绑定参数一起交给 actionExecute() 方法执行。

这里 delete() 取了 actionExecute() 方法的结果 result 变量的 affectedRows 属性作为返回值。

affectedRows 表示此次 SQL 语句的执行影响了多少行记录。这里的影响可理解成被删除或被修改，例如，如果删除了 5 行记录，则 affectedRows 的值为 5。

delete() 方法的测试页面是 /orm/delete，该页面可接受传入的参数 id，代码如下：

```typescript
//chapter04/08-crud/test/test-orm.class.ts

@GetMapping("/orm/delete")
async deleteTest(req, res) {
    log(this.userModel);
    const results = await this.userModel.remove(req.query.id || 0);
    res.send("remove user, results: " + results);
}
```

该页面以 id 为参数调用 UserModel 的 remove() 方法，remove() 的代码如下：

```typescript
//chapter04/08-crud/test/user-model.class.ts

async remove(id: number) {
    const result = await this.delete({ id: id });
    return "remove rows: " + result;
}
```

remove() 调用 delete() 方法，条件是 { id: id }，delete() 会删除 id 为参数值的记录并返回 1，表示已经删除了 1 条记录。如果该 id 的记录不存在，则返回值是 0，表示没有影响到任何记录，即没有删除记录。

注意：delete() 和 update() 的返回值都是 affectedRows，因此它们正常执行返回，只能代表没有出现数据库相关的错误而抛出异常，不代表数据表如预期被删除或者修改了记录。开发者要确认删除或者修改操作是否达到预期，必须对它们的返回值进行检查。

运行程序，使用浏览器访问 http://localhost:8080/orm/delete?id=5，页面如图 4-55 所示，delete() 方法的返回值是 1，表示删除了 1 条记录。

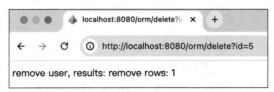

图 4-55　delete() 页面显示结果

打开 DBeaver 查看 user 数据表，发现 id 为 5 的记录已被删除，如图 4-56 所示。

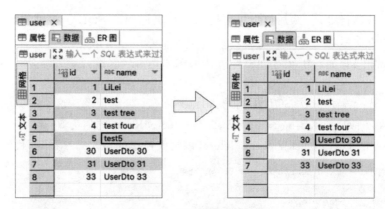

图 4-56 delete()删除记录

再次刷新页面 http://localhost:8080/orm/delete?id=5，页面显示如图 4-57 所示，delete()方法的返回值为 0，因为这时 id 为 5 的记录已经不存在。

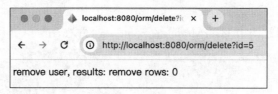

图 4-57 delete()的返回值为 0

3. 修改记录

接下来是 update()方法的实现。update()用于修改记录，从结果看，update()可以看作 delete()加上 create()的组合，即修改记录实际上等同于先按条件删除记录，然后用新的字段值增加记录。

注意：在部分数据库的底层实现机制里，UPDATE 操作的主体逻辑粗略来看确实是 DELETE 和 INSERT 的组合，当然实现细节还是相当复杂的。

从 update()方法的参数佐证了这一点，update()有两个参数，第 1 个参数 conditions 对应的是 delete()方法的条件参数，第 2 个参数 fieldToValues 对应的是 create()方法的 rows 键-值对参数，如图 4-58 所示。

图 4-58 update()是 delete()和 create()的组合

update()方法的内部实现逻辑，前半部分使用 where()函数来拼装 SQL 及获取绑定参数，后半部分则跟 create()相似，首先遍历字段值对象，拼装成 UPDATE 语句，最后调用

actionExecute()函数执行操作,代码如下:

```
//chapter04/08-crud/src/database/orm-decorator.ts

async update(conditions, fieldToValues): Promise<number> {
    const { sql, values } = this.where(conditions);
    const newSql = 'UPDATE ' + this.table + ' SET ' + Object.keys(fieldToValues).map((field) => { return "`" + field + "` = ? " }).join(', ') + ' WHERE ' + sql;
    const result: ResultSetHeader = await actionExecute(newSql, Object.values(fieldToValues).concat(values));
    return result.affectedRows;
}
```

update()的返回值也是影响行数属性 affectedRows,表示有多少行符合条件的记录被修改了。

update()测试页面是/orm/edit,测试内容是按提交的 id 值,修改对应记录的 name 字段值,代码如下:

```
//chapter04/08-crud/test/test-orm.class.ts

@PostMapping("/orm/edit")
async updateTest(req, res) {
    log(req.body);
    const results = await this.userModel.editUser(req.body.id, req.body.name);
    res.send(results);
}
```

该页面接收 POST 请求,使用 req.body.id 和 req.body.name 得到提交的 id 值和新的 name 值,然后调用 UserModel 的 editUser()方法,代码如下:

```
//chapter04/08-crud/test/user-model.class.ts

async editUser(id: number, name: string) {
    const result = await this.update({ id: id }, { name: name });
    return "edit user: " + result;
}
```

运行程序,使用 Postman 接口工具进行测试。访问的地址是 http://localhost:8080/orm/edit,请求方法是 POST,填写 id 和 name 参数提交,可见如图 4-59 所示的结果为 1,即修改了 1 条记录。

打开 DBeaver 查看 user 表,即可看到 id 为 30 的记录已被修改,如图 4-60 所示。

4.8.2 简化查询方法

模型风格方案会提供简便的操作方法,4.7.5 节的 find()可以看作 findAll()的 1 个简便方法,因为 find()针对高频查询场景做了只查一条记录的查询简化。本节将介绍另一个简化查询的方法 findCount()。

图 4-59　使用 Postman 测试 update()页面

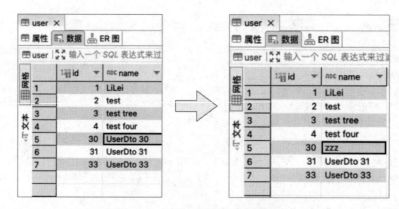

图 4-60　id 为 30 的记录已被修改

findCount()方法可以计算符合条件的记录总数,这也是一类高频的查询场景,例如页面显示总访问人数、订单系统取得当前订单总数、列表页面分页时需要先获得记录总数等。

findCount()对应的 SQL 查询子句是 SELECT COUNT(*),SQL 语句的 COUNT()函数会计算记录总数,但不会返回具体的每条数据,因此与 delete()类似,findCount()只需输入条件参数,代码如下:

```
//chapter04/08 - crud/src/database/orm - decorator.ts

async findCount(conditions): Promise < number > {
    const { sql, values } = this.where(conditions);
    const newSql = 'SELECT COUNT( * ) AS M_COUNTER FROM ' + this.table + ' WHERE ' + sql;
    const result = await actionQuery(newSql, values);
    return result[0]['M_COUNTER'] || 0;
}
```

findCount()的条件参数也交由 where() 函数处理,它拼装的 SQL 语句是 SELECT COUNT(*) AS M_COUNTER FROM 条件子句。findCount()的返回值是符合条件的记录总数,当返回值为 0 时表示没有找到符合条件的记录。

findCount()的测试页面是/orm/count,页面方法调用 UserModel 的 count() 方法,代码如下:

```
//chapter04/08-crud/test/test-orm.class.ts

@GetMapping("/orm/count")
async countTest(req, res) {
    log(this.userModel);
    const results = await this.userModel.count();
    res.send(results);
}
```

使用 count() 方法调用 findCount(),输入参数值 1 表示匹配所有记录,代码如下:

```
//chapter04/08-crud/test/user-model.class.ts

async count() {
    const result = await this.findCount("1");
    return "we had users : " + result;
}
```

运行程序,使用浏览器访问 http://localhost:8080/orm/count,即可看到目前 user 表的记录总数是 7 条,如图 4-61 所示。

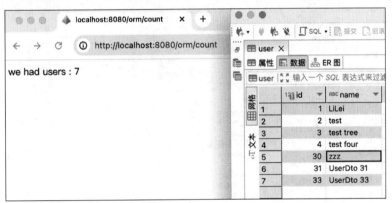

图 4-61　findCount()获取 user 表的记录总数

4.8.3　简化修改方法

incr()和 decr()方法是修改记录 update() 的简化方法,它们简化对数值字段的加一和减一操作,方便在一些数值快速增减的场景使用,例如文章点赞量加一、商品数减一等。

incr()和 decr()有 3 个参数:

(1) conditions 条件参数,和 find()、delete()的条件参数相同。
(2) field 待修改字段名,该字段必须是数值类型,如 INT、TINYINT 等。
(3) optval 增加或减少的数值,默认 optval 为 1,可设置 optval 改变每次增加或减少的数值。

incr()的代码和 update()的主要不同点是 incr()拼装的 SQL 语句带有 field = field + optval 的值增加逻辑,代码如下:

```typescript
//chapter04/08-crud/src/database/orm-decorator.ts
async incr(conditions, field, optval = 1): Promise<number> {
    const { sql, values } = this.where(conditions);
    const newSql = 'UPDATE ' + this.table + ' SET ' + field + ' = ' + field + ' + ? WHERE ' + sql;
    values.unshift(optval);                    //increase at the top
    const result: ResultSetHeader = await actionExecute(newSql, values);
    return result.affectedRows;
}

async decr(conditions, field, optval = 1): Promise<number> {
    return await this.incr(conditions, field, -optval);
}
```

decr()的实现是在 incr()的基础上,将第 3 个参数 optval 变成负数,即减一。

由于目前的表结构并没有数值字段,因此在 check_user 表中加入 login_count 数值字段进行测试,表示用户登录的次数,如图 4-62 所示。

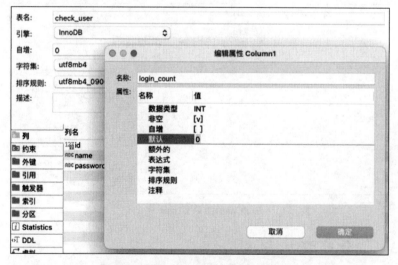

图 4-62 增加 login_count 登录次数字段

login_count 字段是 INT 类型,其默认值为 0。测试 incr()的页面是/orm/login,页面根据输入的 name 参数来搜索 check_user 表,匹配到记录后把 login_count 加一,代码如下:

```
//chapter04/08-crud/test/test-orm.class.ts

@autoware("check_user")
private checkUserModel: CheckUserModel;

@GetMapping("/orm/login")
async testLoginAdd(req, res) {
    const userName = req.query.name;
    const results = await this.checkUserModel.incr({ name: userName }, "login_count");
    res.send(userName + " login count add: " + results);
}
```

incr()的第1个参数是{ name：userName }，表示搜索name等于req.query.name的记录，第2个参数表示待加一的字段是login_count。

这里的checkUserModel变量来自CheckUserModel，它对应的是check_user表，代码如下：

```
//chapter04/08-crud/test/check-user-model.class.ts

import Model from "../src/database/orm-decorator";

export default class CheckUserModel extends Model {

}
```

运行程序，使用浏览器访问http://localhost:8080/orm/login?name=zzz，即可看到页面显示incr()加一操作的结果，如图4-63所示。

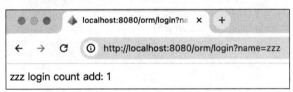

图 4-63　incr 执行加一结果

用 DBeaver 查看 check_user 表，name 为 zzz 的记录的 login_count 字段值为 1，如果多次刷新页面，则该数字将继续增加，如图 4-64 所示。

图 4-64　对应记录的 login_count 加一

4.8.4 小结

本节完善了模型风格的增、删、改方法,并增加了查询和修改的简化方法,这些方法和 4.6.3 节开发的 findAll()/find() 查询方法已经能够满足相当部分的日常数据开发场景的需求。

这是框架开发的思考方向之一,即从实际应用场景出发,提供高频次、简化的框架内置功能,为开发者赋能。

4.9 内置分页

数据分页显示在日常开发中比较常见,例如各种管理后台、SAAS 项目等,需要分页显示列表数据。本节将讲述页码的计算方法,再把分页功能集成进 findAll() 查询方法。

4.9.1 页码计算

分页逻辑的关键在于对页码进行计算。只要确定了记录总数,就能计算出页码和相关分页数据,代码如下:

```
//chapter04/09 - pagination/src/database/orm-decorator.ts
pager(page, total, pageSize = 10, scope = 10) {
    this.page = null;
    //总记录数不能为空
    if (total === undefined) throw new Error('Pager total would not be undefined')
    if (total > pageSize) {
        let totalPage = Math.ceil(total / pageSize)
        page = Math.min(Math.max(page, 1), total)
        //设置分页数据
        this.page = {
            'total': total,
            'pageSize': pageSize,
            'totalPage': totalPage,
            'firstPage': 1,
            'prevPage': ((1 == page) ? 1 : (page - 1)),
            'nextPage': ((page == totalPage) ? totalPage : (page + 1)),
            'lastPage': totalPage,
            'currentPage': page,
            'allPages': [],
            'offset': (page - 1) * pageSize,
            'limit': pageSize
        }
        //按显示范围计算所需页码
        if (totalPage <= scope) {
            this.page.allPages = this.range(1, totalPage)
        } else if (page <= scope / 2) {
```

```
            this.page.allPages = this.range(1, scope)
        } else if (page <= totalPage - scope / 2) {
            let right = page + (scope / 2)
            this.page.allPages = this.range(right - scope + 1, right)
        } else {
            this.page.allPages = this.range(totalPage - scope + 1, totalPage)
        }
    }
    return this.page
}
//取得特定范围的函数
private range(start, end) {
    return [...Array(end - start + 1).keys()].map(i => i + start);
}
```

pager()函数提供了分页计算逻辑,它有 4 个参数:

(1) page 当前页码,必填参数,表示当前在第几页,通常由前端页面传入。

(2) total 记录总数,必填参数,表示列表的总数,由查询数据表所得,例如使用 4.8.2 节开发的 findCount()方法获取总数。

(3) pageSize 分页大小,默认为 10,表示一页显示 10 条数据,通常在前端页面由用户设定或使用固定数值。

(4) scope 显示范围,默认为 10,表示前端页面可以显示的页码范围。通常当分页数量比较多且在前端页面显示页码时会将页码缩小到一个范围,如图 4-65 所示,scope 参数可以设定这个范围。

图 4-65　页码显示效果

以图 4-65 的页码显示为例,pager()的各参数值如下:

(1) page 为 6,即当前用户访问的页面是第 6 页。

(2) total 总数没有显示,但计算得出 total 值应该为 501~509,total 在这个数量才能按每页 10 条进行记录,共分成 50 页。

(3) pageSize 为 10,用户可以在页面旁边的下拉列表选择每页显示多少条记录。

(4) scope 为 5,图中当前页 6 的两边的数字是分页范围。

页码计算中最重要的参数是总条数 total,观察 pager()函数的代码可知,其他数值的计算都依赖于总条数,因此 pager()一开始会检查总条数是否存在,并且总数要超过一页,即 total 要大于 pageSize。

pager()函数的返回值见表 4-2。

表中的页码数据可以参照页面显示效果来对比理解,如图 4-66 所示。

表 4-2　pager()分页函数的返回值

变　　量	意　　义	计　算　逻　辑
total	总条数	等于输入总条数 total
pageSize	分页大小	等于输入分页大小 pageSize
totalPage	总页数	表示共分多少页显示，注意即使最后一页的记录不能显示满一页，总页数也要按一页计算，因此 totalPage 用了 Math.ceil()向上取整
firstPage	第 1 页	通常为 1
prevPage	上一页	按输入当前页 page 计算上一页页码
nextPage	下一页	按输入当前页 page 计算下一页页码
lastPage	最后一页	等于总页数 totalPage
currentPage	当前页	等于当前页 page
allPages	页码数组	页码数组由所需显示的页码组成，会根据输入参数 scope 来缩小页码范围
offset	偏移量	offset 和 limit 用于传递给 find()方法的第 4 个参数所用，即提供给 SELECT 语句的 LIMIT 限制条数子句使用
limit	限制条数	作用同 offset

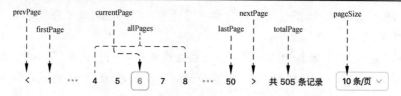

图 4-66　页码数据对应的显示效果

pager()函数的测试页面在/orm/page/calculate，页面方法调用 UserModel 的 pager()函数，观察其输出结果，代码如下：

```
//chapter04/09-pagination/test/test-orm.class.ts

@GetMapping("/orm/page/calculate")
async calculatePage(req, res) {
    const pages = this.userModel.pager(15, 376);
    log(pages);
    res.send("pages calculate result: " + JSON.stringify(pages));
}
```

运行程序，使用浏览器访问 http://localhost:8080/orm/page/calculate，从命令行即可观察页码计算的结果，如图 4-67 所示。

4.9.2　实现查询内置分页

分页和查询是关联的逻辑，框架要考虑的是如何将分页内置在查询里，方便开发者使用。这里对 findAll()进行了优化，以便加入 pager()函数的分页计算，代码如下：

```
[LOG] 2023-11-24 11:30:46 main.ts:16 (Main.main) start application
[LOG] 2023-11-24 11:30:46 express-server.class.ts:51 (Server.<anonymous>)
 server start at port: 8080
[LOG] 2023-11-24 11:30:52 test-orm.class.ts:49 (TestOrm.calculatePage) {
  total: 376,
  pageSize: 10,
  totalPage: 38,
  firstPage: 1,
  prevPage: 14,
  nextPage: 16,
  lastPage: 38,
  currentPage: 15,
  allPages: [
    11, 12, 13, 14, 15,
    16, 17, 18, 19, 20
  ],
  offset: 140,
  limit: 10
}
```

图 4-67　pager()函数返回的数据

```typescript
//chapter04/09-pagination/src/database/orm-decorator.ts

async findAll<T>(conditions: object | string, sort: string | object = '', fields: string |
[string] = '*', limit?: number | object): Promise<T[]> {
    //处理查询条件
    const { sql, values } = this.where(conditions);
    //处理所需字段
    if (typeof fields !== 'string') {
        fields = fields.join(", ");
    }
    //处理结果排序逻辑
    if (typeof sort !== 'string') {
        sort = Object.keys(sort).map(s => {
            return s + (sort[s] === 1 ? " ASC" : " DESC");
        }).join(", ");
    }
    //构建查询 SQL
    let newSql = 'SELECT ' + fields + ' FROM ' + this.table + ' WHERE ' + sql + " ORDER BY "
+ sort;
    //处理分页
    if (typeof limit === 'number') {
        //当分页参数只是简单的数值时直接拼装
        newSql += ' LIMIT ' + limit
    } else if (typeof limit === 'object') {
        //当分页参数是对象时,自动查询总记录数,然后进行分页计算
        const total = await actionQuery('SELECT COUNT(*) AS M_COUNTER FROM ' + this.table +
' WHERE ' + sql, values);
        if (total === undefined || total[0]['M_COUNTER'] === 0) {
            return [];
        }
        if (limit['pageSize'] !== undefined && limit['pageSize'] < total[0]['M_COUNTER']) {
            //使用 pager()方法进行分页计算
```

```
                const pager = this.pager(limit["page"] || 1, total[0]['M_COUNTER'], limit
["pageSize"] || 10, limit["scope"] || 10);
                newSql += 'LIMIT ' + pager['offset'] + ',' + pager['limit'];
                this.page = pager;
            }
        }
        return <T[]> await actionQuery(newSql, values);
    }
```

findAll()的调整有两方面,首先是 findAll()使用了泛型,限定返回的数组类型,方便进行类型检查。

然后 findAll()的参数除了查询条件 conditions 之外都进行了一些调整。

(1) 排序参数 sort,支持字符串或对象,当 sort 是字符串时会原样拼装 SQL 的排序语句,对象格式是新增的,当 sort 是对象时可用 −1 和 1 这两个值来表示字段排序方向,例如 {id:−1, name:1}会被拼装成 ORDER BY id desc, name asc。

(2) 返回字段 fields,支持字符串和数组,当 fields 是字符串时也是原样拼装 SQL 的字段语句,当 fields 是数组时,数组即所需的字段名。

(3) 限制条数 limit 是内置分页的重点,下面会详细介绍。

limit 参数支持字符串和对象格式,当 limit 是字符串时,limit 将被直接拼装到 SQL 语句的 LIMIT 子句,而当 limit 参数是对象时有 3 个属性,分别如下。

(1) page:当前页码。

(2) pageSize:分页大小。

(3) scope:分页范围。

limit 对象的 3 个属性和 pager()函数的 3 个同名参数是对应的,只是不需要总条数 total 参数,因为这里 findAll()对此进行了特殊处理。当 findAll()检查到 limit 参数是对象时会调用 findCount(),依据当前条件参数 conditions 查询有多少符合条件的记录,即记录总数 total。之后 total 和其他 3 个属性一起输入 pager()函数进行页码计算。

接着 findAll()会使用 pager()结果里的 offset 和 limit 属性拼装到 SELECT 语句的 LIMIT 子句,这样 SELECT 语句就能自动按 offset 和 limit 的限制查询结果。

这时 pager()的计算结果也会被同时赋值给 Model 的 this.page 变量,方便开发者在使用 findAll()后即可用 this.page 变量取得此次查询的页码数据。

findAll()分页功能的测试页面是/orm/pages,页面取 URL 网址的 id 参数作为当前页面的 page 值,代码如下:

```
//chapter04/09-pagination/test/test-orm.class.ts



@resource("user")
private userModel: UserModel;


@GetMapping("/orm/pages/:id")
```

```
async findPage(req, res) {
    const results = await this.userModel.findAll("1", { id: -1 }, "*", { page: req.query.
id, pageSize: 3 });
    log(results);
    log(this.userModel.page);
    res.send("pages find result: " + JSON.stringify(results));
}
```

findAll()的第 1 个参数为 1 表示不设查询条件,将返回整个 user 表的记录。第 2 个参数 {id:-1}表示按 id 倒序排列。第 3 个参数是字符串星号,表示获取所有字段。第 4 个参数 {page:req.query.id, pageSize:3}是对象格式,当前页 page 使用前端传入的 id 值,页面大小 pageSize 被设定为 3 条,以便记录每页,实际上还有 scope 参数,此参数的默认值为 10。

运行程序,使用浏览器访问 http://localhost:8080/orm/pages/1,可以看到有分页的记录输出,并且保存页码数据 this.userModel.page 变量也输出了 pager()的结果值,如图 4-68 所示。

```
[LOG] 2022-12-25 12:55:52 test-orm.class.ts:56 (TestOrm.findPage) [
    { id: 33, name: 'UserDto 33' },
    { id: 31, name: 'UserDto 31' },
    { id: 30, name: 'UserDto 30' }
]
[LOG] 2022-12-25 12:55:52 test-orm.class.ts:57 (TestOrm.findPage) {
    total: 10,
    pageSize: 3,
    totalPage: 4,
    firstPage: 1,
    prevPage: 1,
    nextPage: 2,
    lastPage: 4,
    currentPage: 1,
    allPages: [ 1, 2, 3, 4 ],
    offset: 0,
    limit: 3
}
```

图 4-68 分页查询记录,输出分页数据

4.9.3 小结

本节为查询方法 findAll()增加了分页功能,开发者使用 findAll()时无须自己计算记录总数和计算页码,findAll()会在底层完成这些工作,直接返给开发者分页后的记录和页码数据,非常简便。

分页逻辑的实现关键是计算总数和提供 SELECT 的 LIMIT 子句。在 findAll()集成分页的过程中有所体现:

(1) findAll()底层使用 findCount()方法自动查询符合条件的总数,调用 pager()函数计算分页数据。

(2) pager()函数根据分页条件预先计算好 LIMIT 子句参数,返给 findAll()拼装 SQL 语句,以便 findAll()只获取当前页面的记录。

4.10 数据源读写分离

框架已具备两种风格的数据操作功能,本节将统一两种数据操作的数据源,实现多数据源的读写分离功能,使其更具实际生产力。

4.10.1 数据源

数据源(Data Source)顾名思义是数据的来源,数据源是提供特定数据的存储软件或外部服务,例如 4.1.2 节 Docker 运行的 MySQL 服务可以看作本地数据源。开发者的程序可以和数据源建立连接,存取数据,从而实现业务目标。如同指定文件路径即可在文件系统中找到文件一样,每个数据源都有特定的连接信息。

从开发者的角度看,数据源和数据库的概念稍有区别,一套数据库连接信息就是一个数据源,而一个数据库可以提供多个数据源。例如在本地 MySQL 创建 master 和 slave 两个数据库,如图 4-69 所示。

图 4-69 本地 MySQL 创建两个新数据源

图 4-69 中 master 和 slave 两个数据库的连接信息并不相同,因此它们是两个不同的数据源,两者连接信息的代码如下:

```
"mysql" : {
    "master" : {
        "host":"localhost",
        "user": "root",
        "password": "123456",
        "database": "master",
        "port": 3306
    },
    "slave" : {
        "host":"localhost",
        "user": "root",
        "password": "123456",
        "database": "slave",
        "port": 3306
    }
}
```

上述的连接信息,只要其中一项稍有区别(如端口号、库名称、用户名等)都能够看作不同数据源,如图 4-70 所示。

之所以对数据源按连接信息进行区分,是因为每个连接信息所指向的数据内容都有可能不同。例如 MySQL 开启不同的端口号表示其运行了两套数据库实例,两个实例的数据极有可能是完全不同的,而即便在同一个数据库,不同的用户账号,其数据的可见范围和操作权限也可能不同,因此也不能看作同一个数据源。

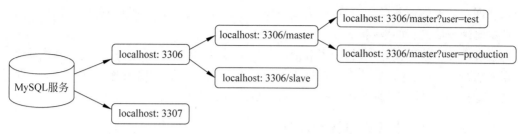

图 4-70　每个特定的连接信息都可以看作一个数据源

将数据源视作编程中基础的数据来源具有现实意义，可以帮助开发者依据不同的数据源来制定不同的数据存取策略。

4.10.2　主从数据库架构

为了应对 Web 程序同一时刻大量地读写服务库的高并发场景，避免数据库因压力过大而崩溃，开发者在服务器架构设计上，通常会采用主从数据库架构。

主从数据库是两个不同的数据源，主从数据库之间会通过一些既定策略进行数据同步，确保主从数据库数据的一致性。

主从数据库架构的设计基于一个生产实践得出的结论：Web 应用程序的业务逻辑，读取数据的频次比写入及修改数据的频次要高很多，读写比例通常可达到 1000∶1 以上，而且就当前各种数据库产品写数据的存储器条件和写入操作复杂度而言，写入操作耗费的系统资源也远比读取数据要高。

因此，频次低、资源占用高的写入操作通常被放到主数据库上进行，即增、删、改等操作的对象是主数据库。主数据库会自动将写入操作记录和数据都同步到从数据库。

频次高、资源占用较低的查询操作集中在从数据库上进行。架构上可以设置多个从数据库，有助于架构的横向扩展，分散查询压力，如图 4-71 所示。

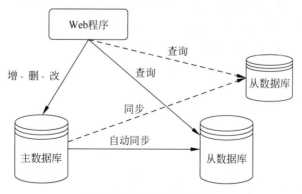

图 4-71　数据库主从架构

通常情况下，主数据库不会执行查询操作，然而，存在例外情况。因为当主数据库的数据同步到从数据库时，数据的传输会存在一定的延迟，因此，在某些需要在修改数据后立即获取并展示数据的业务场景中,可能需要考虑在主数据库上同时进行读写操作,以确保程序能够实时地获取最新的数据。

在应用程序编码设计阶段,为了分散读写压力,通常将增加、删除和修改等操作放在主数据库执行,而查询操作则放在从数据库执行。这种数据存取策略被称为读写分离。读写分离通常由 Web 框架或特殊的数据中间件提供支持。

4.10.3 设计多数据源机制

设计多数据源机制需要从程序配置入手,数据源就是不同的数据库连接配置,因此框架设计了 3 种数据源的配置场景:

(1) 单主配置,即单个数据源连接。适用于中小规模应用或者数据库压力不大的业务。单个数据源的配置是第 1 层级的连接信息配置。

(2) 一主一从配置,即一个主数据库一个从数据库,适用于数据库读写分离策略的服务器配备。一主一从的配置的第 1 层级是 master 和 slave 两项,分别对应主数据库和从数据库的连接信息。

(3) 一主多从配置,即一个主数据库多个从数据库,适用于高并发应用程序的服务器配备。一主多从配置的第 1 层级是 master 和 slave 两项,master 项是主数据库的连接信息,而 slave 项配置为数组格式,对应多个从数据库连接信息。

三种配置方式如图 4-72 所示。

此外,数据源配置还有 PoolOptions 字段,将 PoolOptions 字段设置为正整数可开启数据库连接池,PoolOptions 指代连接池的大小。数据库连接池(Connection Pool)能够复用数据库连接,从而提高连接性能。

数据库连接池技术维护一个活跃连接的缓存列表,称为连接池。程序会优先在连接池内部新建数据库连接实例,当连接实例使用完毕后,实例不会被销毁,而是存放在连接池供再次连接使用,不必每次重新创建连接。连接池还会动态地增加或减少池内实例,使池内实例的数量和实际需要的数量达到性能和资源占用的最佳平衡。

创建数据库连接所耗费的性能较大,并且创建过程耗费时间比较多,因此在生产环境中,采用数据库连接池能够带来显著的性能提升。

4.10.4 内置多数据源实现

21min

数据源抽象类是 DataSourceFactory,它提供了数据库的执行和读取两种数据连接,代码如下:

```
//chapter04/10 - datasource/src/factory/data - source - factory.class.ts
export default abstract class DataSourceFactory {
    public abstract readConnection();
    public abstract writeConnection();
}
```

单个数据源

```
"mysql": {
  "host": "localhost",
  "user": "root",
  "password": "root",
  "database": "test",
  "port": 3306
},
```

单主

localhost: 3306/test?user=root&password=123456

一主一从

```
"mysql": {
  "master": {
    "host": "localhost",
    "port": "3306",
    "user": "root",
    "password": "123456",
    "database": "test"
  },
  "slave": {
    "host": "localhost",
    "port": "3306",
    "user": "root",
    "password": "123456",
    "database": "test"
  }
},
```

主数据库 master

从数据库 slave

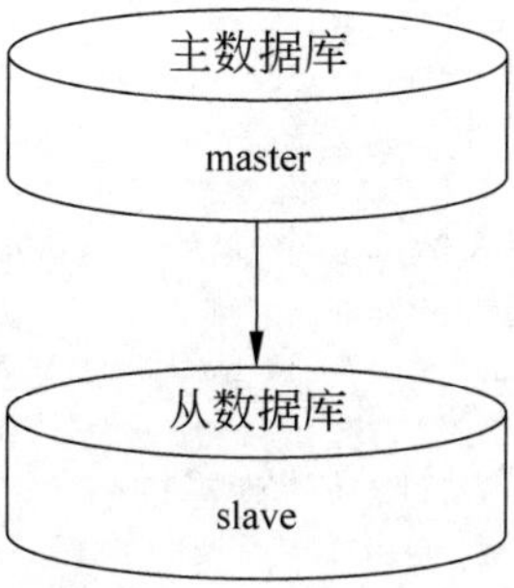

一主多从

```
"mysql": {
  "master": {
    "host": "localhost",
    "port": "3306",
    "user": "root",
    "password": "123456",
    "database": "test"
  },
  "slave": [
    {
      "host": "localhost",
      "port": "3306",
      "user": "root",
      "password": "123456",
      "database": "test"
    },
    {
      "host": "localhost",
      "port": "3306",
      "user": "root",
      "password": "123456",
      "database": "test"
    }
  ]
}
```

主数据库 master

从数据库 slave

从数据库 slave

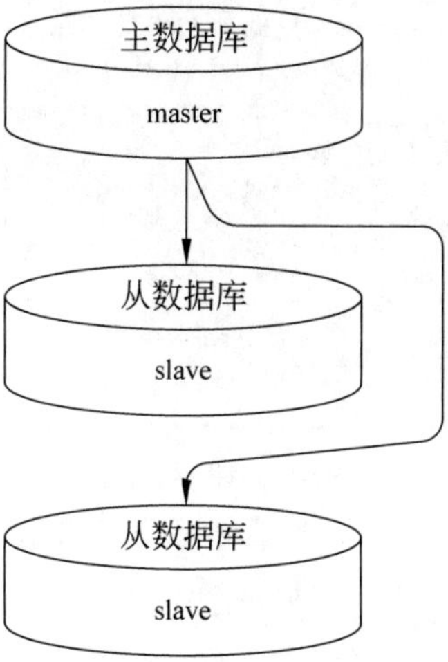

图 4-72　三种数据源的配置方式

DataSourceFactory 的 readConnection()方法和 writeConnection()方法分别用于获取查询连接和执行连接,它们分别对应了 4.6.1 节的 actionQuery()和 actionExecute()两个底层数据接口,在增、删、改、查等数据操作的底层使用 readConnection()方法和 writeConnection()方法来代替之前的 pool.query()方法,代码如下:

```typescript
//chapter04/10 - datasource/src/database.decorator.ts

//SQL 执行函数
async function actionExecute(newSql, sqlValues): Promise<ResultSetHeader> {
    const writeConnection = await getBean(DataSourceFactory).writeConnection();
    const [result] = await writeConnection.query(newSql, sqlValues);
    return <ResultSetHeader> result;
}
//SQL 查询函数
async function actionQuery(newSql, sqlValues, dataClassType?) {
    //获取读库连接
    const readConnection = await getBean(DataSourceFactory).readConnection();
    //查询
    const [rows] = await readConnection.query(newSql, sqlValues);
    if (rows === null || Object.keys(rows).length === 0 || !dataClassType) {
        return rows;
    }
    //循环赋值给数据类
    const records = [];
    for (const rowIndex in rows) {
        const entity = new dataClassType();
        Object.getOwnPropertyNames(entity).forEach((propertyRow) => {
            //匹配数据类的属性和结果字段
            if (rows[rowIndex].hasOwnProperty(propertyRow)) {
                Object.defineProperty(entity, propertyRow, Object.getOwnPropertyDescriptor(rows[rowIndex], propertyRow));
            }
        });
        records.push(entity);
    }
    return records;
}
```

由于 actionQuery()和 actionExecute()方法已经实现了读写分离操作,因此 DataSourceFactory 具备了读写分离的能力。

ReadWriteDb 是 DataSourceFactory 的默认实现类,也是实现多数据源配置的关键,代码如下:

```typescript
//chapter04/10 - datasource/src/default/read-write-db.class.ts

export default class ReadWriteDb extends DataSourceFactory {
    private readonly readSession;
```

```
private readonly writeSession;

//提供数据源对象
@bean
public getDataSource(): DataSourceFactory {
    if (!config("mysql")) {
        return null;
    }
    return new ReadWriteDb();
}

constructor() {
    super();
    const dbConfig = config("mysql");
    //处理多库配置
    if (dbConfig["master"] && dbConfig["slave"]) {
        this.writeSession = this.getConnectionByConfig(dbConfig["master"]);
        if (Array.isArray(dbConfig["slave"])) {
            //一主多从配置
            this.readSession = dbConfig["slave"].map(config => this.getConnectionByConfig(config));
        } else {
            //一主一从配置
            this.readSession = [this.getConnectionByConfig(dbConfig["slave"])];
        }
    } else {
        //单数据源配置
        this.writeSession = this.getConnectionByConfig(dbConfig);
        this.readSession = [this.writeSession];
    }
}

private getConnectionByConfig(config: object) {
    if (config["PoolOptions"] !== undefined) {
        //配置连接池
        if (Object.keys(config["PoolOptions"]).length !== 0) {
            config = Object.assign(config, config["PoolOptions"]);
        }
        return createPool(config).promise();
    } else {
        //仅使用连接
        return createConnection(config).promise();
    }
}

//获取读连接
public readConnection() {
    return this.readSession[Math.floor(Math.random() * this.readSession.length)];
}
```

```
    //获取写连接
    public writeConnection() {
        return this.writeSession;
    }
}
```

ReadWriteDb 类创建数据库连接的内部方法是 getConnectionByConfig（config：object），它的参数用于对数据源进行配置。getConnectionByConfig()判断配置是否存在 PoolOptions 选项，当 PoolOptions 存在时，需要开启连接池，使用 mysql 库的 createPool() 创建连接，而当不需要连接池时，使用 createConnection()创建连接。

ReadWriteDb 在 getDataSource()方法使用@bean 装饰器来返回新的 DataSourceFactory 实例，这里会先判断 mysql 配置项是否存在，如果不存在，则只返回 null，避免出现异常。

getDataSource()接着会创建 ReadWriteDb 对象，这时 ReadWriteDb 的构造函数 constructor()被执行，读取框架的 mysql 配置以生成读写连接。

constructor()首先判断数据库配置是否存在 master 和 slave 两个节点，如果两者都不存在，则意味着该配置是单个数据源的配置，直接将配置输入 getConnectionByConfig()创建 this. writeSession 写连接，然后把 this. writeSession 赋值给 this. readSession 读连接。这样做是因为在配置单个数据源时，读和写连接是相同的。需要注意读连接变量 this. readSession 是一个数组，当前 this. writeSession 是数组的有且仅有一项，如图 4-73 所示。

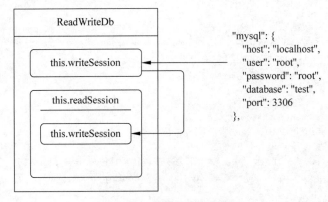

图 4-73　创建单个数据源

当 mysql 配置存在 master 和 slave 节点时，master 配置项会用来创建写连接 this. writeSession，接着检查 slave 配置项是否是数组格式，当 slave 只有单个连接信息时，这是一主一从的配置，因此 slave 配置创建的连接会被放到 this. readSession 数组里，this. readSession 数组有且仅有这一个读连接，如图 4-74 所示。

当 slave 配置是数组时，循环数组的每个配置项来创建读连接，并将这些读连接赋值给 this. readSession 数组，对应一主多从的数据库配置，如图 4-75 所示。

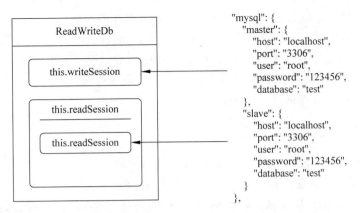

图 4-74　一主一从的配置实现

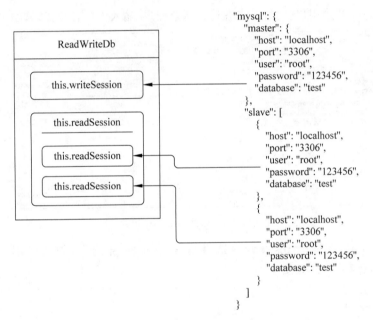

图 4-75　一主多从的配置实现

ReadWriteDb 类的 writeConnection() 方法返回写链接 this.writeSession，而 readConnection() 读连接的返回方式略有不同，this.readSession 是数组，因此 readConnection() 会随机从 this.readSession 里抽取一个链接并返回，代码如下：

```
public readConnection() {
    return this.readSession[Math.floor(Math.random() * this.readSession.length)];
}
```

读连接的随机选择也可以理解为分散从数据库压力的一个策略。从数据库的选择策略主要有以下几种。

（1）随机选择：适用于多从数据库平衡分散查询操作的场景。

（2）主备从数据库：由主要的从数据库负责大部分查询操作，备份从数据库的作用是在主要从数据库出现压力过大时作为补充，常见于多从数据库性能不均等的场景。

（3）专用从数据库：不同的从数据库对应特定的业务查询。在各业务查询压力相差较远或重点保障特定业务查询性能时采用。

4.10.5　测试多数据源

至此框架完成了多数据源的配置接入，接着进行测试。

4.10.1 节提到过数据源是以连接信息为单位的，因此只需在原有本地数据库上创建一个只读账号，其连接信息用作从数据库的数据源，即可对多数据源的读写分离进行测试。

1. 创建只读账号

打开 DBeaver 侧边用户一栏，右击并选择新建用户，输入用户名和密码，如图 4-76 所示。

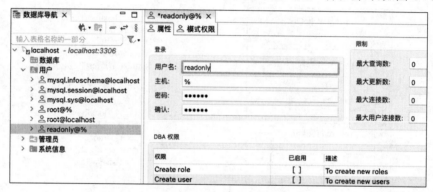

图 4-76　新建 readonly 用户

转到模式权限栏，选择 test 库，表选择％，即 test 全部的表，勾选启用 readonly 账号 Select 的权限，保存即可，如图 4-77 所示。

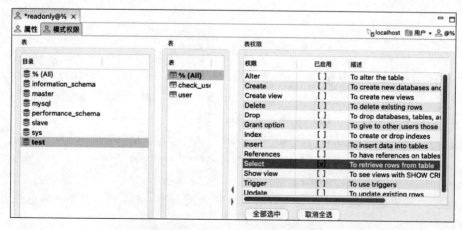

图 4-77　赋予 readonly 只读权限

新的数据库连接账号 readonly 即可用于查询操作。

2．验证只读账号

按 4.1.3 节的方法用 readonly 账号连接上 localhost，打开 user 表，修改其中的字段，保存时将提示 UPDATE command denied to user 'readonly'，即 readonly 账号没有 UPDATE 的权限，如图 4-78 所示。

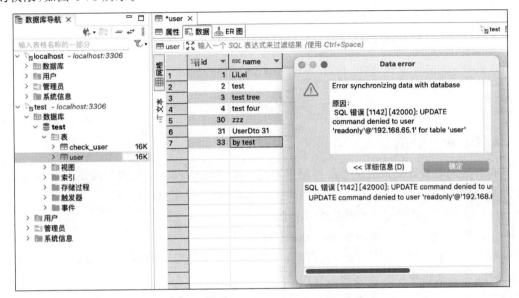

图 4-78　readonly 账号没有 UPDATE 权限

3．多数据源配置

随后将 readonly 账号的连接信息设置在 mysql 的 slave 节点，从而构成一主一从的配置，代码如下：

```
//chapter04/10-datasource/test/config.json
"mysql" : {
    "master" : {
        "host":"localhost",
        "user": "root",
        "password": "123456",
        "database": "test"
    },
    "slave" :[{
        "host":"localhost",
        "user": "readonly",
        "password": "123456",
        "database": "test"
    }]
}
```

完成上述配置，执行程序，在 ReadWriteDb 类里打印 this.writeSession 和 this.readSession，可以看到 this.writeSession 是 PromiseConnection 连接实例，而 this.readSession 是数组，数组项是 PromiseConnection 实例，证明了多数据源的读写连接已经生效。

另外，也可以打开本章的各个数据库读写页面，观察这些查询或者新增等操作页面是否和原来一样操作正常，如图 4-79 所示。

```
→ cd chapter04/09-datasource
→ ts-node test/main.ts
this.writeSession:  PromiseConnection { ... }
this.readSession:  [ PromiseConnection { ... } ]
[LOG] 2023-11-27 16:42:28 main.ts:16 (Main.main) start application
[LOG] 2023-11-27 16:42:28 express-server.class.ts:49 (Server.<anonymous>) server start at port: 8080
```

图 4-79　多数据源配置输出读写实例

4.10.6　小结

本节实现了多数据源的读写分离配置功能。采用主从数据库架构实现读写分离策略，这是 Web 程序在高并发场景的最佳实践之一。该策略有着明显的好处：

（1）写库保证数据写入的稳定性和速度。

（2）多个读库可分散业务查询压力，便于横向扩展。

读写分离策略和 4.5 节介绍的缓存机制实际上都是利用 Web 业务读取数据频次相比写入数据的频次高很多的特点而采取的性能优化方案。

框架实现多数据源的关键点在于制定一套数据源的配置规则，可以支持单个数据源、一主一从和一主多从等常见的数据源组合，再利用框架原先已经拆分读写的 actionExecute() 和 actionQuery() 两个底层函数，可以无缝实现读写分离功能。

第 5 章 常用服务

对象管理、路由系统、数据操作组成了 Web 框架三大基础模块,三大模块共同实现 Web 业务的基础架构。在日益多变的 Web 业务开发场景下,开发者还需要使用一些外部服务来满足业务需求,本章将介绍这些常见的外部服务在框架内的集成和应用。

5.1 消息队列功能

25min

消息队列服务是在服务器端开发中比较常见的外部服务之一,尤其是在分布式架构的场景下,异构服务之间的消息是系统各部分通信交互的主要手段。

5.1.1 RabbitMQ

RabbitMQ 是消息队列服务最具代表性的方案之一。RabbitMQ 服务器采用高级消息队列协议(Advanced Message Queuing Protocol,AMQP)是不同的服务之间进行通信,以及进行消息队列处理工作。

RabbitMQ 是基于 MPL 协议开源的消息队列服务软件,是软件商 LShift 提供的 AMQP 协议的实现,其开发语言是以高性能、健壮及可伸缩性著称的 Erlang 语言。

RabbitMQ 消息队列服务的主要作用是在不同程序之间进行通信。以学校或公司门岗举例,如图 5-1 所示。

当左边的外卖/快递小哥往门岗放上一份商品时,门岗会通知消费者取走商品。这时门岗的作用就相当于 RabbitMQ,从图 5-1 可得出 RabbitMQ 的几个特点:

(1) 接收生产者的信息并主动通知消费者取走。RabbitMQ 可以让消息在生产者和消费者所代表不同的应用程序之间传递起来。

(2) 生产者和消费者双方的逻辑互不依赖。门岗的存在让两边的人员在不需要接触对方的情形下完成各自的事情。同样地,RabbitMQ 两边的程序,即生产者和消费者也是相互独立的,只顾完成自身的业务逻辑,甚至两者由两种不同编程语言写成,因此,RabbitMQ 能够使双方隔离,确保其中一方的代码修改不会影响到另一方。

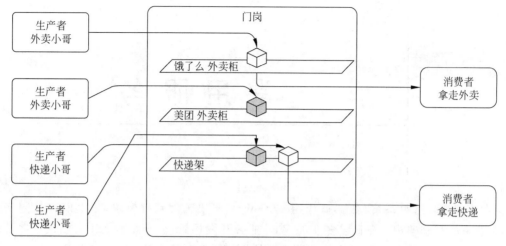

图 5-1　门岗是通信的关键桥梁

（3）具备访问削峰能力。削峰是指在高并发的访问场景下，把不同时刻大小不一的并发请求平均分摊，使每个单位时间内，只有固定数量的请求达到 Web 程序进行处理，确保系统不会被瞬间的高流量冲垮。正如图 5-1 的门岗，当消费者数量不足以处理当前商品时，商品会被暂时保留在门岗，等消费者完成前一单的商品消费后再取用。同样 RabbitMQ 具备存储堆积消息的能力，让消费者在保证自身稳定的前提下持续地进行消费处理。

（4）生产者和消费者具备横向扩展能力。RabbitMQ 支持多个生产者和消费者的使用。在任一方需要增加服务器数量时，新加的服务器只需进行简单配置就能接入 RabbitMQ 服务。

学习 RabbitMQ，需要了解以下两个概念。

（1）队列（Queues）：RabbitMQ 存放消息的载体。消费者程序监听着指定的队列，队列一旦有新的消息，RabbitMQ 就会通知这些消费者收取消息。

（2）交换机（Exchanges）：RabbitMQ 接收消息的载体。一个或者多个队列通常会绑定在某个交换机上，当生产者的消息被发送至该交换机时，RabbitMQ 会给绑定到该交换机的队列都投递一份消息。

注意：生产者的消息也可以直接被发送到队列，供监听该队列的消费者使用。对比使用交换机-队列的消息传递方式，直接使用队列收发消息的方式缺乏灵活性，只适用于较简单的消息传递的场合。

RabbitMQ 的主要作用是消息通知。Web 业务模块之间的联动就会产生通知信息，模块间的通知关系主要有两类：

（1）一对一的通知关系。一对一是同一个业务逻辑的前后两个步骤被拆分到不同的模块进行，因此需要模块间的通信调度，例如直播 App 的直播间送礼物操作。礼物模块给信令模块发送通知,信令模块便发送指令,让 App 播放送礼物的效果如图 5-2 所示。从实现角度而言就是仅有单个队列绑定交换机,生产者和消费者是固定的两个模块。

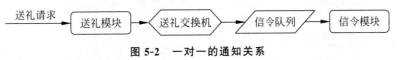

图 5-2　一对一的通知关系

(2) 一对多的通知关系,一对多是一个业务逻辑引发的连锁反应。例如一些 App 购买 VIP 可赠送多种特权,其业务逻辑是用户成功购买 VIP 时,VIP 模块会将购买消息发送到特定的交换机,该交换机绑定了多个队列,当交换机把消息投递到这些队列时,监听这些队列的各个特权模块便会收到消息,独立完成对应的特权赠送工作,如图 5-3 所示。

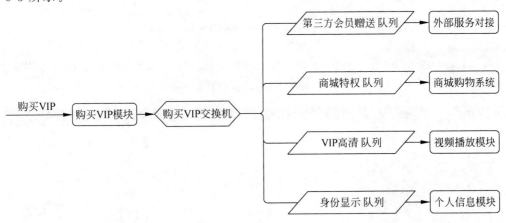

图 5-3　一对多的通知关系

5.1.2　安装 RabbitMQ

RabbitMQ 的安装可以使用图形化的 Docker Desktop,也可以使用 Docker 命令行,本节分别介绍这两种安装方式。

1. Docker Desktop 安装 RabbitMQ

打开 Docker Desktop 搜索 rabbitmq,选择第 1 个带 DOCKER OFFICIAL IMAGE 的结果,tags 选择 3-management,这是带有 Web 管理界面的版本,如图 5-4 所示,单击 Run 按钮即可拉取 RabbitMQ 镜像。

当完成拉取镜像时,Docker Desktop 会弹出 Run a new container 窗口,可对即将运行的容器进行配置,这时需要填 5672 和 15672 这两个端口,如图 5-5 所示,其中 5672 是 RabbitMQ 服务器端口,Web 程序将通过 5672 端口访问 RabbitMQ 的服务,而 15672 是 Web 管理界面的端口,开放此端口可以用浏览器管理 RabbitMQ。

图 5-4　Docker Desktop 安装 RabbitMQ

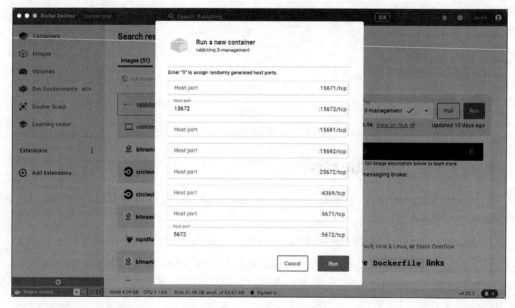

图 5-5　配置 RabbitMQ 服务器端口

继续单击 Run 按钮,直至 RabbitMQ 启动完成,如图 5-6 所示。

2. Docker 命令行安装 RabbitMQ

Docker 命令行安装 RabbitMQ 较简单,只需配置 5672 和 15672 这两个端口,镜像版本是带 Web 管理界面的 rabbitmq:3-management,命令如下:

图 5-6　RabbitMQ 启动

```
docker run -d -p 5672:5672 -p 15672:15672 rabbitmq:3-management
```

运行此命令会拉取 RabbitMQ 镜像并启动，如图 5-7 所示。

```
→ docker run -d -p 5672:5672 -p 15672:15672 rabbitmq:3-management
Unable to find image 'rabbitmq:3-management' locally
3-management: Pulling from library/rabbitmq
aece8493d397: Pull complete
0bad3308be27: Pull complete
ca76882761f4: Pull complete
65ac125bb9d3: Pull complete
954cc608bc1f: Pull complete
0e24cc318b16: Pull complete
0ab5f9b79ead: Pull complete
c3f7b98f0943: Pull complete
1ab39b729432: Pull complete
86a8db8757e2: Pull complete
45ca1c3ee0f3: Pull complete
80af2fdc97ed: Pull complete
Digest: sha256:fe80978eb1d442d2fd48cc389f033f4b51c3ce923ba5db2b8c47f79683acd85c
Status: Downloaded newer image for rabbitmq:3-management
2f12bb812ff5182e1b407a186e21dae8b047b33af42d194cab126afcdb0db273
```

图 5-7　命令行安装 RabbitMQ

3．登入管理界面

RabbitMQ 启动后，使用浏览器打开 http://localhost:15672/，可以看到 RabbitMQ 的 Web 管理界面，如图 5-8 所示。

管理界面的 Username 和 Password 默认都是 guest，输入后单击 Login 按钮即可看到 Web 管理界面，如图 5-9 所示。

图 5-8 登入管理界面

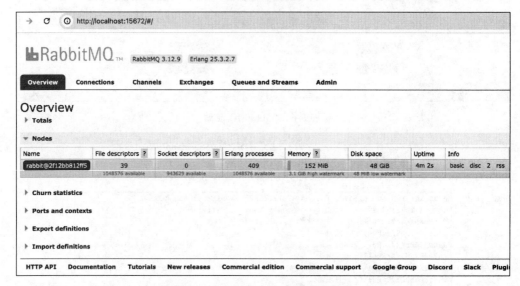

图 5-9 RabbitMQ 的 Web 管理界面

5.1.3 创建交换机和队列

本节介绍如何在 Web 管理界面上创建交换机和队列,以及如何对它们进行绑定。

1. 创建交换机

单击菜单 Exchanges 一栏,打开交换机列表界面,在页面底部的 Add a new exchange 表单填写新的交换机名称 myexchanges,如图 5-10 所示。

其他选项保持默认,单击 Add exchange 按钮即可在列表看到新创建的交换机,如图 5-11 所示。

2. 创建队列

单击菜单 Queues and Streams 一栏,打开队列界面。在页面底部 Add a new queue 表单填写新队列名称 myqueues,如图 5-12 所示。

其他选项保持默认,单击 Add queue 按钮即可看到列表的新建队列,如图 5-13 所示。

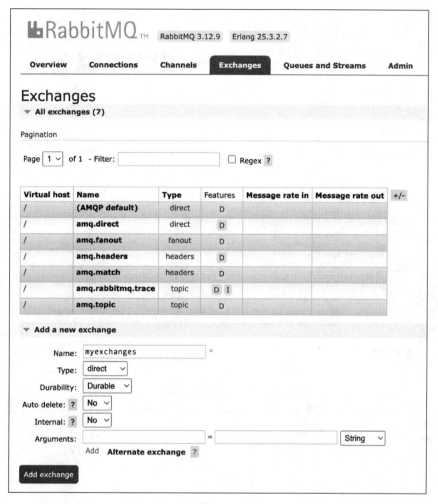

图 5-10　填写新交换机名称

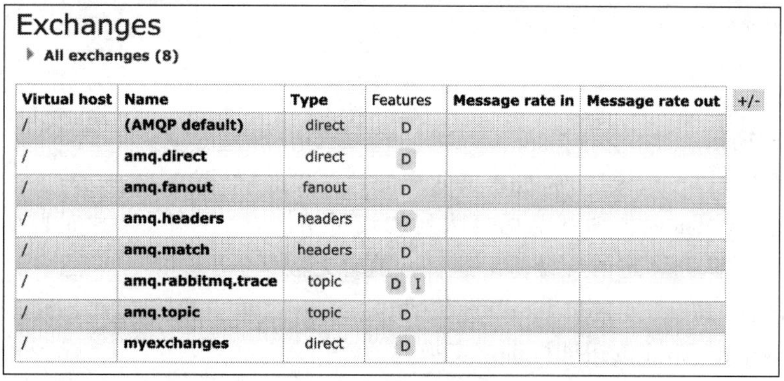

图 5-11　完成创建交换机

图 5-12　填写新队列名称

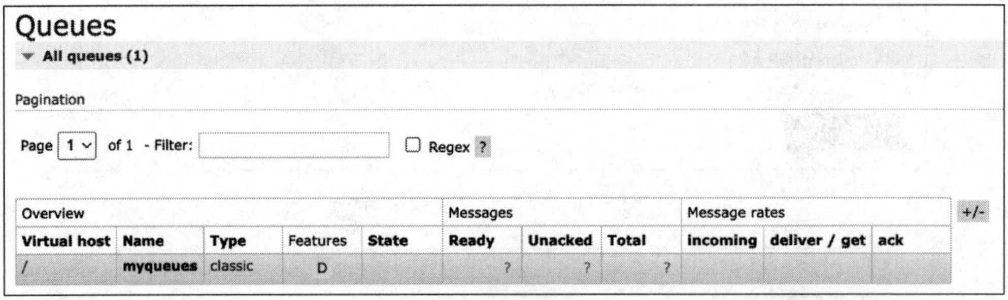

图 5-13　完成创建队列

3. 绑定交换机

单击新建的 myqueues 队列,进入该队列的管理界面,如图 5-14 所示。

该界面的 Overview 视图可以观察队列的流量情况,Consumers 栏是监听此队列的消费者,Bindings 是队列绑定的交换机。这些目前暂无数据。

在 Bindings 栏的底部 Add binding to this queue 表单里填写前面创建的交换机名称 myexchanges,单击 Bind 按钮即可绑定交换机。

这时 Bindings 栏会显示交换机和队列的绑定关系,如图 5-15 所示。

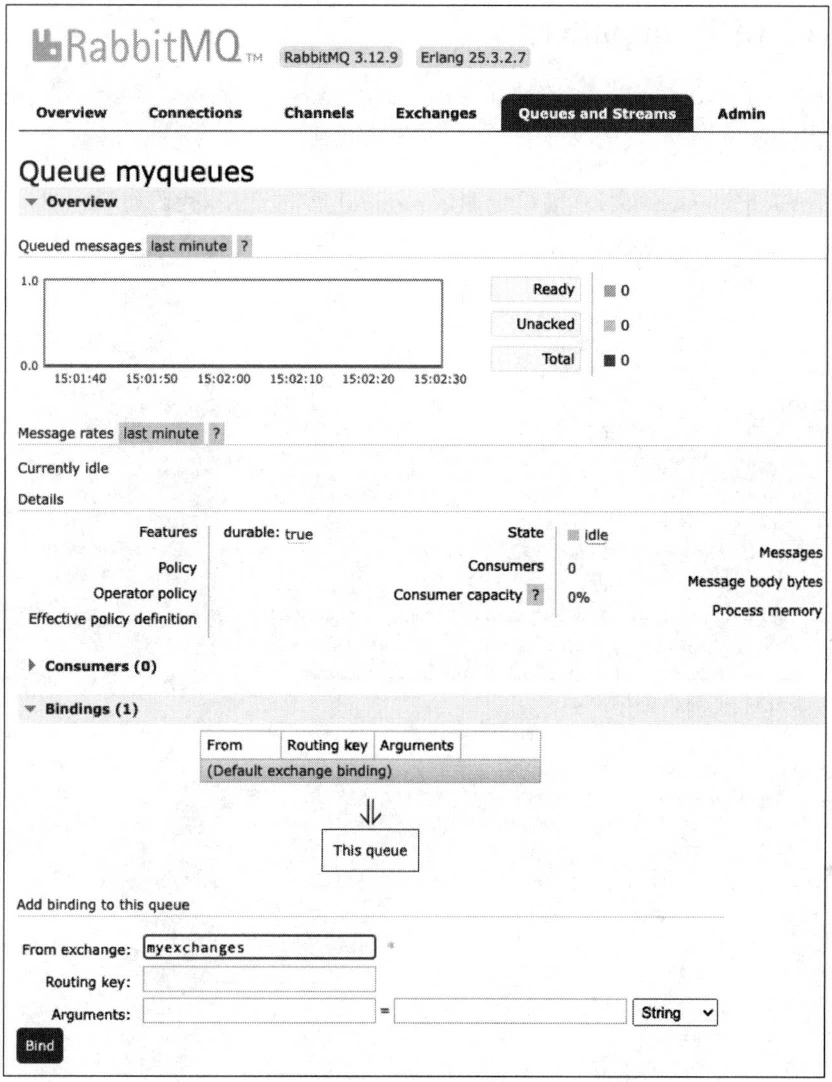

图 5-14　队列管理界面

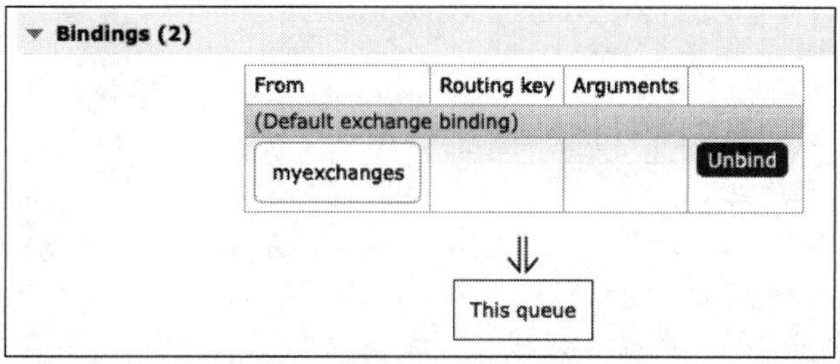

图 5-15　绑定交换机

5.1.4　使用 amqplib 库

RabbitMQ 使用 amqplib 库,安装命令如下:

```
npm install amqplib
```

新增 test-mq.class.ts 文件,简单地测试 amqplib 库的使用,代码如下:

```typescript
//chapter05/01-message/test/src/test-mq.class.ts

import { component, getMapping } from "../../../";
import { connect } from "amqplib";

@component
export default class TestMq {
    @getMapping("/mq/sendByQueue")
    async sendMq() {
        const queue = 'myqueues';
        const text = "hello world, by queue";
        //开启 RabbitMQ 连接
        const connection = await connect('amqp://localhost');
        //创建通道
        const channel = await connection.createChannel();
        //检查队列是否存在
        await channel.checkQueue(queue);
        //将消息发送到队列
        channel.sendToQueue(queue, Buffer.from(text));
        console.log(" [x] Sent by queue '%s'", text);
        //关闭通道
        await channel.close();
        return "sent by queue";
    }

    @getMapping("/mq/sendByExchange")
    async sendMq2() {
        const exchange = 'myexchanges';
        const text = "hello world, by exchange";
        //开启 RabbitMQ 连接
        const connection = await connect('amqp://localhost');
        //创建通道
        const channel = await connection.createChannel();
        //检查交换机是否存在
        await channel.checkExchange(exchange);
        //将消息发送到交换机
        channel.publish(exchange, '', Buffer.from(text));
        console.log(" [x] Publish by exchange '%s'", text);
        //关闭通道
        await channel.close();
        return "sent by exchange";
```

```
    }
    @getMapping("/mq/listen")
    async testMq() {
        //开启 RabbitMQ 连接
        const connection = await connect('amqp://localhost');
        //创建通道
        const channel = await connection.createChannel();
        const queue = 'myqueues';
        const queue2 = 'myqueues2';
        //检查队列 queue 是否存在
        await channel.checkQueue(queue);
        //检查队列 queue2 是否存在,如果不存在,则创建队列
        await channel.assertQueue(queue2);
        //监听队列 queue,如果收到消息,则调用回调函数打印输出
        await channel.consume(queue, (message) => {
            console.log(" [x] Received '%s'", message.content.toString());
        }, { noAck: true });
        //监听队列 queue2,如果收到消息,则调用回调函数打印输出
        await channel.consume(queue2, (message) => {
            console.log(" [x] Received queue2 '%s'", message.content.toString());
        }, { noAck: true });
        return "ok";
    }
}
```

TestMq 类有 3 个页面方法 sendMq()、sendMq2() 和 testMq(),下面分别介绍它们的作用。

1. 监听队列

在 5.1.1 节介绍消费者需要监听队列,获取队列消息并进行处理。监听队列的页面方法是 testMq(),方法里首先创建 RabbitMQ 的连接和 channel。channel 是处理消息的通道,每次对 RabbitMQ 进行操作都必须先创建通道,通道可复用。

channel 使用 checkQueue() 方法检查队列 myqueues 的有效性,然后使用 assertQueue() 方法检查 myqueues2 的有效性。对比 checkQueue() 方法,assertQueue() 方法可以在队列不存在时自动创建队列,因此这里会自动创建 myqueues2 队列,如图 5-16 所示。

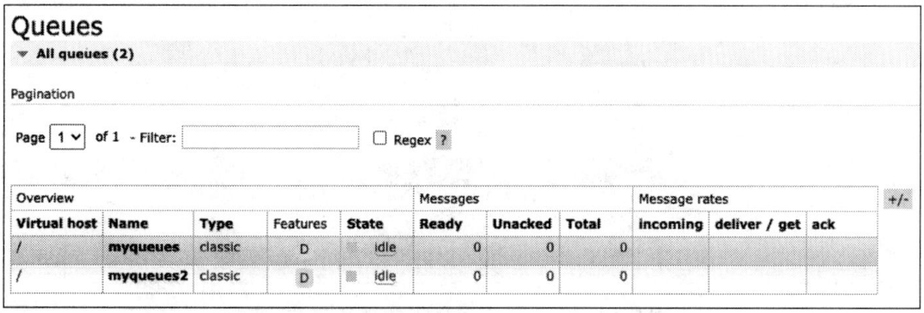

图 5-16 assertQueue() 方法创建新队列

接下来 channel 使用 consume() 方法监听队列，consume() 方法有 3 个参数，分别如下：
(1) 监听的队列名称，本例中是 queue 变量。
(2) 回调函数，用于接收队列消息进行处理，回调函数的参数 message 是接收到的信息。回调函数的内容是把接收的信息输出在命令行。
(3) 接收消息的配置，这里将 noAck 配置为 true 表示无须给 RabbitMQ 回复确认。

运行程序，使用浏览器访问 http://localhost:8080/mq/listen，即可开启监听功能，这时命令行并没有输出消息。

打开 RabbitMQ 的管理界面，在队列一栏可见 myqueues2 队列已经创建，如图 5-16 所示。单击其中的一个队列，如图 5-17 所示，在消费者 Consumers 列表可以看到新的消费者，其 IP 则是当前机器的 IP。

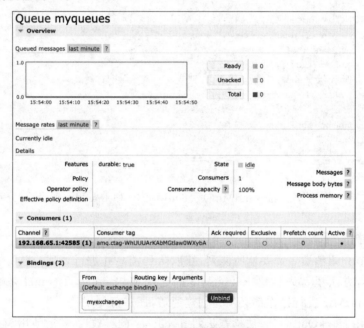

图 5-17　队列的消费者列表

队列消费者是跟随 channel 而存在的，因此当按快捷键 Ctrl＋C 结束程序时，消费者列表就消失了，如图 5-18 所示。

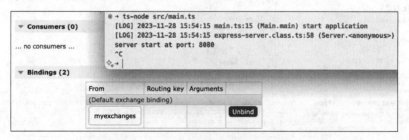

图 5-18　停止程序后队列的消费者消失

2. 发送消息

TestMq 类的 sendMq()、sendMq2()方法都用于发送消息,两者的区别是 sendMq()直接将消息发送到队列,而 sendMq2()将消息发送给交换机。

将消息发送到队列,同样先使用 channel 的 checkQueue()或 assertQueue()来确保队列存在,然后使用 channel.sendToQueue()方法发送消息,注意消息内容需要用 Buffer.from()函数转换成 Buffer 内容。

将消息发送到交换机,首先使用 channel 的 checkExchange()方法或 assertExchange()方法来确认交换机的存在,assertExchange()方法也能够在交换机不存在时创建交换机。

注意:当使用 assertExchange()方法创建交换机时,还要用 channel.bindQueue(queue,exchange)方法来将交换机绑定到队列,从而使新交换机的消息得到处理。

然后使用 channel.publish()方法来将消息发送到交换机,消息内容同样需要使用 Buffer.from()函数进行转换,代码如下:

```
channel.publish(exchange, '', Buffer.from(text));
```

运行程序,必须先访问 http://localhost:8080/mq/listen 以开启监听队列,然后打开 http://localhost:8080/mq/sendByQueue 将消息发送到队列。在管理界面的 myqueues 队列页面里,可以看到 Message rates 一栏会显示消息的速率,证明消息已经被发送到队列,如图 5-19 所示。

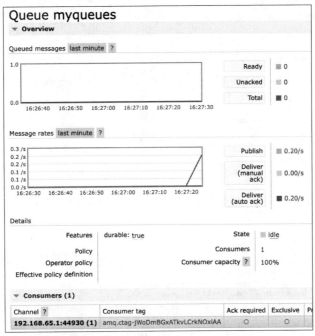

图 5-19 队列界面显示消息的速率

另外，由于消息马上被 testMq() 方法监听到并消费了，因此在 Queued message 一栏并没有显示，或者说速度太快而没来得及显示。

这时在命令行可以看到 sendMq() 打印了发送消息的日志，而 testMq() 接收到消息并将消息打印了出来，如图 5-20 所示。

```
→ ts-node src/main.ts
[LOG] 2023-11-28 16:26:41 main.ts:15 (Main.main) start application
[LOG] 2023-11-28 16:26:41 express-server.class.ts:58 (Server.<anonymous>)
server start at port: 8080
 [x] Sent by queue 'hello world, by queue'
 [x] Received 'hello world, by queue'
```

图 5-20 消息被接收并显示输出

同样，使用浏览器访问 http://localhost:8080/mq/sendByExchange 也可以看到 myexchanges 交换机界面显示了消息的速率，如图 5-21 所示。

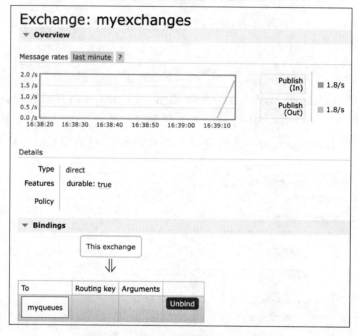

图 5-21 交换机界面显示消息的速率

这时监听队列的 testMq() 页面在命令行输出了 sendMq2() 发送给交换机的消息，如图 5-22 所示。

```
→ ts-node src/main.ts
[LOG] 2023-11-28 16:41:45 main.ts:15 (Main.main) start application
[LOG] 2023-11-28 16:41:45 express-server.class.ts:58 (Server.<anonymous>)
server start at port: 8080
 [x] Sent by queue 'hello world, by queue'
 [x] Received 'hello world, by queue'
 [x] Publish by exchange 'hello world, by exchange'
 [x] Received 'hello world, by exchange'
```

图 5-22 显示交换机绑定的队列消息

5.1.5 监听消息装饰器

从 RabbitMQ 的使用情况可以看到，主要的操作是监听消息及发送消息，因此本节和 5.1.6 节将分别讲述如何将两者集成到框架。

监听消息需要标识监听的是哪个队列，并且要提供接收处理消息的函数体，因此框架设计了@rabbitListener 带参数的方法装饰器作为监听消息装饰器。

@rabbitListener 装饰器的参数是带监听的队列名称，装饰的方法是接收到消息进行处理的方法，其逻辑和 5.1.4 节的 channel.consume()方法相对应。

@rabbitListener 装饰器的代码如下：

```
//chapter05/01-message/src/default/rabbitmq.class.ts

let rabbitConnection = null;
//获取通道函数,确保通道唯一,并且当程序关闭时退出
async function getChannel() {
    if (rabbitConnection === null) {
        rabbitConnection = await connect(config("rabbitmq"));
        process.once('SIGINT', async () => {
            await rabbitConnection.close();
        });
    }
    const channel = await rabbitConnection.createChannel();
    return channel;
}
//RabbitMQ 监听队列装饰器
function rabbitListener(queue: string) {
    return (target: any, propertyKey: string) => {
        (async function () {
            //创建通道
            const channel = await getChannel();
            //检查队列是否存在
            await channel.checkQueue(queue);
            //监听队列 queue,如果收到消息,则调用当前被装饰的方法
            await channel.consume(queue, target[propertyKey], { noAck: true });
        }());
    }
}
```

rabbitmq.class.ts 的全局变量 rabbitConnection 用于存放 RabbitMQ 的链接实例，@rabbitListener 装饰器和发送消息的 RabbitMQ 类都使用了该链接实例，因此 rabbitConnection 是全局变量。

getChannel()方法会检查 rabbitConnection 是否已经被初始化，如果未被初始化，则将使用程序的 rabbitmq 配置项进行 RabbitMQ 链接实例化操作。需要注意 getChannel()用了 process.once('SIGINT')方法设置在程序关闭时调用 rabbitConnection.close()方法来关闭 RabbitMQ 链接，以确保链接资源得到释放。

rabbitmq 的配置项的代码如下：

```
//chapter05/01-message/test/src/config.json
"rabbitmq": {
    "protocol": "amqp",
    "hostname": "127.0.0.1",
    "port": 5672,
    "username": "guest",
    "password": "guest"
}
```

@rabbitListener 装饰器的代码和 channel.consume() 方法的使用类似，首先从 getChannel() 方法取得本次通信的 channel，然后检查队列是否存在，之后将被装饰的方法 target[propertyKey] 作为 channel.consume() 的第 2 个参数，启动队列的监听。

注意：由于 amqplib 库是异步操作的，因此 RabbitMQ 类和 @rabbitListener 装饰器都使用 async/await 异步关键字进行编码。

在 TestMq 类编写 listen() 方法，用 @rabbitListener 进行装饰，观察其是否可以达到和 /mq/listen 页面相同的效果，代码如下：

```
//chapter05/01-message/test/src/test-mq.class.ts

@rabbitListener("myqueues")
public async listen(message) {
    log(" Received by Decorator '%s'", message.content.toString());
}
```

运行程序，无须先访问 /mq/listen 页面，访问 http://localhost:8080/mq/sendByQueue，即可看到 listen() 方法收到消息的日志输出，如图 5-23 所示。

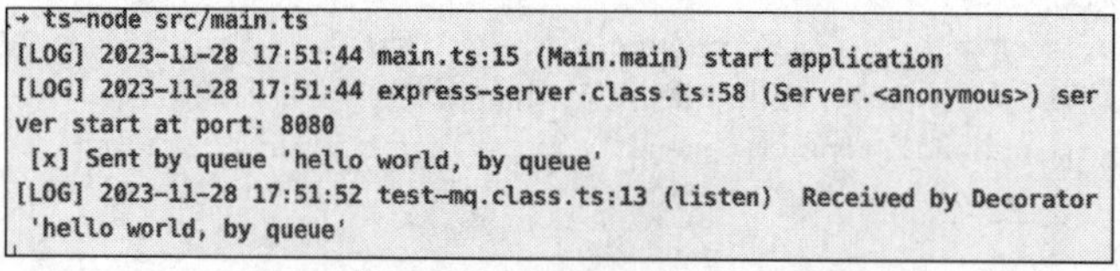

```
→ ts-node src/main.ts
[LOG] 2023-11-28 17:51:44 main.ts:15 (Main.main) start application
[LOG] 2023-11-28 17:51:44 express-server.class.ts:58 (Server.<anonymous>) ser
ver start at port: 8080
 [x] Sent by queue 'hello world, by queue'
[LOG] 2023-11-28 17:51:52 test-mq.class.ts:13 (listen)  Received by Decorator
 'hello world, by queue'
```

图 5-23 @rabbitListener 装饰器监听消息

5.1.6 注入发送消息方法

rabbitmq.class.ts 文件导出了 RabbitMQ 类，由于 RabbitMQ 类的实例化方法 getRabbitMQ() 被 @bean 装饰，因此它可以被 @autoware 注入其他类里使用。getRabbitMQ() 有检查 RabbitMQ 的配置项的逻辑，避免在没有配置 RabbitMQ 时使用。

RabbitMQ 类提供了将消息发送到交换机的 publish() 方法和将消息发送到队列的 send() 方法，这两个函数分别是 publishMessageToExchange() 和 sendMessageToQueue()

的别名。

publishMessageToExchange()和 sendMessageToQueue()逻辑基本类似，先从 getChannel()获取当前 RabbitMQ 的链接实例，然后用 channel.checkExchange()和 channel.checkQueue()检查交换机和队列，接着使用 channel.publish()和 channel.sendToQueue()发送消息，代码如下：

```
//chapter05/01 - message/src/default/rabbitmq.class.ts

class RabbitMQ {
    //提供 RabbitMQ 对象
    @bean
    public getRabbitMQ(): RabbitMQ {
        if (!config("rabbitmq")) {
            return null;
        }
        return new RabbitMQ();
    }

    //将信息发布到交换机
    public async publishMessageToExchange(exchange: string, routingKey: string, message: string): Promise<void> {
        const channel = await getChannel();
        await channel.checkExchange(exchange);
        channel.publish(exchange, routingKey, Buffer.from(message));
        await channel.close();
    }

    //将消息发送到队列
    public async sendMessageToQueue(queue: string, message: string): Promise<void> {
        const channel = await getChannel();
        await channel.checkQueue(queue);
        channel.sendToQueue(queue, Buffer.from(message));
        await channel.close();
    }

    //publishMessageToExchange()方法的别名
    public async publish(exchange: string, routingKey: string, message: string): Promise<void> {
        await this.publishMessageToExchange(exchange, routingKey, message);
    }

    //sendMessageToQueue()方法的别名
    public async send(queue: string, message: string): Promise<void> {
        await this.sendMessageToQueue(queue, message);
    }
}
```

这时在 TestMq()中加入 sendByMQClassExchange()和 sendByMQClassQueue()来测试上述两种方法，代码如下：

```
//chapter05/01 - message/test/src/test-mq.class.ts

@component
export default class TestMq {

    //注入 RabbitMQ 对象
    @autoware
    private rabbitMQ: RabbitMQ;

    //用 RabbitMQ 装饰器监听队列
    @rabbitListener("myqueues")
    public async listen(message) {
        log(" Received by Decorator '%s'", message.content.toString());
    }

    @getMapping("/mq/sendByMQClassExchange")
    async sendByMQClassExchange() {
        //将消息发布到 myexchanges 交换机
        await this.rabbitMQ.publish("myexchanges", "", "hello world, by MQClass Exchange");
        return "sent by MQClass";
    }

    @getMapping("/mq/sendByMQClassQueue")
    async sendByMQClassQueue() {
        //将消息发送到 myqueues 队列
        await this.rabbitMQ.send("myqueues", "hello world, by MQClass Queue");
        return "sent by MQClass";
    }
}
```

运行程序,使用浏览器分别打开/mq/sendByMQClassExchange 和/mq/sendByMQClassQueue 两个页面,即可看到@rabbitListener()装饰的 listen()会输出 RabbitMQ 分别发送的两次消息,如图 5-24 所示。

```
→ ts-node src/main.ts
[LOG] 2023-11-28 18:13:10 main.ts:15 (Main.main) start application
[LOG] 2023-11-28 18:13:10 express-server.class.ts:58 (Server.<anonymous>) server start at port: 8080
[LOG] 2023-11-28 18:13:13 test-mq.class.ts:13 (listen)  Received by Decorator 'hello world, by MQClass Exchange'
[LOG] 2023-11-28 18:13:39 test-mq.class.ts:13 (listen)  Received by Decorator 'hello world, by MQClass Queue'
```

图 5-24 RabbitMQ 类成功发送消息

注意:在后续的代码里,装饰在 listen()方法的@rabbitListener()注释被屏蔽了,避免开发者在启动程序时会自动监听而出现异常,读者在需要时可打开。

5.1.7 小结

本节讲解了框架内置 RabbitMQ 消息队列功能的实现。消息队列的核心是消息的传递,因此需要监听队列及发送消息两部分功能：

（1）@rabbitListener 装饰器是标记了监听队列的方法,其参数是队列名称,当消息被投递到队列时,该方法便会被执行。

（2）RabbitMQ 类使用 @bean 提供了注入对象,使用 @autoware 装饰器标记 RabbitMQ 的实例,在代码中即可调用 RabbitMQ 的 send() 和 publish() 方法将消息发送出去。

这两个功能均延续了框架的编码风格,方便开发者直接使用消息队列功能。

5.2 Socket.IO 即时通信

即时通信（Instant Messaging）是较为常见的高阶开发需求之一,本节将基于 Socket.IO 实现框架的即时通信功能。

5.2.1 Socket.IO

Socket.IO 是一个即时通信库,在客户端和服务器端之间实现低延迟、双向和基于事件的通信。Socket.IO 支持多端互联的即时通信,在服务器端、Web 端、移动端均有对应的开发包,它具备以下优势。

（1）稳定：Socket.IO 项目是一个非常成熟的开源项目,有大量的项目使用案例。

（2）易用：Socket.IO 采用基于事件的通信设计,采用与 Node.js EventEmitter 相似的编码方式,对 JavaScript/TypeScript 开发者较为友好,如图 5-25 所示。

图 5-25 Socket.IO 的事件通信

通常即时通信会提到 WebSocket 技术,WebSocket 是基于 HTTP 的即时通信实现,Socket.IO 和 WebSocket 的关系如下：

Socket.IO 底层采用 WebSocket 作为首选的通信协议,但正如 Socket.IO 官方文档提到的,"Socket.IO 不是 WebSocket 的实现",因此 Socket.IO 不能直接连接 WebSocket 服务。

Socket.IO 在实际开发中通常被看作 WebSocket 的替代方案,相比 WebSocket,前者提供了对更多额外通信功能的支持,具体有以下两方面：

（1）在不支持 WebSocket 协议的场景下,Socket.IO 提供了降级方案,如长轮询等技术,确保即时通信在所有场景都能正常运作。

(2) Socket.IO还提供了重连检测、数据离线缓存、ACK确认、广播、多路复用等功能,而WebSocket需要额外编程才能实现这些功能。

5.2.2 即时通信

即时通信功能在小游戏、聊天应用、网页的推送通知等场景都有十分广阔的应用空间。

注意:本书仅限于讨论在Web开发中常见的即时通信场景,不展开更大范围的方案讲述,如大型网络游戏等。

即时通信技术需要关注4个重点,如图5-26所示。

(1) 认证:即时通信的安全保障和用户鉴别基础,提供连接检查、用户识别、会话ID等技术实现。

(2) 事件:即时通信的通信基础,基于事件的编码逻辑屏蔽底层各种通信细节,让开发者可以专注于编写收发事件的代码,极大地降低了开发复杂度。

(3) 房间(Room):实现通信的分组机制,拓宽即时通信的应用范围。

(4) 断线:保证通信正常运作的重要机制,提供断线事件处理、在线连接管理等实现,是极易被忽略但十分重要的一点。

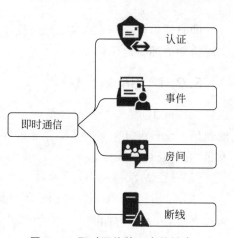

图5-26 即时通信的4个关键点

网络游戏是即时通信的典型应用之一,如图5-27所示为即时通信的4个关键点在游戏里的体现。

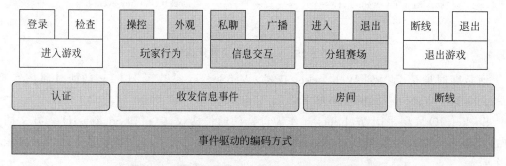

图5-27 即时通信的4个关键点在游戏中的体现

(1) 在玩家进入游戏时,游戏服务要进行认证,验证玩家的合法性。需要注意的是,认证的作用不局限于登录时对用户名和密码的验证,它还需要对每次游戏与服务器的连接都进行检查,类似于在 3.8.5 节提到的 JWT 鉴权的逻辑。

(2) 游戏内玩家的各种行为,以及玩家间的交互等,其底层的实现都依赖于事件通信,而且事实上包括认证、房间、断线逻辑等在内的各种逻辑,也是特殊的事件种类。开发时采用事件驱动的方式进行编码。

(3) 具体的游戏内容时常需要进行分组,如限定人数的对抗或合作的比赛。这都是将少部分玩家接入一个分组内进行通信的逻辑实现。这就是即时通信的房间概念。

(4) 当玩家退出游戏或在网络不佳的情况下掉线时,断线逻辑将起作用,它能够检查玩家的连接情况,继而重新连接服务器或断开连接等。尤其在对实时性要求较高的游戏里,断线逻辑往往是最难处理的部分。

实现一套完善的即时通信功能,就需要实现这 4 个关键点的逻辑,更具体点说就是实现这四类事件的监听及提供相应的处理方案。

5.2.3 使用 Socket.IO

Socket.IO 的设计抽象了服务及连接两部分,即 io 对象和 socket 对象。io 对象表示整个 Socket.IO 应用服务,io 对象提供广播信息、配置服务参数、处理底层信息等功能。当 io 对象的连接事件(onConnected)发生时,表示有新的连接接入,新的连接将产生一个 socket 对象。socket 对象提供单个连接的消息收发、进入或退出房间、断线逻辑、异常捕获等功能。

Socket.IO 服务器端使用的是 NPM 库,安装命令如下:

```
npm install socket.io
```

Socket.IO 的初步使用集中在下面 3 个文件。

(1) src/default/socket-io.class.ts:开启 Socket.IO 服务,提供 @SocketIo.onEvent 装饰器。

(2) app/src/test-io.class.ts:使用 @SocketIo.onEvent 装饰器监听 test 事件,并显示测试页面。

(3) app/src/views/socket.html:测试 Socket.IO 连接服务器和收发信息的页面。

Socket.IO 的装饰器与框架的其他装饰器有所不同的是,Socket.IO 的装饰器是类的静态方法,其使用和函数作为装饰器的使用并无差异,只是名称会长一些。使用 Socket.IO 的静态方法装饰器的代码如下:

```
//chapter05/02-socket-io/part1/app/src/test-io.class.ts

@component
export default class TestIo {

    //注入 Socket.IO 对象
    @resource()
    public socketIo: SocketIo;
```

```typescript
        //测试接收事件
        @SocketIo.onEvent("test")
        public connection(socket, message) {
            console.log(message);
            //使用两种方式发送广播
            this.socketIo.sockets.emit("test","test-from-server2");
            socket.emit("test", "test-from-server3");
        }

        //显示页面
        @getMapping("/socketIo")
        public socketIoPage(req, res) {
            res.render("socket");
        }
}
```

connection()方法的装饰器@SocketIo.onEvent()是类静态方法装饰器,这种装饰器的命名较为统一,可直观地看出其属于SocketIo系列的装饰器。@SocketIo.onEvent()的作用是当test事件发生时执行connection()方法。

@SocketIo.onEvent()的代码暂时用于测试,比较简单,代码如下:

```typescript
//chapter05/02-socket-io/part1/src/default/socket-io.class.ts

//创建Socket.IO对象
const ioObj:IoServer = new IoServer({
    cors: {
        origin: "http://localhost:8081"
    }
});
class SocketIo extends IoServer {
    //静态方法装饰器
    public static onEvent(event: string) {
        return (target: any, propertyKey: string) => {
            ioObj.on("connection", (socket) => {
                //监听事件
                socket.on(event, (message) => {
                    ioObj.emit("test", "test-from-server1");
                    target[propertyKey](socket, message);
                });
            });
            //启动Socket.IO服务
            ioObj.listen(8085);
        }
    }
}
export { SocketIo }
```

代码中全局变量ioObj是Socket.IO的io对象,表示整个Socket.IO服务。ioObj变量在文件开始时被实例化,接着在@SocketIo.onEvent装饰器里调用ioObj.on("connection")方法监听连接事件。

每次新的 Socket.IO 客户端连接成功时，ioObj.on() 就会收到 connection 事件，这里需要注意以下两点：

（1）每个连接只会触发一次 connection 事件。

（2）当 connection 事件发生时，回调函数的 socket 暂时没有具体数据，connection 事件只是表示连接在网络底层连接成功，但是具体内容并没有开始传输。

ioObj.on() 当收到 connection 事件时会执行回调函数，回调函数的参数是 socket 对象，表示此次的连接对象。socket 对象用 socket.on(event) 监听网页端的发送 event 事件。

在回调函数里使用 ioObj.emit() 发送名为 test 的全局广播信息，检查网页端能否收到确认信息。接下来在事件里执行被装饰的方法 target[propertyKey]()，输入 socket 对象和接收的信息。在文件的最后，ioObj.listen(8085) 开启 Socket.IO 服务，监听 8085 端口。

由于 8085 端口和 Web 服务器端口 8080 形成了跨域连接，因此要在 Socket.IO 实例化时进行跨域设置，代码如下：

```
const ioObj:IoServer = new IoServer({
    cors: {
        origin: "http://localhost:8080"
    }
});
```

这里可以设置为允许 8080 端口的地址进行跨域访问，还可以设置如连接超时、重试次数、服务路径、传输包大小等相关参数。这些在后续都将实现为 Socket.IO 的程序配置。

socketIoPage() 方法会输出 socket.html 页面，作为网页端连接 SocketIO 服务进行测试，代码如下：

```
//chapter05/02-socket-io/part1/app/src/views/socket.html

<html>

<head>
    <title>Socket Test</title>
    <!-- 引入 Socket.IO 客户端库 -->
    <script src="https://cdn.socket.io/4.7.1/socket.io.min.js"></script>
    <script>
        var io = io('http://localhost:8085');
        io.on('connect', function() {
            console.log('connected');
        });
        io.on('test', function(data) {
            console.log(data);
        });
    </script>
</head>
<body>
<!-- 发送广播按钮 -->
```

```
<button onclick = "io.emit('test', 'test-from-client')">Send</button>
</body>
</html>
```

socket.html 页面首先引入 socket.io.min.js 库,这是 Socket.IO 页面端使用的 js 库。

接着使用 io('http://localhost:8085') 连接 Socket.IO 的 8085 端口,该操作会触发服务器端的 ioObj.on("connection") 事件。

然后由 io.on('connect') 监听连接成功的事件,这时页面端代码便能进行其他操作。io.on('test') 监听服务器端发送的 test 事件并输出消息,对应的是 ioObj.emit("test")。

socket.html 页面的 Send 按钮可将 test 事件发送给服务器端。

启动程序,使用浏览器访问网页 http://localhost:8080/socketIo,命令行会输出 connection 事件的打印信息,如图 5-28 所示。

```
→ ts-node app/src/main.ts
onEvent
onEvent-callback
[LOG] 2023-11-29 17:24:39 main.ts:16 (Main.main) start application
onEvent-connection
```

图 5-28 Socket.IO 收到 connection 事件

在网页端右击并选择检查,打开开发者工具观察控制台输出。单击页面中的 Send 按钮,可以看到控制台输出了来自服务器端发回的消息,如图 5-29 所示。

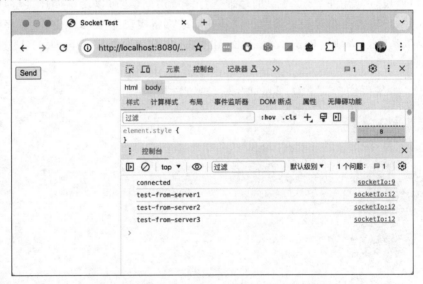

图 5-29 单击 Send 按钮网页接收到服务器端回复

控制台输出的 3 行信息分别如下:

(1) socket.on(event) 发送的 test-from-server1。

(2) @SocketIo.onEvent 装饰的 connection() 方法使用 this.socketIo.sockets.emit() 发送的 test-from-server2。

（3）@SocketIo.onEvent 装饰的 connection()方法使用 socket.emit()发送的 test-from-server3。

后两者分别使用注入的 this.socketIo 对象发送的消息和事件传入的 socket 对象发送的消息，可以理解成两者有着同等的作用。

现在保持网页打开状态，在命令行按快捷键 Ctrl+C 终止程序运行，再重新运行程序，命令行会输出 connection 事件被触发的日志，如图 5-30 所示。

```
→ ts-node app/src/main.ts
onEvent
onEvent-callback
[LOG] 2023-11-29 17:24:39 main.ts:16 (Main.main) start application
onEvent-connection
onEvent-socket test test-from-client
test-from-client
^C
→ ts-node app/src/main.ts
onEvent
onEvent-callback
[LOG] 2023-11-29 17:36:53 main.ts:16 (Main.main) start application
onEvent-connection
```

图 5-30　网页端断线重连触发 connection 事件

这是因为网页端在程序关闭后一直尝试断线重连，当服务器端程序再次启动时，网页端会自动连接并触发 connection 事件。这是 Socket.IO 断线重连机制起了作用。

5.2.4　与 Web 服务共用端口

接下来改良上述程序，让 Socket.IO 和 ExpressJS 的 Web 服务可以共用端口，并使用应用程序配置。

要使 Socket.IO 和 Web 服务共用端口，就要取得 ExpressJS 的 httpServer 对象，将其在 Socket.IO 实例化时输入 IoServer，经过 IoServer 内部处理即可实现共用端口。实现此过程的伪代码如下：

```
const httpServer = createServer(ExpressJS 对象);
ioObj = new IoServer(httpServer, Socket.IO 的配置);
httpServer.listen(端口);
```

首先进行的是 SocketIo 类的改造，新增静态方法 setIoServer(app, ioSocketConfig)，该方法的第 1 个参数是 httpServer 对象，用于输入 IoServer 实例化，第 2 个参数是 Socket.IO 的应用程序配置，此配置也会输入 IoServer，代码如下：

```
//chapter05/02-socket-io/part2/src/default/socket-io.class.ts

public static setIoServer(app, ioSocketConfig) {
    const httpServer = createServer(app);
    ioObj = new IoServer(httpServer, ioSocketConfig);

    //其余代码省略
```

```
            return httpServer;
    }
```

setIoServer()方法返回httpServer对象,此时httpServer对象在ExpressServer类里继续用于ExpressJS服务开启等操作,代码如下:

```
//chapter05/02-socket-io/part2/src/default/express-server.class.ts
export default class ExpressServer extends ServerFactory {
    ...
    @value("socket")
    private socketIoConfig: object;
    ...
    public start(port: number): any {
        ...
        if(this.socketIoConfig) {
            const newSocketApp = SocketIo.setIoServer(this.app, this.socketIoConfig);
            return newSocketApp.listen(port);
        }else{
            return this.app.listen(port);
        }
    }
    ...
}
```

ExpressServer类的start()方法增加了SocketIo.setIoServer()的调用,输入参数是当前的app对象和@value注入socket配置项,取得返回值后调用其listen()方法启动Web服务。

这时还需要修改socket.html页面,将其指向的Socket.IO服务地址端口改回8080,代码如下:

```
<head>
    <title>Socket Test</title>
    <script src="https://cdn.socket.io/4.7.1/socket.io.min.js"></script>
    <script>
        var socket = io('http://localhost:8080');
        socket.on('connect', function() {
            console.log('connected');
        });
    ...
```

程序启动后可以看到和5.2.3节演示的效果一样,可以正常连接上Socket.IO服务器。

5.2.5 开发Socket.IO装饰器

39min

Socket.IO收发消息功能基本已实现。在实际应用中框架还需要提供认证、断线处理、房间和错误捕获等功能,帮助开发者完成整个即时通信系统的开发。

这些功能对应了即时通信的4个关键点,其对应关系如图5-31所示。

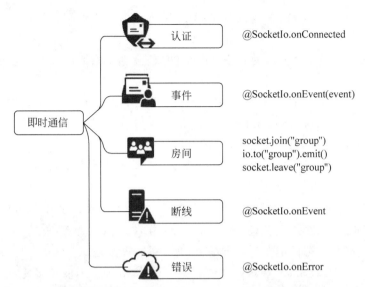

图 5-31 即时通信的 4 个关键点对应的装饰器功能

> **注意**：房间是对 socket 对象的操作，因此可使用 join() 和 leave() 等方法实现，无须设计成装饰器。

SocketIo 类的其他几个装饰器同样是静态方法，代码如下：

```
//chapter05/02-socket-io/part3/src/default/socket-io.class.ts

//监听事件装饰器
public static onEvent(event: string) {
    return (target: any, propertyKey: string) => {
        listeners["event"].push([target[propertyKey], event]);
    }
}
//错误处理装饰器
public static onError(target: any, propertyKey: string) {
    listeners["error"] = target[propertyKey];
}
//断线处理装饰器
public static onDisconnect(target: any, propertyKey: string) {
    listeners["disconnect"] = target[propertyKey];
}
//连接成功处理装饰器
public static onConnected(target: any, propertyKey: string) {
    listeners["connected"] = target[propertyKey];
}
```

@SocketIo.onEvent() 事件装饰器是 SocketIo 类装饰器中唯一带参数的方法装饰器，并且 @SocketIo.onEvent 可以用于装饰多种方法，表示监听多个事件。

@SocketIo.onEvent()的参数是事件名称,当网页端发送该名称的事件时,@SocketIo.onEvent()就会收到信息并执行被装饰的方法。

@SocketIo.onEvent()装饰的方法有两个参数,分别是当前连接的 socket 对象和收到的信息 message。

@SocketIo.onError 是错误处理装饰器,当@SocketIo.onEvent()装饰的方法出现错误时,框架便会启动@SocketIo.onError 装饰的方法以处理错误,@SocketIo.onError 只能被标记在一个方法上,统一处理即时通信的系统错误。

@SocketIo.onError 装饰的方法有两个参数,分别是当前连接的 socket 对象和传递本次错误信息的 err 对象。

@SocketIo.onDisconnect 是断线处理装饰器,当由于网页端关闭网页、网络中断等情形而断开连接时,框架便会启动 @SocketIo.onDisconnect 装饰的方法。@SocketIo.onDisconnect 同样只能被标记在一个方法上,统一处理断线逻辑。

@SocketIo.onDisconnect 装饰的方法有两个参数,分别是当前连接的 socket 对象和引起掉线的原因 reason。

@SocketIo.onConnected 是连接成功装饰器,当每个连接成功地连上服务时会被执行一次。

@SocketIo.onConnected 是构建即时通信系统的重要部分,@SocketIo.onConnected 可进行用户认证、请求鉴权、初始化用户数据、发送广播给其他用户等一系列处理。@SocketIo.onConnected 同样只能被标记在一个方法上,统一处理连接成功逻辑。

@SocketIo.onConnected 装饰的方法有两个参数,分别是当前连接的 socket 对象和 next 函数,next()函数在正常情况下可以忽略,仅当出现错误时可调用 next(错误信息)将错误转到@SocketIo.onError 进行处理。

上述几个装饰器的使用示例详见 5.2.6 节,这里先来介绍这些装饰器的具体实现过程,它们的执行逻辑保存在 setIoServer()方法中,代码如下:

```
//chapter05/02 - socket - io/part3/src/default/socket - io.class.ts

//将 Socket.IO 服务绑定到 Web 服务
public static setIoServer(app, ioSocketConfig) {
    const httpServer = createServer(app);
    //创建 Socket.IO 服务,注意参数为 Web 服务对象
    io = new IoServer(httpServer, ioSocketConfig);
    //Socket.IO 服务的全局中间件,其影响范围是整个服务
    io.use((socket, next) => {
        //当新连接建立时,执行连接成功处理装饰器
        if (listeners["connected"] !== null) {
            listeners["connected"](socket, async (err) => {
                if (listeners["error"] !== null && err) {
                    await listeners["error"](socket, err);
                }
```

```js
        });
    }
    next();
});
//连接成功事件
io.on("connection", (socket) => {
    //当收到断线事件时,执行断线处理装饰器
    if (listeners["disconnect"] !== null) {
        socket.on("disconnect", async (reason) => {
            await listeners["disconnect"](socket, reason);
        });
    }
    //Socket 级中间件,其影响范围是当前连接
    socket.use(async ([event, ...args], next) => {
        try {
            //遍历事件监听器,将事件分配到具体装饰器
            for (let listener of listeners["event"]) {
                if (listener[1] === event) {
                    await listener[0](socket, ...args);
                }
            }
        } catch (err) {
            next(err);
        }
    });
    //当出现错误时,执行错误处理装饰器
    if (listeners["error"] !== null) {
        socket.on("error", async (err) => {
            await listeners["error"](socket, err);
        });
    }
});
//返回 Web 服务对象
return httpServer;
}
```

@SocketIo.onConnected 装饰器的实现比较有意思,需要关注两点:

使用 io.use()来启动@SocketIo.onConnected 标记的方法,其做法类似中间件。只有这样@SocketIo.onConnected 才能做到在连接建立完成时立即获取本次连接的 socket 对象。如果把 @SocketIo.onConnected 放在 connection 事件的回调函数里执行,则@SocketIo.onConnected 只有在网页端发送第 1 次事件后才能取得 socket 对象,这时便无法在第 1 次事件之前对连接进行检查,容易形成只连接而不发送的攻击漏洞。

@SocketIo.onConnected 的错误处理并非直接用中间件的 next 函数,而是使用了仅有 err 参数的回调函数。这样做的好处是无须强制开发者在@SocketIo.onConnected 装饰的方法中调用 next()。

程序接下来处理 io.on("connection")事件逻辑,先检查事件名是否是 disconnect,当

disconnect 事件发生时表示网页端出现断线情况，转向执行 @SocketIo.onDisconnect 装饰器。

进入 io.on("connection") 代表连接成功后，首先看事件是不是 disconnect，由于 disconnect 事件代表了网页端已经断线，所以会执行 @SocketIo.onDisconnect 断线处理装饰器。

随后使用 socket.use() 来处理消息事件的分派，socket.use() 是 socket 对象的中间件写法。这里遍历每个 listeners["event"] 消息事件，当事件名匹配上 listeners["event"] 里的事件名时，执行相应的 @SocketIo.onEvent 事件装饰器。在循环之外使用 try catch 捕获事件循环产生的错误信息，一旦出现错误便转向 @SocketIo.onError。

同时，@SocketIo.onError 也会捕获名为 error 的事件进行处理。

上述装饰器的逻辑示意图如图 5-32 所示。

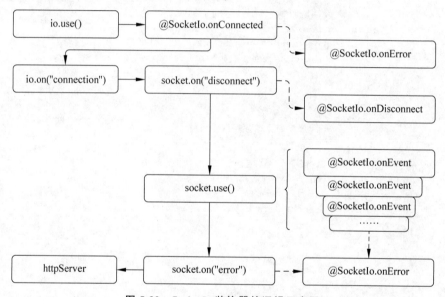

图 5-32　SocketIo 装饰器的逻辑示意图

5.2.6　测试即时通信功能

本节将通过开发即时聊天的简单示例，讲解用户认证、SocketIo 装饰器的使用及房间逻辑的开发。

1. 用户认证

在 3.8 节介绍了 Web 服务的鉴权过程，网页端将标识用户的 JWT 密钥附带在 HTTP 请求的头信息进行传输，Web 服务器收到请求时解析头信息，从而验证用户的合法性。

Socket.IO 的用户认证逻辑同样是把认证密钥附带在传输信息里，由服务器端取得并进行检查，如图 5-33 所示。

网页端初始化 Socket.IO 连接时，可将需要传输的参数输入 io() 方法，在服务器端接收

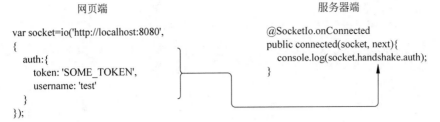

图 5-33　Socket.IO 传输附带认证信息

@SocketIo.onConnected 事件时，即可从 socket 对象的 handshake 属性里取得这些参数进行验证。

现在来对上述过程进行测试，在 @SocketIo.onConnected 装饰的 connected() 方法里输出 socket.handshake.auth，代码如下：

```
//chapter05/02-socket-io/part3/app/src/test-socket.class.ts

@SocketIo.onConnected
public connected(socket, next) {
    console.log(socket.handshake.auth);
}
```

页面端在 io() 调用的第 2 个参数中输入 auth 值，代码如下：

```
//chapter05/02-socket-io/part3/app/src/views/socket.html

var socket = io('http://localhost:8080', {
    auth: {
        token: 'SOME_TOKEN',
        username: 'test'
    }
});
```

运行程序，打开地址 http://localhost:8080/socketIo，即可看到从 socket 对象的 handshake 属性取得了网页端传递的 auth 信息，如图 5-34 所示。

```
→ ts-node app/src/main.ts
[LOG] 2023-11-30 16:14:20 main.ts:16 (Main.main) start application
{ token: 'SOME_TOKEN', username: 'test' }
```

图 5-34　从 socket 对象的 handshake 属性取得 auth 信息

2. SocketIo 装饰器的使用

TestSocket 类使用了上述装饰器，同时输出 socket.html 页面，代码如下：

```
//chapter05/02-socket-io/part3/app/src/test-socket.class.ts

@component
export default class TestSocket {
```

```typescript
//准备两个用户名
static names = ["LiLei", "HanMeiMei"];

//记录当前在线用户
static loginUsers: Map<string, string> = new Map<string, string>();

//连接成功
@SocketIo.onConnected
public connected(socket, next) {
    //取出用户名
    let name = TestSocket.names.pop();
    //将该用户设置为在线状态
    TestSocket.loginUsers.set(socket.id, name);
    //发送广播,通知所有用户
    io.sockets.emit("all", "We have a new member: " + name);
}

//某个客户端断线
@SocketIo.onDisconnect
public disconnect(socket, reason) {
    //发送广播,通知所有用户
    io.sockets.emit("all", "We lost a member by: " + reason);
}

//该事件将触发错误
@SocketIo.onEvent("test-error")
public testError(socket, message) {
    throw new Error("test-error");
}

//错误处理
@SocketIo.onError
public error(socket, err) {
    //发送广播,通知所有用户
    io.sockets.emit("all", "We have a problem!");
}

//接收 say 事件,即客户端发送的消息
@SocketIo.onEvent("say")
public say(socket, message) {
    //发送广播,并附带当前发送消息者的 ID
    io.sockets.emit("all", TestSocket.loginUsers.get(socket.id) + " said: " + message);
}

//该事件会让客户端加入一个房间
@SocketIo.onEvent("join")
public join(socket, message) {
    socket.join("private-room");
```

```
        //对该房间发送广播,附带当前加入房间的客户端ID
        io.to("private-room").emit("all", TestSocket.loginUsers.get(socket.id) +
" joined private-room");
    }

    //该事件会让客户端离开一个房间
    @SocketIo.onEvent("leave")
    public leave(socket, message) {
        socket.leave("private-room");
        //给房间内余下的客户端发送广播,附带退出房间的客户端ID
        io.to("private-room").emit("all", TestSocket.loginUsers.get(socket.id) +
" leaved private-room");
    }

    //该事件会在房间内发送广播
    @SocketIo.onEvent("say-inroom")
    public sayInRoom(socket, message) {
        io.to("private-room").emit("all", TestSocket.loginUsers.get(socket.id) + " said
in Room: " + message);
    }

    //显示Socket.IO测试页面
    @getMapping("/socketIo")
    public socketIoPage(req, res) {
        res.render("socket");
    }
}
```

socket.html 页面增加了 6 个按钮和对应事件的发送操作,分别是发送消息、加入房间、离开房间、房间内广播、错误测试和关闭连接,代码如下：

```
//chapter05/02-socket-io/part3/app/src/views/socket.html

<html>
<head>
    <title>Socket Test</title>
    <script src="https://cdn.socket.io/4.7.1/socket.io.min.js"></script>
    <script>
        var socket = io('http://localhost:8080');
        socket.on('connect', function() {
            console.log('connected');
        });
        socket.on('all', function(data) {
            console.log(data);
        });
    </script>
</head>
<body>
<button onclick="socket.emit('say', 'I say some thing')">发送消息</button>
```

```
<button onclick = "socket.emit('join', 'I want to join the room')">加入房间</button>
<button onclick = "socket.emit('leave', 'I want to join the room')">离开房间</button>
<button onclick = "socket.emit('say-inroom', 'say some in room')">房间内广播</button>
<button onclick = "socket.emit('test-error', 'this is a error')">错误测试</button>
<button onclick = "socket.close()">关闭连接</button>
</body>
</html>
```

1) @SocketIo.onConnected

@SocketIo.onConnected用于装饰connected()方法,当有新的连接触发时,connected()方法从names变量里取一个名字,赋值给loginUsers变量。

loginUsers变量的格式是键-值对,它的键是socket.id,socket.id是识别连接的唯一ID值,可作为此次连接的标识。loginUsers变量的值是从names取得的用户名,这里便将该用户名和此次连接绑定起来。

注意:在实际应用中,通常会将连接和对应的用户信息存放到Redis或者数据库里,方便分布式环境的其他服务器读取。

保存用户信息后,程序通过io.sockets.emit()发送事件名为all的全局广播,告诉所有在线的网页端有新的用户加入。

测试该广播的逻辑,运行程序,用第1个浏览器打开http://localhost:8080/socketIo,然后用第2个浏览器打开同样的地址,可以看到前者的控制台输出We have a new member: LiLei的广播信息,如图5-35所示。

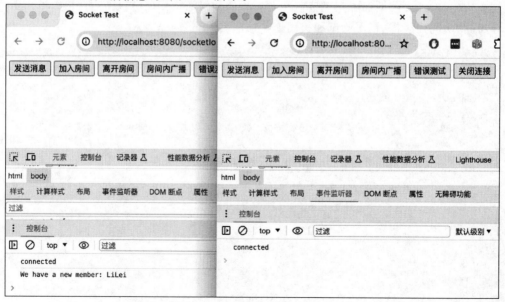

图5-35 广播新用户加入的信息

2）@SocketIo.onEvent()

当单击页面的"发送消息"按钮时，网页端执行 socket.emit('say')发送 say 事件，服务器端的@SocketIo.onEvent("say")收到消息后再次调用 io.sockets.emit()广播把消息发到所有的网页端。效果如图 5-36 所示。

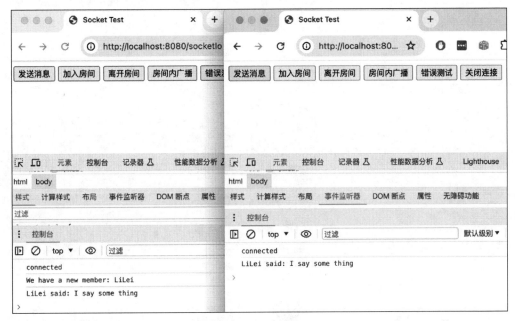

图 5-36　发送消息

3）@SocketIo.onError

当单击页面的"错误测试"按钮时，网页端执行 socket.emit('test-error')发送 test-error 事件，服务器端的@SocketIo.onEvent("test-error")接收到事件，这是普通的事件，但该事件执行的 testError()方法会抛出错误 throw new Error()，以此模拟事件处理时发生错误的情况。

当在事件处理的过程中发生错误时，程序会转换为调用@SocketIo.onError 装饰的错误处理方法 error()，该方法会广播通知所有客户端出错信息。效果如图 5-37 所示。

4）@SocketIo.onDisconnect

当单击页面的"关闭连接"按钮时，页面端会执行 socket.close()关闭 SocketIO 连接。这时服务器端的@SocketIo.onDisconnect 被触发，并且会广播通知所有网页端有用户下线，在广播信息中带有断线的原因。此处因为网页端主动执行了 close()操作，所以原因为 client namespace disconnect，如图 5-38 所示。

3．房间逻辑

房间逻辑相当于分组通信，因此用户需要先加入特定的房间，然后便可以对房间内的其他用户进行广播，也就是群聊。Socket.IO 对房间的支持有 3 个主要的方法：

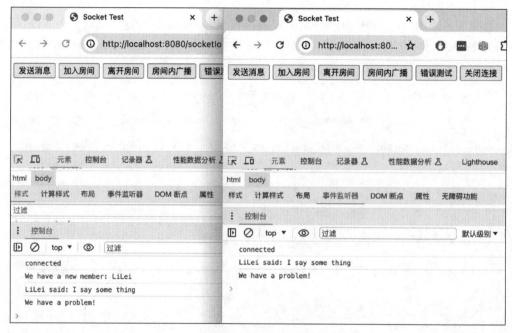

图 5-37　测试错误处理

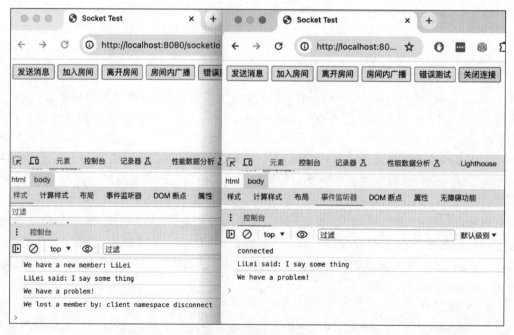

图 5-38　处理关闭连接

(1) socket.join()加入房间方法，socket 对象表示当前连接，join()方法的参数是房间名。

(2) io.to(房间名).emit()发送房间广播的方法，to()方法表示对哪个房间发送广播，使用 emit()方法发送事件和信息。

(3) socket.leave()离开房间方法，socket 对象表示当前连接，leave()方法的参数是房间名。

加入房间、发送房间内广播及离开房间的代码如下：

```
//chapter05/02-socket-io/part3/app/src/test-socket.class.ts

@SocketIo.onEvent("join")
public join(socket, message) {
    socket.join("private-room");
    io.to("private-room").emit("all", TestSocket.loginUsers.get(socket.id) + " joined private-room");
}

@SocketIo.onEvent("say-inroom")
public sayInRoom(socket, message) {
    io.to("private-room").emit("all", TestSocket.loginUsers.get(socket.id) + " said in Room: " + message);
}

@SocketIo.onEvent("leave")
public leave(socket, message) {
    socket.leave("private-room");
    io.to("private-room").emit("all", TestSocket.loginUsers.get(socket.id) + " leaved private-room");
}
```

上述 3 种方法都会发送房间内广播，而房间外的用户是无法收到广播的，下面来测试一下。由于前面测试中已经关闭连接，因此这时重启了程序，两个浏览器再次登入页面，单击左边浏览器的"加入房间"按钮，发送房间内广播信息，如图 5-39 所示。

可以看到右边浏览器并没有收到这条广播，因为它并没有在房间内，这时单击右边浏览器的"加入房间"按钮，可见两边浏览器都收到了加入房间的消息，如图 5-40 所示。

两边浏览器都分别单击"房间内广播"按钮，可以看到两个浏览器都收到了广播信息，并且是由不同的用户发出的，如图 5-41 所示。

在右边浏览器单击"离开房间"按钮，左边浏览器便会收到用户离开房间的广播，但右边浏览器却已经收不到房间内广播了，当左边浏览器继续单击"房间内广播"按钮发送信息时，右边浏览器仍不会收到信息，如图 5-42 所示。

至此房间逻辑测试完毕，从测试过程可以了解房间的实现过程，join()方法会把连接的 socket 对象加入分组里，分组的结构类似数组，房间内广播便是对该分组的 socket 对象进行遍历以发送消息，这时只有分组内的 socket 对象才能收到房间内信息，而 leave()方法用于将 socket 对象移出分组。上述 3 个操作即可完成分组逻辑。

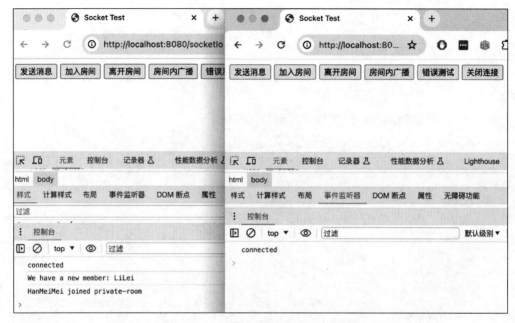

图 5-39　左边浏览器加入房间并发送广播

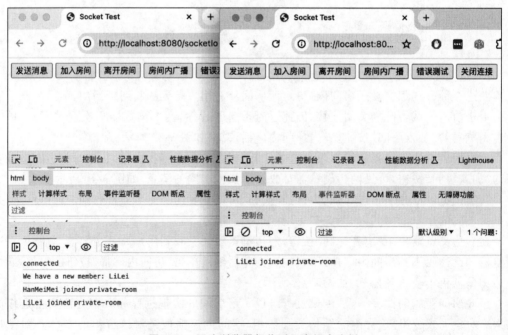

图 5-40　两边浏览器都收到了房间内广播

图 5-41 发送房间内广播信息

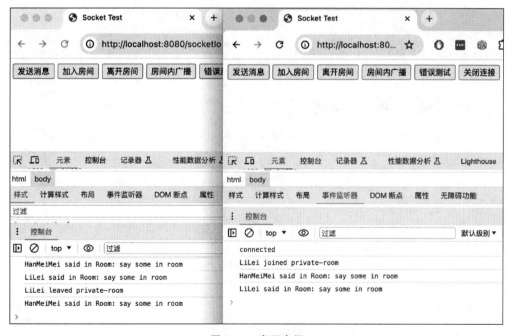

图 5-42 离开房间

5.2.7 小结

本节完成了即时通信 Socket.IO 的框架内置开发。Socket.IO 是一个成熟、易用的即时通信方案。框架的集成开发重心在即时通信的 4 个关键点,即认证、断线处理、房间和错误捕获。框架提供了完善的 Socket.IO 功能的支持,开发者使用 SocketIo 类的相关装饰器即可实现即时通信逻辑,从而提升开发效率。

5.3 Redis 数据库

Redis 是非关系型数据库(NoSQL)的典型数据库之一,有着性能高、结构类型丰富、使用简单等优点,在特定开发场景,如缓存、分布式锁、排行榜逻辑等,Redis 是最优的数据存储选型。Redis 可以认为是 MySQL 之外服务器端开发领域最常用的数据库。

学习 Redis 可以从常用的 String、List、Hash、Set、Sorted Set 等 5 种数据结构和发布订阅 pub/sub 开始,以下是对它们的简单介绍:

String 结构是键-值对(Key-Value),String 有取出 get(key) 和存入 set(key, value) 等操作,可用作缓存、单值存储等。

List、Hash、Set 这 3 种结构在 TypeScript 有相似的语法,List 对应 Array 数组、Hash 对应 Map 类型、Set 对应 Set 类型,可对照理解,其中 Set 有一种名为 Sorted Set 的特殊 Set 结构,Sorted Set 的每项有分数值(score),它可以根据分数自动排序,非常适合用于排行榜等逻辑实现。

发布订阅 pub/sub,可实现类似 RabbitMQ 的消息通知机制,但功能较 RabbitMQ 要少。

5.3.1 安装 Redis 服务

Redis 同样可以用 Docker Desktop 图形化安装和命令行安装。

1. 图形化安装

在 Docker Desktop 搜索 Redis,选择带有 DOCKER OFFICAL IMAGE 标识的首个结果,单击 Run 按钮,如图 5-43 所示。

拉取镜像后会弹出 Run a new container 窗口,首先需要填写端口 6379,然后单击 Run 按钮启动,如图 5-44 所示。

Redis 启动成功,这时在 Docker Desktop 的 Containers 面板上可以看到 Redis 的运行状态,如图 5-45 所示。

2. 命令行安装

使用命令同样可以安装 Redis,参数指定端口为 6379,命令如下:

```
docker run -d -p 6379:6379 redis:latest
```

图 5-43 Redis 的搜索结果

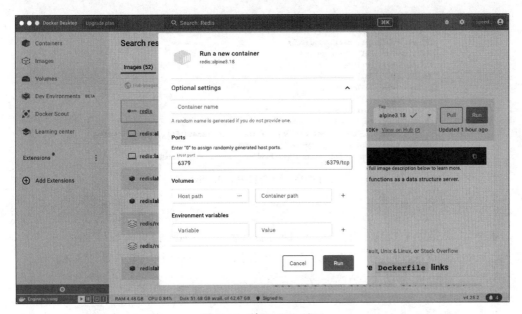

图 5-44 填写 6379 端口

运行此命令会拉取 Redis 最新的镜像并启动,如图 5-46 所示。

5.3.2 集成 Redis

Redis 的依赖库是 ioredis,安装命令如下:

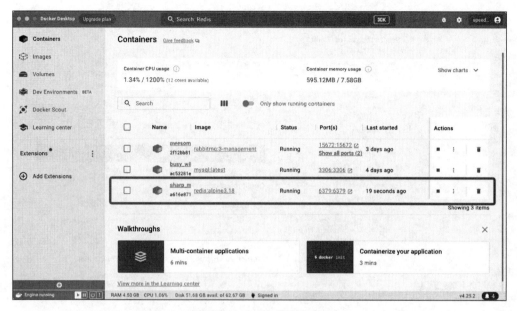

图 5-45 Redis 启动成功

```
→ docker run -d -p 6379:6379 redis:latest
Unable to find image 'redis:latest' locally
latest: Pulling from library/redis
1f7ce2fa46ab: Pull complete
3c6368585bf1: Pull complete
3911d271d7d8: Pull complete
ac88aa9d4021: Pull complete
127cd75a68a2: Pull complete
4f4fb700ef54: Pull complete
f3993c1104fc: Pull complete
Digest: sha256:2976bc0437deff693af2dcf081a1d1758de8b413e6de861151a5a136c25eb9e4
Status: Downloaded newer image for redis:latest
a3e318d1c12ec9a8d885d224d9f4feed38ad7fa4d7e0237ef0dbbe00e67c2b86
```

图 5-46 命令行安装 Redis

```
npm install ioredis
```

框架的 Redis 类直接继承于 IoRedis，即可直接使用 IoRedis 提供的各种 Redis 操作功能。使用@bean 装饰器返回 Redis 实例的方法，方便使用@autoware 注入该对象，代码如下：

```
//chapter05/03-redis/src/default/redis.class.ts

import IoRedis from "ioredis";

export default class Redis extends IoRedis {

    @bean
    public getRedis(): Redis {
        if (!config("redis")) {
```

```
            return null;
        }
        return new Redis(config("redis"));
    }
}
```

这里使用 getRedis() 方法检查 Redis 配置，避免在没有 Redis 配置的情况下启动 Redis。向 config.json 文件加入配置，代码如下：

```
//chapter05/03-redis/test/config.json

"redis" : {
    "host" : "localhost",
    "port" : "6379",
    "db" : 0
}
```

Redis 测试页面是/redis，仅测试 String 结构的存入和获取，代码如下：

```
//chapter05/03-redis/test/test-orm.class.ts

@autoware
private redisObj: Redis;

@getMapping("/redis")
async redisTest() {
    await this.redisObj.set("redisKey", "Hello World");
    const value = await this.redisObj.get("redisKey");
    log(value);
    return "get from redis: " + value;
}
```

上述页面代码先用 this.redisObj.set() 方法存入 redisKey 键值，然后用 this.redisObj.get() 方法取出该值并显示在页面上，set() 和 get() 方法对应的是 Redis 的 String 数据结构。执行程序，访问 http://localhost:8080/redis 即可看到结果，如图 5-47 所示。

图 5-47　Redis 页面输出结果

在实际开发时，可使用 Another Redis Desktop Manager 工具查看 Redis 存储的数据。

在该工具的网站 https://gitee.com/qishibo/AnotherRedisDesktopManager 下载并安装，打开界面后单击 New Connection，填写 Host 和 Port 值，如图 5-48 所示。

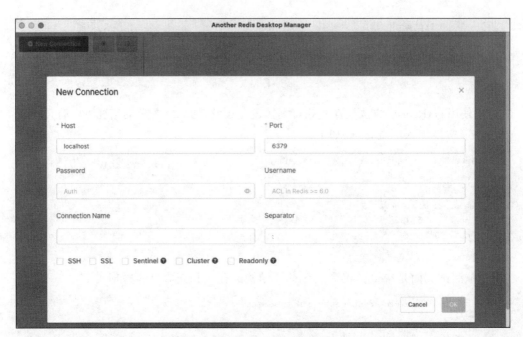

图 5-48 Redis 工具新建连接

连接上 Redis 服务后,即可看到 /redis 页面写入的 String 值,如图 5-49 所示。

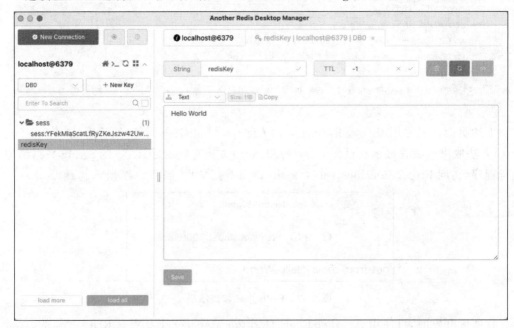

图 5-49 测试页面已存入数据

5.3.3 发布订阅功能

Redis 的发布订阅可以被视为精简版本的 RabbitMQ, 它可以针对某个主题发送一对一的通知, 但它并没有 RabbitMQ 的消息确认、交换机、主题路由等丰富的功能, 因此, 在以下两类情况下可以考虑使用 Redis 的发布订阅功能:

(1) 仅仅需要通知其他程序执行特定的操作, 对消息的到达率要求不高, 也不需要复杂的通知功能。

(2) 程序已在使用 Redis 服务, 考虑成本等因素认为没有必要架设额外的 RabbitMQ 队列服务器。

发布订阅由发布和订阅两部分组成, 下面分别进行集成。

1. 订阅功能

实现 ioredis 订阅功能需要两个步骤, 首先用 redis.subscribe(channel) 方法订阅某个 channel, 然后用 redis.on("message", function (channel, message){} 方法监听发送至此 channel 的消息, 示例代码如下:

```
redis.subscribe("my-channel-1", "my-channel-2", (err, count) => {
  if (err) {
    console.error("Failed to subscribe: %s", err.message);
  } else {
    console.log(
      `Subscribed successfully! This client is currently subscribed to ${count} channels.`
    );
  }
});

redis.on("message", (channel, message) => {
  console.log(`Received ${message} from ${channel}`);
});
```

在 redis.class.ts 文件中修改支持订阅功能, 代码如下:

```
//chapter05/03-redis/src/default/redis.class.ts


//收集 Redis 订阅事件
const redisSubscribers = {};

class Redis extends IoRedis {
    //分别创建发布对象和订阅对象
    private static pubObj: Redis = null;
    private static subObj: Redis = null;

    //提供 Redis 对象,这里是发布对象
    @bean
    public getRedis(): Redis {
        return Redis.getInstanceOfRedis("pub");
```

```typescript
        }
        //获取实例化 Redis 对象,此处为单例模式
        static getInstanceOfRedis(mode: "sub" | "pub") {
            //检查 Redis 配置,避免没有配置 Redis 时报错
            if (!config("redis")) {
                return null;
            }
            //根据参数,分别创建发布对象和订阅对象
            if (mode === "pub") {
                this.pubObj = this.pubObj || new Redis(config("redis"));
                return this.pubObj;
            } else {
                this.subObj = this.subObj || new Redis(config("redis"));
                return this.subObj;
            }
        }
    }

    //订阅装饰器
    function redisSubscriber(channel: string) {
        //检查 Redis 配置,避免没有配置 Redis 时报错
        if (!config("redis")) return function(){
            throw new Error("redis not configured");
        };
        //开启订阅
        Redis.getInstanceOfRedis("sub").subscribe(channel, function (err, count) {
            if (err) {
                console.error(err);
            }
        });
        //收集订阅事件
        return function (target: any, propertyKey: string) {
            redisSubscribers[channel] = target[propertyKey];
        };
    }

    //检查 Redis 配置,避免没有配置 Redis 时报错
    if (config("redis")) {
        Redis.getInstanceOfRedis("sub").on("message", function (channel, message) {
            redisSubscribers[channel](message);
        });
    }

    //当进程退出时关闭 Redis 连接
    process.once('SIGINT', () => {
        Redis.getInstanceOfRedis("sub") || Redis.getInstanceOfRedis("sub").disconnect();
        Redis.getInstanceOfRedis("pub") || Redis.getInstanceOfRedis("pub").disconnect();
    });

    export { Redis, redisSubscriber };
```

上述代码内容可分作三部分进行理解。

1) Redis.getInstanceOfRedis()静态函数

getInstanceOfRedis()的参数 mode 的取值是 sub 或 pub,分别表示获取订阅或发布 Redis 实例。因为 Redis 实例只能是订阅或者发布模式之一,单个实例无法同时存在两种模式,因此 getInstanceOfRedis()存储着发布 pubObj 和订阅 subObj 两个实例,通过 mode 参数可以取得其中的一个。

注意:同一个 Redis 实例开启订阅后再执行发布 publish,Redis 将提示 Error: Connection in subscriber mode, only subscriber commands may be used 错误,即在订阅模式无法使用发布命令,因此需要创建两个 Redis 对象,分别处理发布和订阅。

---

getInstanceOfRedis()是静态函数,方便在 Redis 类、@redisSubscriber 等位置获取 Redis 实例。

2) @redisSubscriber 装饰器

@redisSubscriber 是 ioredis 订阅的第 1 步,即用 redis.subscribe(channel)方法来订阅某个 channel,同时也将订阅处理方法记录到 redisSubscribers 全局变量。

接着是 ioredis 订阅的第 2 步,由 redis.on("message")开启订阅消息。

注意这里用的 Redis 实例是 Redis.getInstanceOfRedis("sub"),即订阅实例。

3) 避免异常

redis.class.ts 文件有多处代码对 Redis 配置进行检查,包括 getInstanceOfRedis()、@redisSubscriber 和 redis.on("message"),避免在没有配置 Redis 时执行 Redis 相关操作而出现异常。尤其是@redisSubscriber 装饰器将直接抛出异常,要求在程序没有配置 Redis 前,不允许使用@redisSubscriber 装饰器。

另外,process.once('SIGINT')方法确保了在程序关闭时调用 Redis 实例的 disconnect()方法以关闭连接,避免出现内存泄漏等问题。

2. 发布功能

使用发布功能只需注入 Redis 对象,因为 Redis 类继承于 IoRedis,并且用@bean 装饰器来提供发布模式的实例,代码如下:

```
//chapter05/03-redis/src/default/redis.class.ts


@bean
public getRedis(): Redis {
    return Redis.getInstanceOfRedis("pub");
}
```

留意 getRedis()返回的是 pub 实例,而前面订阅相关操作使用的是 sub 实例。

随后在 TestRedis 类测试发布订阅功能,代码如下:

```typescript
//chapter05/03-redis/app/src/test-redis.class.ts
@component
export default class TestRedis {
    @autoware
    private redisObj: Redis;

    @redisSubscriber("mychannel")
    public listen(message) {
        log("Received by Decorator '%s'", message);
    }
    @getMapping("/redis/publish")
    async redisTest() {
        await this.redisObj.publish("mychannel", "Hello World");
        return "Published!";
    }
}
```

@redisSubscriber装饰listen()方法,它监听mychannel,在收到消息时输出日志。

在/redis/publish页面用this.redisObj.publish()将一条消息发布到mychannel,this.redisObj是@autoware装饰器注入的Redis对象。

运行程序,使用浏览器打开http://localhost:8080/redis/publish,即可在命令行看到listen()方法的输出,如图5-50所示。

```
→ ts-node app/src/main.ts
[LOG] 2023-12-02 16:29:56 main.ts:16 (Main.main) start application
[LOG] 2023-12-02 16:34:41 test-redis.class.ts:10 (Object.listen [as my channel]) Received by Decorator 'Hello World'
```

图 5-50 Redis 订阅信息输出

5.3.4 优化排行榜逻辑

排行榜是开发中常见的业务需求之一,例如积分排名、游戏排名等场景。

MySQL数据库的排行实现主要利用SQL语法的ORDER BY排序子句对分值进行排序,但ORDER BY子句在性能上并不能满足排行榜逻辑的实现。

为了避免ORDER BY查询使用性能较差的全表扫描,开发者需要在ORDER BY分数值字段创建索引。索引字段每次更新时都会加锁来保证数据一致性,加锁会使索引性能下降,而排行榜的分数值更新频繁,从而导致查询性能大幅下降,因此,ORDER BY子句虽然有排序能力,但在排行榜的业务场景下就显得力不从心了。

Redis的Sorted Set采用特殊的数据结构,是专为解决排行榜排序问题而设计的,它有两个特点:

(1) Sorted Set能够在百万量级的数据操作时保持良好的性能,而ORDER BY子句的性能会随着数据量的增大而急剧下降。

(2) 频繁地对排序项进行增、删、改和加减分,不会影响Sorted Set的排序性能。

Sorted Set 有一系列名称以 z 开头的操作方法，其中较为重要的方法是 zadd() 和 zrevrange()。

zadd() 增加了排行榜的项和分数，或更新某一项的分数。例如 zadd("考试排行榜"，190，"张三") 在考试排行榜上加入张三的分数 190。如果排行榜上原来就有张三的分数，就将分数改为 190。需要注意 zadd() 方法的参数顺序是分数在项名称之前。

zrevrange() 按名次获取排名列表，分数从高到低。例如 zrevrange("考试排行榜"，0，9，"WITHSCORES") 用于获取考试排行榜的前 10 名列表，列表项包含项名和分数。zrevrange() 的第 2 个和第 3 个参数表示排序开始和结束，当第 2 个参数为 0 时表示从第一名开始，而当第 3 个参数为 -1 时表示到最后一名结束，例如 0，-1 就是获取整个排行榜的数据，0，9 则是获取前 10 名。此外，和 zrevrange() 刚好相反，zrange() 方法按名次从低到高获取排名列表。

zrevrange() 和 zrange() 方法有个缺点，它们的返回内容是数组。例如 zrevrange("考试排行榜"，0，9，"WITHSCORES") 返回的是 ["张三"，190，"李四"，180 ...]，其格式是 [项名，分数，项名，分数，...] 这样的数组。开发者在使用 zrevrange() 返回值前还需要做一次转换，将返回值转换成 {"张三": 190，"李四": 180 ...} 的格式以方便使用。

因此框架加入 zrevranking() 和 zranking() 方法，它们的参数同样是排行榜名称、开始位置和结束位置，只比 zrevrange() 方法少了 WITHSCORES 这个完全没有必要的参数。

zrevranking() 和 zranking() 方法的返回值是 {"张三": 190，"李四": 180 ...} 排名项和分数的键-值对格式，开发者直接就能使用，无须再自行转换格式。zrevranking() 和 zranking() 方法的代码如下：

```
//chapter05/03-redis/src/default/redis.class.ts

//获取排行榜数据，按分数从高到低排序
public async zrevranking(key: RedisKey, start: number | string, stop: number | string): Promise
< Map < string, number >> {
    //用 zrevrange() 获得数据
    const list = await this.zrevrange(key, start, stop, "WITHSCORES");
    //转换数据格式，方便开发者直接使用
    const map = new Map < string, number >();
    for (let i = 0; i < list.length; i = i + 2) {
        map.set(list[i], Number(list[i + 1]));
    }
    return map;
}

//获取排行榜数据，按分数从低到高排序
public async zranking(key: RedisKey, start: number | string, stop: number | string): Promise
< Map < string, number >> {
    //zrange() 获得数据
    const list = await this.zrange(key, start, stop, "WITHSCORES");
    //转换数据格式，方便开发者直接使用
```

```
        const map = new Map<string, number>();
        for (let i = 0; i < list.length; i = i + 2) {
            map.set(list[i], Number(list[i + 1]));
        }
        return map;
    }
```

从上述代码可以看到,zrevranking()和 zranking()方法的实现是基于原有的 zrevrange()和 zrange()方法,只是增加了对结果进行循环赋值的代码。

/redis/add 和/redis/ranking 是两个新增方法的测试页面,代码如下:

```
//chapter05/03-redis/app/src/test-redis.class.ts


@getMapping("/redis/add")
async addZset(@reqQuery name: string, @reqQuery score: number) {
    log("add zset: %s, %s", name, score)
    await this.redisObj.zadd("scoreSet", score, name);
    return "add zset success";
}

@getMapping("/redis/ranking")
async listRanking() {
    const list = await this.redisObj.zevranking("scoreSet", 0, -1);
    return Object.fromEntries(list);
}
```

/redis/add 路由参数是排名项名称 name 和分数 score,两个参数在页面方法 addZset()内,使用 zadd()加到 scoreSet 排行榜。

/redis/ranking 页面用 zrevranking()方法取得排行榜列表并且显示。需要注意的是,结果 list 变量是 object 对象,其内部实现为 Map 类型,因此首先要用 Object.fromEntries()方法转换为 JSON 格式,然后返回。

运行程序,使用浏览器打开/redis/add 页面,输入一些 name 和 score 参数填充排行榜,访问地址类似于 http://localhost:8080/redis/add?name=张三&score=98。从命令可以看到 addZset()页面方法输出的日志。注意图 5-51 中第 4 条增加的记录,它覆盖了前面第 1 条的分数值。

```
→ ts-node app/src/main.ts
[LOG] 2023-12-03 09:37:41 main.ts:16 (Main.main) start application
[LOG] 2023-12-03 09:38:01 test-redis.class.ts:28 (TestRedis.addZset) add zset: 张三, 93
[LOG] 2023-12-03 09:38:11 test-redis.class.ts:28 (TestRedis.addZset) add zset: 李四, 95
[LOG] 2023-12-03 09:38:19 test-redis.class.ts:28 (TestRedis.addZset) add zset: 王五, 97
[LOG] 2023-12-03 09:38:26 test-redis.class.ts:28 (TestRedis.addZset) add zset: 张三, 98
```

图 5-51 增加排行榜数据

接着打开 http://localhost:8080/redis/ranking 地址,即可看到排行榜内容,它采用的是名称和分数对应的键-值对格式,如图 5-52 所示。

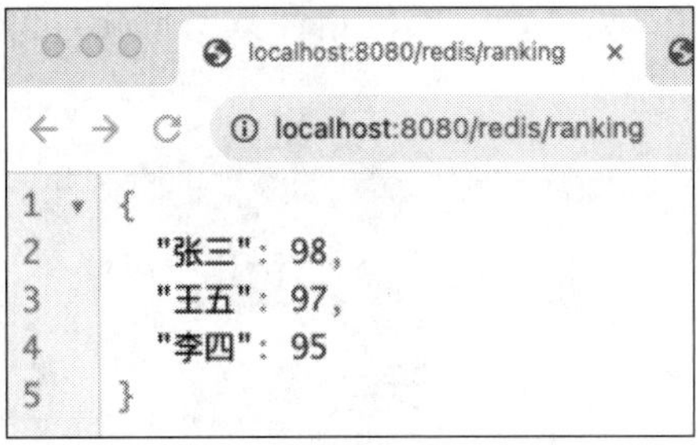

图 5-52 输出排行榜数据

此外,使用 Another Redis Desktop Manager 工具查看 Redis 数据,也可以看到该排行榜的内容,如图 5-53 所示。

图 5-53 Redis 的排行榜数据

5.3.5　Session 支持 Redis 存储

本书在 3.6.5 节介绍了框架的 Session 功能,这是 ExpressJS 中间件的典型的使用案例。该 Session 功能的数据仅存储在本机。对于分布式应用开发而言,数据存储在本机显然不能满足功能需求。

因此本节将实现 Redis 作为 Session 存储数据库,使 Web 程序即便采用分布式多机部署,它们也能访问 Redis 服务器获得同样的 Session 数据,实现用户跨多服务器的登录功能。

Redis 接入 Session 存储使用 connect-redis 库,安装命令如下:

```
npm install connect-redis
```

ExpressServer 类用 @autoware 获取 Redis 实例,该实例在 setDefaultMiddleware() 方

法中作为 connectRedis 库的 RedisStore 类构造参数实例化,配置为 expressSession 中间件存储器,代码如下:

```
//chapter05/03 - redis/src/default/express - server.class.ts

@value("redis")
private redisConfig: object;

@autoware
private redisClient: Redis;

private setDefaultMiddleware() {
    ...

    if (this.session) {
        const sessionConfig = this.session;
        //将 true proxy 属性设置为 1
        if (sessionConfig["trust proxy"] === 1) {
            this.app.set('trust proxy', 1);
        }
        if (this.redisConfig) {
            //用 connectRedis()提供的 Redis 作为 Session 存储
            const RedisStore = connectRedis(expressSession);
            sessionConfig["store"] = new RedisStore({ client: this.redisClient });
        }

        this.app.use(expressSession(sessionConfig));
    }
    ...
```

运行程序,使用浏览器访问 http://localhost:8080 的任意页面,打开 Another Redis Desktop Manager 工具即可看到 sess 目录下存储着一些 Session 数据,如图 5-54 所示。

图 5-54　Redis 存储 Session 数据

5.3.6 小结

本节介绍了框架内 Redis 数据库的支持。Redis 是 Web 开发最为常用的服务之一。本节在介绍 Redis 的安装和简单使用之外，还讲解了 Redis 的发布订阅功能，以及如何给 Sorted Set 增加 zrevranking()/zranking() 方法简化排行榜的实现，最后介绍了 Session 接入 Redis 分布式存储配置。

5.4 命令行脚手架功能

本节将介绍框架命令行的脚手架功能开发。NPM 库的命令通常由 package.json 的 bin 配置实现，因此本节将同时会介绍关于 NPM 发布的相关命令和配置。

5.4.1 脚手架是什么

开源项目通常会提供一些命令或者 Web 页面来和开发者进行交互，进而生成一些初始化项目的配置、一些样本代码，乃至半成品项目等，这类功能称为脚手架。例如，前端 VUE 项目可以用 vue create hello-world 的命令生成一个 VUE 项目，新项目有各种初始文件和默认配置，开发者能直接在新项目的基础上开发，节省很多配置和创建文件的时间。脚手架有以下 3 个优势：

（1）节省开发时间。脚手架协助生成很多重复性的代码文件。例如 NestJS 框架的 nest generate 命令能够生成各种关联的类文件、中间件、模块等。

（2）增强开发者的信心。脚手架生成的初始项目通常是可运行的，使开发者不至于因为烦琐的项目搭建工作而感到沮丧。

（3）提供开发周期各阶段所需的工具。例如自动生成测试用例、获取依赖库、代码检查、编译打包、部署发布等功能。

脚手架从交互形式上分为三类，分别如下。

（1）命令式：最常见的脚手架类型。命令式脚手架定义了多种命令，能够生成一组代码或整个项目。例如 NestJS 框架提供的命令式脚手架提供了 new、generate、add 等命令，可以创建如类型、配置、模块等多种文件，如图 5-55 所示。

（2）向导式：通常以 Web 界面进行交互，开发者可在界面配置参数和挑选所需的组件模块，一步步生成初始化项目。例如 Vue 框架提供了 http://localhost:8000/project/create 页面，如图 5-56 所示。

（3）半成品项目：顾名思义，脚手架提供的初始化项目是一个已经具备了大部分基础功能的站点，开发者的工作更像是在修改项目。例如 Yii 框架提供的半成品项目具备登录和注册功能，提供了强大的数据管理后台，能够对各种数据表进行增、删、查、改等操作，开发者只需少量修改便可以用作业务管理系统，如图 5-57 所示。

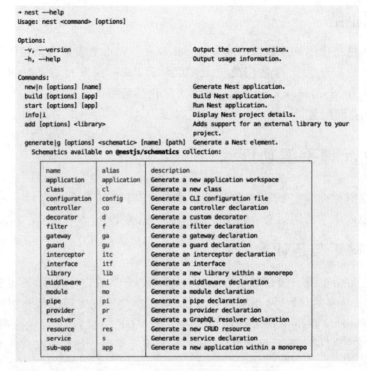

图 5-55　NestJS 提供的命令式脚手架

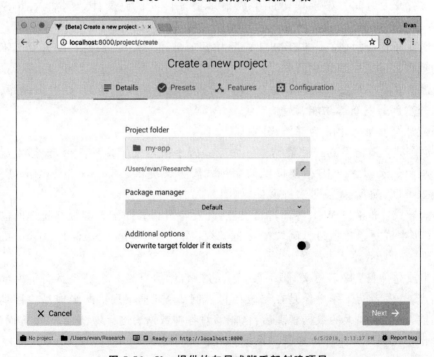

图 5-56　Vue 提供的向导式脚手架创建项目

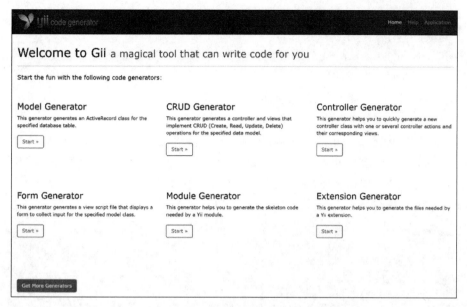

图 5-57　Yii 提供基础功能完备的半成品项目

5.4.2　开发命令行程序

TypeSpeed 框架的脚手架提供了创建初始项目的命令,命令格式为 typespeed new [appName],本节将讲解该命令的实现。

命令行交互需要用到 commander 库,安装命令如下:

```
npm install commander
```

commander 提供了两类命令行功能:

(1) 显示帮助说明,参考图 5-55,命令输入 help 参数时将显示一系列说明。此外,当开发者输入错误的命令或参数时,commander 也能够配置显示相关的说明。

(2) 关联命令和程序,即输入不同的命令可执行相应的代码。

注意:commander 库的作者 T. J. Holowaychuk,同时也是 ExpressJS 框架的作者。

脚手架从命令执行,它相对独立,和 Web 程序并无直接关联,因此框架源码新增了 scaffold 目录,用作存放脚手架程序,如图 5-58 所示。

scaffold/tempaltes 目录有 5 个模板文件,它们是新项目所需的文件。new 命令的实现过程就是基于这些模板文件来替换内容,然后在新的目录生成文件。这些模板文件分别如下:

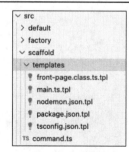

图 5-58　脚手架源码目录

（1）front-page.class.ts.tpl：首页文件。

（2）main.ts.tpl：程序入口文件。

（3）nodemon.json.tpl：nodemon 配置文件，nodemon 可以动态地监控文件的变化，以此来启动程序，方便开发时使用。

（4）package.json.tpl：项目配置文件。

（5）tsconfig.json：项目的 TypeScript 配置文件。

模板文件的后缀都是.tpl，避免影响 TypeScript 编译过程，在替换文件时会去掉.tpl 后缀。package.json.tpl 文件里有个"name"："＃＃＃appName＃＃＃"字符串，用于替换新项目名称，其他 4 个文件都会原样被生成到新项目的目录里。

command.ts 文件是命令行交互程序，代码如下：

```
//chapter05/04-command/src/scaffold/command.ts

//声明执行此文件的命令,位置必须在第 1 行
#!/usr/bin/env node
import { Command } from 'commander';
const program = new Command();
import * as fs from "fs";

//设置命令
program.command('new [appName]')            //命令名称
    .description('Create a new app.')        //命令的 help 描述
    .action((appName) => {                   //命令的执行函数
        const currentDir = process.cwd();

        //创建新项目的初始文件
        fs.mkdirSync(currentDir + "/" + appName);
        mkFile("nodemon.json", currentDir + "/" + appName, appName);
        mkFile("package.json", currentDir + "/" + appName, appName);
        mkFile("tsconfig.json", currentDir + "/" + appName, appName);

        fs.mkdirSync(currentDir + "/" + appName + "/src");
        mkFile("main.ts", currentDir + "/" + appName + "/src", appName);
        mkFile("front-page.class.ts", currentDir + "/" + appName + "/src", appName);

        //输出提示
        console.log('');
        console.log('Create app success!');
        console.log('');
        console.log('Please run `npm install` in the app directory.');
        console.log('');
    });

//设置当开发者输入帮助命令时,需要显示的信息
program.on('--help', () => {
    console.log('');
```

```
        console.log('Examples:');
        console.log('');
        console.log('  $ type speed new blog');
    });

//解析命令行参数
program.parse(process.argv);

//创建文件和替换内容的函数
function mkFile(fileName, targetPath, appName) {
    const tplPath = __dirname + "/templates";
    const fileContents = fs.readFileSync(tplPath + "/" + fileName + ".tpl", "utf-8");
    fs.writeFileSync(targetPath + "/" + fileName, fileContents.replace("###appName###", appName));
}
```

command.ts 文件分 4 部分来讲解。

(1) 声明执行程序：该文件的首行通过 ♯！/usr/bin/env node 声明该程序要用 node 命令执行。这是 node 命令行程序必需的配置，如果没有该行的声明，则在执行 command.ts 程序时将出现异常，如图 5-59 所示。

```
> typespeed new hello-world
/usr/local/bin/typespeed: line 1: use strict: command not found
/usr/local/bin/typespeed: line 2: syntax error near unexpected token `exports,'
/usr/local/bin/typespeed: line 2: `Object.defineProperty(exports, "__esModule", { value: true });'
```

图 5-59 未声明执行程序而导致命令行出错

(2) mkFile()函数用于替换模板文件，它的 3 个参数分别是模板文件地址、新项目路径及新项目名称 appName，其中 appName 用于替换♯♯♯appName♯♯♯字符串。

文件替换则使用 Node.js 的 fs 文件库，先从模板读出内容，替换字符串后写入新路径的文件中。

(3) new 命令的实现：command.ts 开始实例化 commander 库对象，并调用其 program.command()方法定义 new 命令，每个 program.command()代表一个命令的解析，program 支持链式调用。

program.command('new [appName]')对应的命令是 typespeed new [appName]。

description()是命令加--help 参数时显示的说明内容，上述代码执行 typespeed new --help 命令就会输出 Create a new app 的说明。

action()是命令执行函数。当 new 命令执行时，命令行输入的 appName 参数就被解析到这个函数里执行相应的代码。函数内部多次用 mkFile()函数生成新的项目文件，并且使用 console.log()输出说明和空行。

(4) help 命令的实现：program.on('--help')用于显示脚手架的帮助信息。当开发者输入 typespeed --help 命令时，便会输出 program.on('--help')里面的内容。

测试 command.ts 需要开启命令行并进入 scaffold 目录，用 ts-node 命令启动该文件。

直接不带参数执行 command.ts 的命令如下：

```
cd src/scaffold
ts-node command.ts
```

这时命令行将输出脚手架的帮助信息，即 program.on('--help')设置的内容，如图 5-60 所示。

测试 new 命令可加入参数，命令如下：

```
ts-node command.ts new hello-world
```

此处新项目名称为 hello-world，命令执行输出 program.command().action()配置的 console.log()信息，如图 5-61 所示。

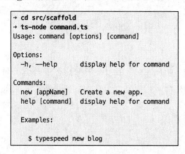

图 5-60　help 命令输出说明信息

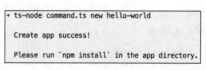

图 5-61　new 命令执行成功信息

这时名为 hello-world 的新项目创建成功，文件结构如图 5-62 所示。

此外，new 命令还有帮助信息，可通过下面两种方式显示，命令如下：

```
ts-node command.ts new --help
```

该命令在 new 参数后加入--help 显示帮助信息。另一种方式的命令如下：

```
ts-node command.ts help new
```

这个命令用 help 来显示 new 命令的帮助信息。两种方式的效果相同，如图 5-63 所示。

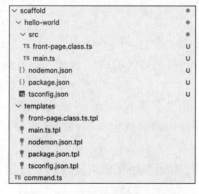

图 5-62　新建项目的目录结构

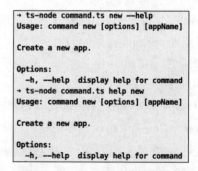

图 5-63　new 命令的帮助信息

图 5-63 输出的 new 命令的帮助信息是用 description() 配置的信息。

5.4.3 发布命令

接着把 command.ts 发布成框架的 NPM 命令,设置 NPM 命令的方法是配置 package.json 文件中的 bin 配置,代码如下:

```
//chapter05/04-command/package.json

"bin": {
    "typespeed": "./dist/scaffold/command.js"
},
```

bin 配置表示当开发者用 npm install typespeed 安装框架时,bin 的键值 typespeed 会作为命令名称配置在本机的命令行里,而 bin 的值执行命令的程序文件。

由于 command.ts 文件编译后的文件是 ./dist/scaffold/command.js,文件后缀是 js,因此"typespeed": "./dist/scaffold/command.js"配置表示开发者的命令行支持 typespeed 命令,执行 typespeed 命令相当于执行 node ./dist/scaffold/command.js。特别需要注意的是,此处 node 是 command.ts 文件首行声明的命令。

此外,框架文件在编译的过程中,后缀 .tpl 文件并不会被编译,因此还需要配置 package.json 文件中的 postbuild 属性,在项目编译之后把 tpl 模板文件都复制到发布目录 dist 里,代码如下:

```
//chapter05/04-command/package.json

"postbuild": "cp -r src/default/pages dist/default/pages && cp -r src/scaffold/templates dist/scaffold/templates",
```

配置完成后编译项目,然后发布框架 NPM 包,命令如下:

```
npm build
npm publish
```

注意:发布框架项目的相关知识会在 6.3 节详细介绍。

发布完成后稍等片刻,然后在本机安装新版本的 TypeSpeed 框架测试脚手架功能,命令如下:

```
npm install typespeed -g
```

命令的 -g 参数表示把 typespeed 库安装到全局命令。如果安装时提示权限不足,则需要加 sudo 执行上述命令,如图 5-64 所示。

安装框架后可执行 typespeed 命令测试新建项目,如图 5-65 所示。

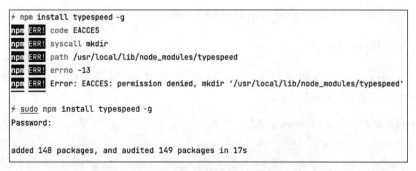

图 5-64 安装 TypeSpeed 框架

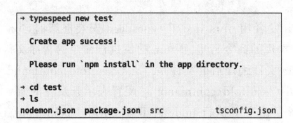

图 5-65 测试新建项目命令

5.4.4 小结

本节介绍了开源项目的脚手架功能，在 TypeSpeed 框架中实现简单的脚手架功能。脚手架通过命令行或者 Web 界面向导的方式，为开发者创建一个有着基本配置的可正常运行的新项目，让开发者迅速上手开发，增强信心。

5.5 支持 Swagger 平台

24min

本节将介绍如何开发外部应用项目，配合框架共同实现对 Swagger 平台的支持。

5.5.1 Swagger 接口交互平台

在前后端分离的开发场景里，接口交互是前后端开发人员共同的关注点。Swagger 是一个提供接口描述和测试的开源项目，方便进行接口交互的协作。

Swagger 项目包含一系列接口交互相关工具，其中 Swagger UI 提供了展示和测试 API 的 Web 界面，能够陈列各种接口的路径、参数类型、返回格式等，还可以直接在界面上输入数据调试接口，如图 5-66 所示。

通过 Swagger 接口平台，前端开发人员能轻松地获得各种接口的信息、提交的参数及返回类型格式等，以便对接开发，而服务器端开发人员可以用 Swagger 直接对接口进行自测，检查接口的有效性。此外，在实现了页面接口自动化收集后，服务器端开发人员便无须再额外编写接口文档，从而提升工作效率。

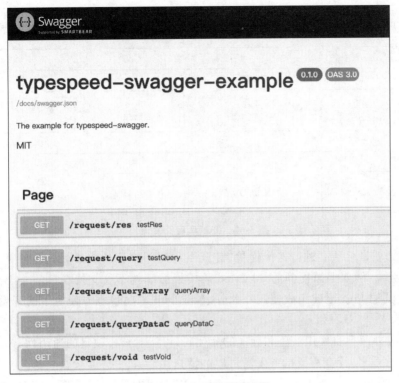

图 5-66 Swagger 项目示例

Swagger 显示的接口信息来源于 JSDoc 格式的文档,从该文档提取接口细节进行显示,而与 JSDoc 文档相关的内容将在 5.6 节详细介绍,此处先用示范文档作为 Swagger 的集成实现。

5.5.2 外部项目

开源项目的开发流程和一般程序的开发流程稍有不同。由于开源项目首要考虑的是开发者使用项目的灵活性,因此开源项目的开发流程有一些特别的步骤,例如模拟开发者应用、扩展外部应用等,如图 5-67 所示。

图 5-67 所示的扩展外部应用是本节的主要内容,外部应用指的是和开源项目本身关系密切的模块,因为一些原因被编写成独立的项目。

这样的情形很常见,例如第 2 章介绍的 session、body-parser、multer 等 ExpressJS 中间件都是托管在 ExpressJS GitHub 账号上的独立项目,此外 Spring Boot 框架的 JPA、Security、Thymeleaf 等外部项目亦是如此。

外部应用之所以被拆分为独立项目,主要有 3 个方面的原因:

(1) 保持核心项目足够小巧。架构设计领域推崇微内核设计,即核心部分只提供基础功能和扩展机制,其他大部分功能由扩展外部项目支持。ExpressJS 就是微内核的典型代表。

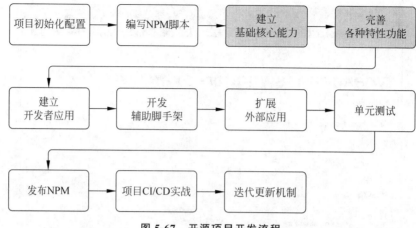

图 5-67 开源项目开发流程

(2) 外部项目可独立进行迭代优化,甚至一些外部项目具备了兼容各种更多核心项目的超高扩展性。例如上面提到的 Thymeleaf 模板引擎就不仅支持在 Spring Boot 中使用,还能够支持其他 Java 框架集成使用。此外,独立的开源项目也方便更多的开发者加入,从而共同开发。

(3) 部分外部项目使用一些非标准的库代码,可能对核心项目的通用性有一定影响,因此将其独立成项目,让有需要的开发者可以酌情选用。

基于上述原因,TypeSpeed 框架对 Swagger 的支持,同样是由外部项目实现的。该项目名为 TypeSpeed-Swagger,Git 网址为 https://gitee.com/SpeedPHP/typespeed-swagger。

5.5.3 设计 TypeSpeed-Swagger

由于外部项目的特殊定位,对外部项目开发设计时需要注意以下几点:

(1) 延续核心项目的设计风格,例如 ExpressJS 外部项目都采用中间件的设计风格。

(2) 减少对核心项目额外的配置和改动,方便开发者集成外部项目功能。

(3) 外部项目功能尽可能专一,即仅限于解决一个问题。

TypeSpeed-Swagger 依据上述设计需求,提供了非常简便的集成方法:

(1) 在入口文件 main.ts 配置 swaggerMiddleware() 中间件。swaggerMiddleware() 的主要作用是显示 Swagge 页面,同时提供动态的 JSDoc 文档。

(2) TypeSpeed 项目与路由相关的 7 个装饰器需修改为从 TypeSpeed-Swagger 引入。替换这些装饰器是为了对路由信息进行收集处理。

7 个装饰器分别是:@reqBody、@reqQuery、@reqForm、@reqParam(请求参数装饰器,用于收集请求参数信息)、@getMapping、@postMapping 和 @requestMapping(路由装饰器,用于收集页面路径信息)。

接下来,用 5.4 节脚手架命令创建的 test 项目集成 TypeSpeed-Swagger,介绍上述两个集成步骤。

（1）安装 TypeSpeed-Swagger 库，命令如下：

```
npm install typespeed-swagger
```

（2）向 src/main.ts 文件添加 swaggerMiddleware() 函数，其参数是当前 Web 服务的 app 实例，代码如下：

```
import { app, log, autoware, ServerFactory } from "typespeed";
import { swaggerMiddleware } from "typespeed-swagger";

@app
class Main {

    @autoware
    public server: ServerFactory;

    public main() {
        swaggerMiddleware(this.server.app);
        this.server.start(8081);
        log('start application');
    }
}
```

（3）在新项目的第 1 个页面 FrontPage 的 import 部分把 @getMapping 改为从 typespeed-swagger 引入，代码如下：

```
import { log, component } from "typespeed";
import { getMapping } from "typespeed-swagger";

@component
export default class FrontPage {

    @getMapping("/")
    public index(req, res) {
        log("Front page running.");
        res.send("Front page running.");
    }
}
```

此时执行新项目，使用浏览器打开 http://localhost:8081/docs，即可看到第 1 个页面/index 的接口信息，而且可以按下 Execute 按钮测试该接口，如图 5-68 所示。

此外，TypeSpeed-Swagger 的 swaggerMiddleware() 还提供了以下 3 个配置项。

（1）path：Swagger 页面路径，默认为 /docs。

（2）allow-ip：访问 Swagger 页面的白名单 IP 数组，即只有 allow-ip 数组里的客户端 IP 才能进入 Swagger 页面，默认值为 ["127.0.0.1", "::1"]。

（3）packageJsonPath：项目 package.json 文件路径。Typespeed-Swagger 将使用 package.json 文件配置的项目名称和版本信息作为页面显示。

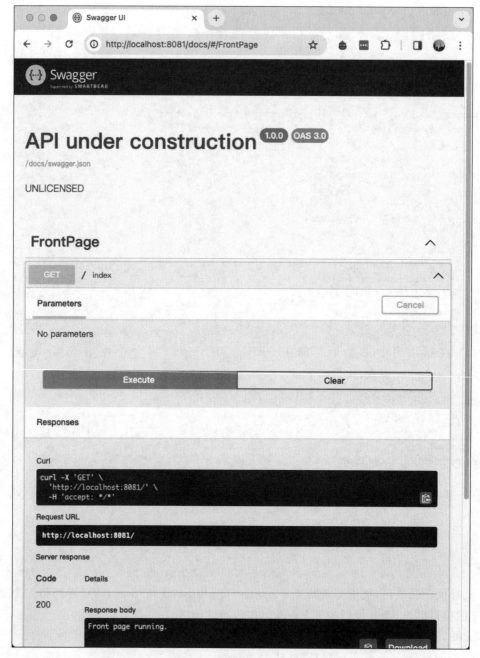

图 5-68　新项目集成 Swagger

尝试修改 swaggerMiddleware() 配置,如图 5-69 所示,Swagger 访问的地址和显示的项目信息均有变化。

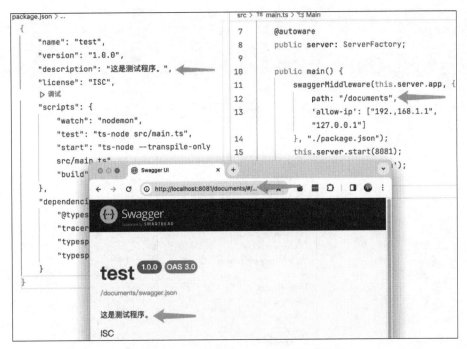

图 5-69　TypeSpeed-Swagger 的配置参数生效

5.5.4　实现集成 Swagger 中间件

本节创建外部项目 TypeSpeed-Swagger，项目结构比较简单，只有 index.ts 文件是需要导出的，另外附带一个测试项目 app，如图 5-70 所示。

实现 Swagger 集成有两部分内容：集成 Swagger 中间件及动态生成 JSDoc 文档，本节将讲解集成 Swagger 中间件的实现。动态生成 JSDoc 文档涉及 TypeScript 反射和编译相关知识，将在 5.6 节详述。

ExpressJS 集成 Swagger 使用的库是 swagger-ui-express，它比 Swagger 官网提供的库更好用，安装命令如下：

```
npm install swagger-ui-express
```

swaggerMiddleware() 函数集成了 swagger-ui-express 库，代码如下：

```
//chapter05/05-swagger/version1/index.ts

function swaggerMiddleware(app: any, options?: {}) {
    app.use(
    "/docs",
    swaggerUi.serve,
    swaggerUi.setup(undefined, {
        swaggerOptions: {
```

```
                    url: "/example.json"
                }
            })
        );
    }
```

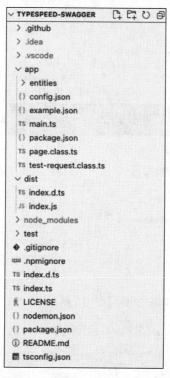

图 5-70　TypeSpeed-Swagger 项目

swagger-ui-express 提供了两个 ExpressJS 中间件,它们分别如下。

(1) swaggerUi.serve:用于显示 Swagger 页面,包括 HTML、CSS 和构建接口界面的 JS 等。

(2) swaggerUi.setup:根据输入的配置信息,对 Swagger 页面进行替换修改。

代码中 swaggerUi.setup 配置的 url 值是/example.json,该文件是 JSDoc 文档的示例,访问地址是 http://localhost:8081/example.json。静态文件的配置如下:

```
//chapter05/05 - swagger/version1/app/config.json

{
    "static": "/static"
}
```

运行程序,访问 http://localhost:8081/docs/即可看到 Swagger 界面,其内容是 /example.json 提供的接口信息,如图 5-71 所示。

图 5-71　Swagger 中间件显示的页面

5.5.5　替换装饰器收集接口信息

TypeSpeed-Swagger 的第 2 个设计逻辑是替换 TypeSpeed 项目的路由装饰器，以便收集到全部的接口信息，进而做到动态显示 JSDoc 文档。

本节先实现替换装饰器的逻辑，和本书其他跨装饰器开发逻辑一样，收集数据采用的是全局变量，代码如下：

```
//chapter05/05-swagger/version1/index.ts

const routerMap: Map<string, RouterType> = new Map();
const requestBodyMap: Map<string, RequestBodyMapType> = new Map();
const requestParamMap: Map<string, ParamMapType[]> = new Map();
```

上述代码的 3 个全局变量分别表示：

（1）routerMap 变量用于收集路由页面信息，即接口路径。toMapping()方法替换@getMapping、@postMapping 和@RequestMapping 将路由信息收集到 routerMap 变量，代码如下：

```typescript
//chapter05/05-swagger/version1/index.ts

//接管路由装饰器,收集信息
function toMapping(method: MethodMappingType, path: string, mappingMethod: Function) {
    //调用 TypeSpeed 框架的路由装饰器,取得回调函数
    const handler = mappingMethod(path);
    return (target: any, propertyKey: string) => {
        //收集信息,以便在显示 JSDoc 时分析
        const key = [target.constructor.name, propertyKey].toString();
        if (!routerMap.has(key)) {
            routerMap.set(key, {
                "method": method,
                "path": path,
                "clazz": target.constructor.name,
                "target": target,
                "propertyKey": propertyKey
            });
        }
        //继续使用 TypeSpeed 框架的回调函数
        return handler(target, propertyKey);
    }
}
//新的路由装饰器
const getMapping = (value: string) => toMapping("get", value, tsGetMapping);
const postMapping = (value: string) => toMapping("post", value, tsPostMapping);
const requestMapping = (value: string) => toMapping("all", value, tsRequestMapping);
```

(2) requestBodyMap 变量用于收集 @reqBody 的信息,在 JSDoc 文档里 Body 信息是单独呈现的,因此需要抽离一个变量对信息进行收集,代码如下:

```typescript
//chapter05/05-swagger/version1/index.ts

function reqBody(target: any, propertyKey: string, parameterIndex: number) {
    const key = [target.constructor.name, propertyKey].toString();
    requestBodyMap.set(key, {
        "target": target,
        "propertyKey": propertyKey,
        "parameterIndex": parameterIndex
    });
    return tsReqBody(target, propertyKey, parameterIndex);
}
```

(3) requestParamMap 变量用于收集 @reqParam、@reqQuery 和 @reqForm 的信息,它们的逻辑基本相同,举例 @reqParam 的代码如下:

```typescript
//chapter05/05-swagger/version1/index.ts

function reqParam(target: any, propertyKey: string, parameterIndex: number) {
    const key = [target.constructor.name, propertyKey].toString();
    if (!requestParamMap.has[key]) {
        requestParamMap.set(key, new Array());
```

```
        }
        requestParamMap.get(key).push({
            paramKind: "path", "target": target, "propertyKey": propertyKey,
"parameterIndex": parameterIndex
        })
        return tsReqParam(target, propertyKey, parameterIndex);
    }
```

在这些变量收集结束后,这些装饰器最终会调用 TypeSpeed 框架原有的装饰器,因此在引入装饰器时做了别名处理,代码如下:

```
//chapter05/05-swagger/version1/index.ts

import {
    reqBody as tsReqBody, reqQuery as tsReqQuery, reqForm as tsReqForm, reqParam as tsReqParam,
    getMapping as tsGetMapping, postMapping as tsPostMapping, requestMapping as tsRequestMapping, log
} from 'typespeed';
```

上述装饰器替换收集的逻辑,如图 5-72 所示。

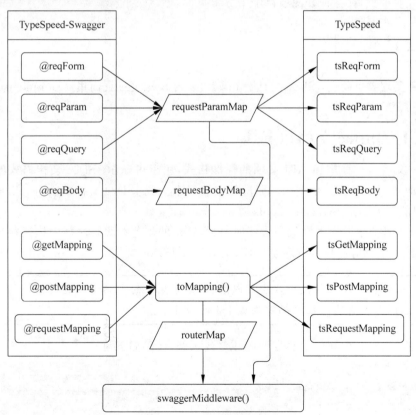

图 5-72　替换装饰器收集信息

测试时,在 swaggerMiddleware() 方法里输出上述 3 个全局变量,以便观察其有效性。当程序运行时,即可看到如图 5-73 所示的收集信息。

5.5.6 小结

本节创建了 TypeSpeed-Swagger 项目作为框架的外部应用,用以支持 Swagger 平台。TypeSpeed-Swagger 项目的两个设计目标是集成 Swagger 中间件和替换 TypeSpeed 框架的路由装饰器,以达到无缝接入的效果。

Swagger 平台是展示 Web 服务 API 的自动化平台,在前后端开发分离的工作场景下可以发挥极大的作用,从而提升团队的开发效率。

此外,本节还介绍了开源项目外部应用的意义。外部项目既可以为核心项目提供额外的扩展支持,又能够独立开发维护,在各种开源项目中十分常见。

图 5-73 输出收集信息

5.6 自动化文档

本节将实现自动化的 JSDoc 文档。在 5.5 节的 Swagger 页面里 /example.json 就是一个示范用的 JSDoc 文档。

5.6.1 JSDoc 文档和工具

JSDoc 文档是一种描述 API 文档的标准格式,用于可显示 JSDoc 文档格式的平台,如 Swagger,而 JSDoc 工具是依据源代码的特定注释来生成 JSDoc 文档的软件,JSDoc 工具有很多,常用的有 JSDoc、Swagger Tools 等。

JSDoc 工具要求开发者在编写程序时,根据特定的规范在源码注释中描述接口信息,然后使用 JSDoc 工具对注释进行静态扫描,从而生成 JSDoc 文档。

注意:从 JSDoc 工具的使用方法可以看出,这里生成的 JSDoc 文档是静态的,当页面接口有所变化时,必须再次扫描源码以生成 JSDoc 文档。

这是 ExpressJS 中间件 JSDoc 源码注释的示例,代码如下:

```
/**
 * Description of my middleware.
 * @module myMiddleware
 * @function
```

```
 * @param {Object} req - Express request object
 * @param {Object} res - Express response object
 * @param {Function} next - Express next middleware function
 * @return {undefined}
 */
function (req, res, next) {}
```

从示例可以看到,开发者需要在注释中写的接口信息和一份完整的接口文档并没有太大区别,这样引出了两个问题:

(1) 对于开发者而言,写这样的注释内容同样增加了额外的工作量。在实际工作中,开发者会认为这些增加的工作量并没有带来足够的好处。

(2) 在项目迭代更新比较频繁的情况下,接口注释不一定能够及时更新,容易造成一些不必要的误会,从而降低了团队的沟通效率。

框架是为开发者带来助力的,因此框架提供自动生成 JSDoc 文档的功能是非常有必要的。

查看 5.5 节的 /example.json 示范文档,文档里主要的内容是接口的地址、输入的参数和类型及接口返回值的类型。

在 5.5.5 节中开发的 3 个全局变量 routerMap、requestBodyMap 和 requestParamMap 里,接口地址是比较容易获得的,而重点是输入参数及返回值。从示范文档可知,参数和返回值的类型有以下 4 种:

(1) 基本类型,例如 Number、String 等 TypeScript 语言的基本类型。

(2) 数据类,例如 UserDTO,通常是开发者自定义的类型。

(3) Promise 泛型,由于部分接口使用了 async/await 关键字,即异步方法,因此返回值必须是 Promise 泛型,例如 Promise<UserDTO>。

(4) 数组,上述类型的数组,例如 Promise<UserDTO[]>。

注意:TypeScript 泛型是一种类型约束语法,泛型用于限定某些参数只能是指定的类型。例如 Array<string>限定数组的项只能是字符串类型。需要注意 TypeScript 只会在编译时依照泛型进行类型检查,而编译后的 JavaScript 代码并不存在泛型的信息。

要获取类型信息,就需要使用反射机制,那么 2.1.3 节介绍的 Reflect Metadata 库能否取得上述几种类型信息呢?

5.6.2 Reflect Metadata 运行原理

TypeScript 的编译过程会将原有的类型信息抹除,进而改写为 JavaScript 文件,那么反射库是如何保存类型信息以供程序在运行时获取的呢?接下来使用 Reflect Metadata 库进行编译使用,观察其编译后保留的信息。

本节准备了两个反射测试项目,如图 5-74 所示。

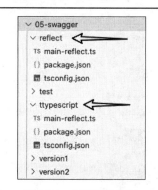

图 5-74 反射测试项目

用于编译测试的源码是 MainReflect 类。MainReflect 的 3 种方法的返回值类型分别是基本类型 Number、字符串 Promise 泛型、字符串数组，它们被 @injectReflect 装饰，而 @injectReflect 装饰器仅简单地输出当前方法的返回类型，代码如下：

```typescript
//chapter05/05-swagger/reflect/main-reflect.ts

import "reflect-metadata";
class MainReflect {
    @injectReflect
    getAge(): Number {
        return 1;
    }
    @injectReflect
    getPromise(): Promise<string> {
        return Promise.resolve('promise');
    }
    @injectReflect
    getArray(): Array<string> {
        return ['array'];
    }
}
function injectReflect(target: any, propertyKey: string) {
    const returnType: any = Reflect.getMetadata("design:returntype", target, propertyKey);
    console.log(target[propertyKey].name, "的返回类型是：", returnType.name);
}
```

测试项目的配置比较精简，tsconfig.json 配置的限定待编译的文件是 main-reflect.ts，package.json 配置了测试脚本和 reflect-metadata 库依赖，代码如下：

```json
//chapter05/05-swagger/reflect/package.json

{
  "scripts": {
    "build": "npx tsc",
    "prebuild": "npm i"
  },
  "dependencies": {
    "reflect-metadata": "latest"
  }
}
```

测试脚本配置在 tsc 编译命令前，先执行 npm i 命令安装依赖库，避免因为依赖库冲突出现异常。测试脚本命令如下：

```
npm run build
```

上述命令会先安装依赖库，然后执行 tsc 编译，在 dist 目录生成 main-reflect.js 文件，如图 5-75 所示。

main-reflect.js 文件的内容并不复杂，分 3 部分理解。

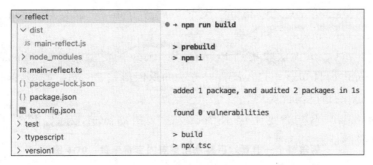

图 5-75 编译生成 main-reflect.js 文件

（1）反射工具函数__decorate()和__metadata()的定义，它们的作用是把参数里的类型信息存放到 target 或者 Reflect 的属性上，待后续使用 Reflect.getMetadata()读取。

（2）编译后的 MainReflect 类，从它的 3 种方法和 injectReflect()函数可以看到它们都没有了类型信息，是普通的 JavaScript 语法。

（3）调用__decorate()和__metadata()将 injectReflect 函数和 MainReflect 的原型关联起来。这里是 Reflect Metadata 能够收集类型信息的关键部分，代码如下：

```
//chapter05/05-swagger/reflect/dist/main-reflect.js

//接管 getAge()方法，设置 metadata 数据
__decorate([
    injectReflect,
    __metadata("design:type", Function),
    __metadata("design:paramtypes", []),
    __metadata("design:returntype", Number)
], MainReflect.prototype, "getAge", null);
//接管 getPromise()方法，设置 metadata 数据
__decorate([
    injectReflect,
    __metadata("design:type", Function),
    __metadata("design:paramtypes", []),
    __metadata("design:returntype", Promise)
], MainReflect.prototype, "getPromise", null);
//接管 getArray()方法，设置 metadata 数据
__decorate([
    injectReflect,
    __metadata("design:type", Function),
    __metadata("design:paramtypes", []),
    __metadata("design:returntype", Array)
], MainReflect.prototype, "getArray", null);
```

在上述代码中，__metadata()函数的第 1 个参数是"design:type"、"design:paramtypes"、"design:returntype"三者之一，第 2 个参数是对应的类型。例如__metadata("design:returntype"，Number)表示 getAge()方法的返回值类型 returntype 是 Number。

从这个编译结果可以看出 Reflect Metadata 有两个作用限制：

（1）Reflect Metadata 只能收集方法类型 design：type、参数类型 design：paramtypes、返回类型 design：returntype 三种数据。

（2）Reflect Metadata 无法收集到 Promise 和 Array 的泛型。例如 __metadata("design：returntype"，Promise)只知道 getPromise()方法的返回值是 Promise 类型，但具体泛型就不得而知了。Array 的情况与此类似。

Reflect Metadata 不能满足生成 JSDoc 动态文档的需求，因此，需要寻找比 Reflect Metadata 更高级的反射工具库。

5.6.3 进阶反射库

Reflect Metadata 的工作原理是在源码编译时，给生成的 JS 文件保存了简单的类型信息，在运行阶段提供这些信息，而要在编译时加入功能或者改变代码，就需要用到下列几种 TypeScript 编译工具。

（1）TypeScript compiler API：TypeScript 内置编译 API。使用 TypeScript compiler API 对编译知识要求比较高，相比接下来的两者而言，算是比较原始的编译工具，其应用例子就是 Reflect Metadata。

（2）ttypescript：提供了和 tsc 命令相似的 ttsc 命令编译工具。ttypescript 支持 transform 插件，可以使用插件在编译期做各种改写操作。ttypescript 的使用比 compiler API 简单很多，它在底层调用 compiler API 对源码进行编译期修改。ttypescript 目前不支持 TypeScript 5.0+版本，实际测试中发现还有些小问题，例如不能在装饰器里直接编码以获取类型信息。

（3）ts-patch：号称可替代 ttypescript 的编译工具，同样支持 transform 插件，只支持 TypeScript 5.1 以上版本。ts-patch 通过修改 TypeScript 源码库的方式进行编译期修改。ts-patch 目前功能不太稳定，实测发现其 import 只能支持 JavaScript 文件，框架放弃了 ts-patch 方案。

上述的编译工具只提供编译时修改源码的接口，其中后两者采用 transform 插件机制。transform 插件是具体修改源码的实现，其编写方法可参考上述工具的文档说明。

transform 插件需要配置在 tsconfig.json 文件里，例如 typespeed-swagger 项目使用的就是 typescript-rtti 库的 transform 插件，代码如下：

```
"compilerOptions": {
  ...
  "plugins": [
    {
      "transform": "typescript-rtti/dist/transformer"
    }
  ]
},
```

使用上述编译工具，保存源码类型信息，以及在运行期提供的反射库，除了 Reflect

Metadata,还介绍两个比 Reflect Metadata 更强大的第三方反射库：

（1）tst-reflect,网址为 https://github.com/Hookyns/tst-reflect,主要使用泛型和接口来定义反射类型,以及获得类型信息。

（2）typescript-rtti,网址为 https://typescript-rtti.org,提供链式语法以获取类型信息。

两个反射库都能够提供比 Reflect Metadata 更为全面的类型信息。不过实际测试发现,tst-reflect 无法取得 Promise 信息,而 typescript-rtti 能够同时取得 Promise 和 Array 信息,因此 TypeSpeed-Swagger 项目的选择是 ttypescript + typescript-rtti。

普通的 TypeScript 编译和 ttypescript + typescript-rtti 组合的编译过程对比,如图 5-76 所示。

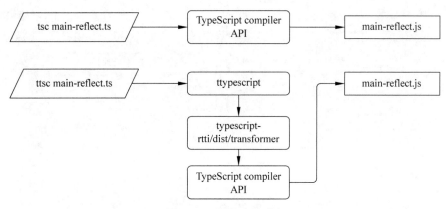

图 5-76 编译过程对比

此外,ts-node 命令需要在 tsconfig.json 文件做下列配置才能支持 ttypescript,代码如下：

```
//chapter05/05-swagger/version2/tsconfig.json

"ts-node": {
    "compiler": "ttypescript"
}
```

或者在执行 ts-node 命令时加入 -C 参数,命令如下：

```
ts-node -C ttypescript app/main.ts
```

配置 ttypescript+typescript-rtti 完成后,同样对 main-reflect.ts 进行编译,对比看和前面的 Reflect Metadata 编译的差别,如图 5-77 所示。编译命令只需执行 npm run build,其 package.json 已经配置了依赖库和脚本命令,代码如下：

```
//chapter05/05-swagger/ttypescript/package.json

{
  "scripts": {
```

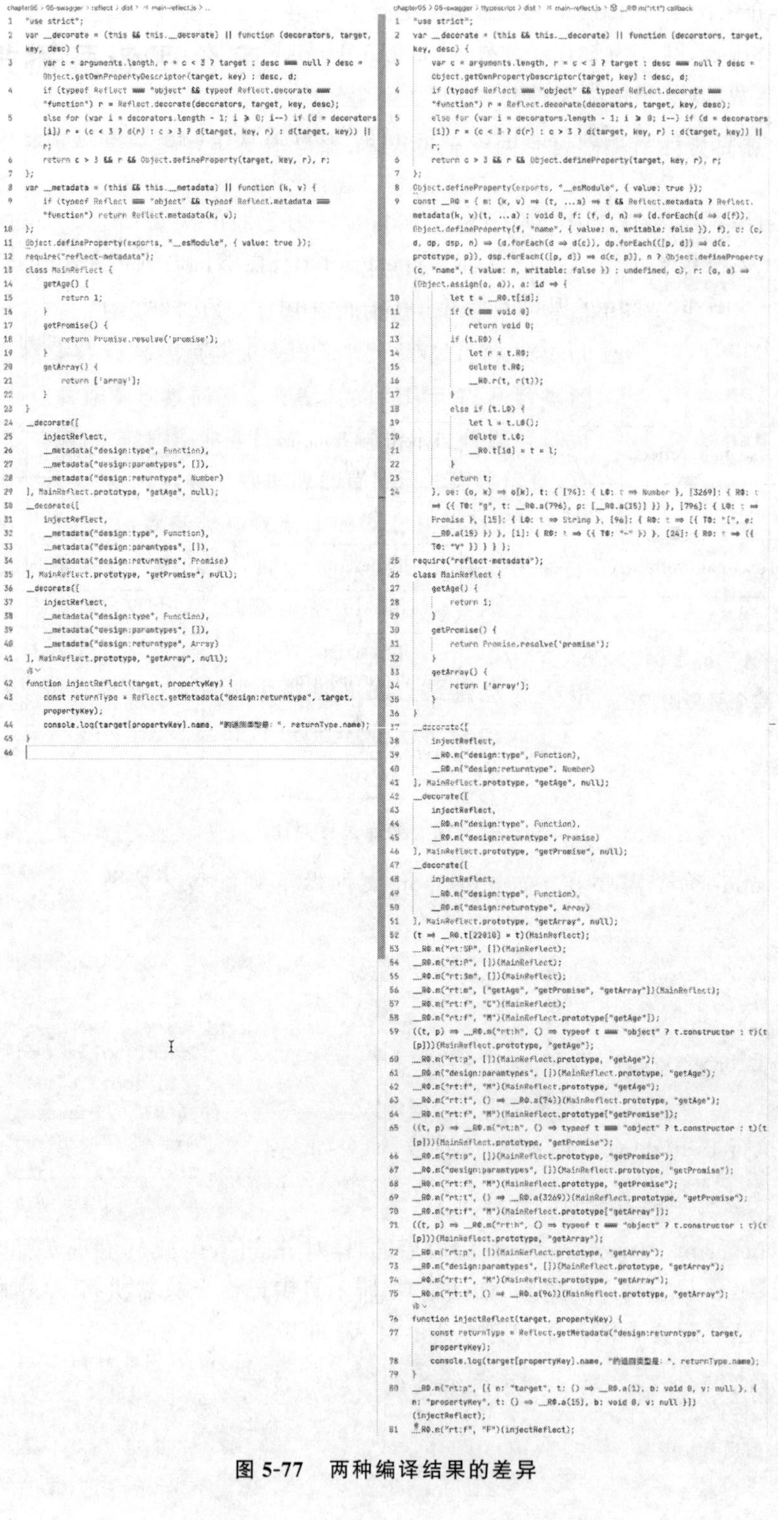

图 5-77 两种编译结果的差异

```json
    "build": "npx ttsc",
    "prebuild": "npm i"
  },
  "dependencies": {
    "reflect-metadata": "latest",
    "typescript-rtti": "0.9.5"
  },
  "devDependencies": {
    "ttypescript": "1.5.15",
    "typescript": "4.9"
  }
}
```

右边 ttypescript+typescript-rtti 编译后的 JS 文件内容要比左边 Reflect Metadata 编译的结果多一倍，因此，typescript-rtti 能够获取的信息较多，代码如下：

```
//chapter05/05-swagger/ttypescript/dist/main-reflect.js

//getAge()方法记录了 6 类反射信息
__RΦ.m("rt:p", [])(MainReflect.prototype, "getAge");
__RΦ.m("design:paramtypes", [])(MainReflect.prototype, "getAge");
__RΦ.m("rt:f", "M")(MainReflect.prototype, "getAge");
__RΦ.m("rt:t", () => __RΦ.a(74))(MainReflect.prototype, "getAge");
__RΦ.m("rt:f", "M")(MainReflect.prototype["getPromise"]);
((t, p) => __RΦ.m("rt:h", () => typeof t === "object" ? t.constructor : t)(t[p]))
(MainReflect.prototype, "getPromise");
```

编译后的上述代码 __RΦ.m() 和 __metadata() 的作用类似，但 __RΦ.m() 每种方法有 6 种信息输入，而 __metadata() 只有 3 种。

需要注意上述代码中的 __RΦ.m("rt:t", () => __RΦ.a(74))，这是 getAge() 的返回值类型。由于这些代码比较难以辨认，因此把返回值的相关代码抽离出来分析，代码如下：

```
//chapter05/05-swagger/ttypescript/dist/main-reflect.js

//24 行,记录所有编译前的类型信息,按索引方式存储
t: { [74]: { LΦ: t => Number }, 3269]: { RΦ: t => ({ TΦ: "g", t: __RΦ.a(796), p: [__RΦ.a
(15)] }) }, [796]: { LΦ: t => Promise }, [15]: { LΦ: t => String }, [96]: { RΦ: t => ({ TΦ:
"[", e: __RΦ.a(15) }) }, [1]: { RΦ: t => ({ TΦ: "~" }) }, [24]: { RΦ: t => ({ TΦ: "V" }) } }
}
//63 行,getAge()方法的相关类型索引
__RΦ.m("rt:t", () => __RΦ.a(74))(MainReflect.prototype, "getAge");
//69 行,getPromise()方法的相关类型索引
__RΦ.m("rt:t", () => __RΦ.a(3269))(MainReflect.prototype, "getPromise");
//75 行,getArray()方法的相关类型索引
__RΦ.m("rt:t", () => __RΦ.a(96))(MainReflect.prototype, "getArray");
```

上述代码后面三行表示三种方法的返回值，其后面的 __RΦ.a() 表示返回值类型。

(1) getAge() 方法对应 __RΦ.a(74)，在 24 行里面找 74 对应的值是 [74]: { LΦ: t =>

Number },因此getAge()方法的返回值是Number数值类型。

(2) getPromise()方法对应__RΦ.a(3269),在24行找3269对应的值是[3269]:{ RΦ: t => ({ TΦ: "g", t: __RΦ.a(796), p: [__RΦ.a(15)] }) },这里引出两个__RΦ.a(),继续寻找对应的数字,796对应的是 { LΦ: t => Promise },而15对应的是{ LΦ: t => String },因此getPromise()方法的返回值就是Promise类型,其泛型是String字符串。

(3) getArray()方法对应__RΦ.a(96),96对应的是[96]:{ RΦ: t => ({ TΦ: "[", e: __RΦ.a(15) }) },这里第1个TΦ: "["表示这是数组,而第2个__RΦ.a(15)对应的是{ LΦ: t => String },即字符串,因此getArray()方法的返回值是数组,其泛型是字符串。

有了上述数据,就能在编译后的文件里取得Promise和Array的返回值类型。

注意:typescript-rtti目前不够完善,部分属性没有提供获取的方法,因此本节部分代码直接读取其属性。

5.6.4 实现中间件配置

在5.5.3节介绍了swaggerMiddleware()的3个配置项,现在来看这些配置项是怎么起作用的,代码如下:

```typescript
//chapter05/05-swagger/version2/index.ts
function swaggerMiddleware(app: any, options?: { path: string, "allow-ip": string[] }, packageJsonPath?: string) {
    //Swagger 页面的网址
    const path = options && options.path || "/docs";
    //拼装 Swagger 文档的地址
    const swaggerJsonPath = path + "/swagger.json";
    //构建检查浏览器 IP 是否在白名单内的中间件
    const checkAllowIp = (req, res, next) => {
        //白名单配置
        const allowIp = options && options["allow-ip"] || ["127.0.0.1", "::1"];
        //从请求头获取浏览器 IP
        const ip = req.headers['x-forwarded-for'] || req.connection.remoteAddress;
        if (allowIp.indexOf(ip) !== -1) return next();
        //当浏览器 IP 不在白名单内时,返回 403
        res.status(403).send("Forbidden");
    }
    const swggerOptions = { swaggerOptions: { url: swaggerJsonPath } }
    //设置 swagger.json 的响应中间件
    app.get(swaggerJsonPath, checkAllowIp, (req, res) => res.json(swaggerDocument(packageJsonPath)));
    //显示 Swagger 页面的中间件
    app.use(path, checkAllowIp, swaggerUi.serveFiles(null, swggerOptions), swaggerUi.setup(null, swggerOptions));
}
```

在 swaggerMiddleware() 函数里路径变量有两个：

（1）path 是 Swagger 页面的网址，app.get() 给 path 路径配置了 checkAllowIp、swaggerUi.serveFiles() 和 swaggerUi.setup() 等 3 个中间件，后两者是 swagger-ui-express 库用以显示 Swagger 页面的中间件。

（2）swaggerJsonPath 是 path 拼接"/swagger.json"组成的路径，即 JSDoc 文档的地址。swaggerJsonPath 的默认值为/docs/swagger.json。app.set() 为 swaggerJsonPath 配置了 checkAllowIp 和装载 swaggerDocument() 返回值的中间件。

这里两次提到 checkAllowIp 中间件，它是检查请求 IP 是否匹配 allow-ip 配置的安全检查中间件，如果 IP 匹配得上，则认为是合法的访问，允许查看 Swagger 页面。当 IP 不匹配时，返回 403 Forbidden 权限不足的错误提示。

注意：由于 Swagger 页面展示了服务器端程序的接口和参数类型等信息，容易被利用来对系统进行分析破解，从而导致非法参数攻击，因此仅允许特定 IP 访问 Swagger 页面是常规的安全手段。

此外，packageJsonPath 参数直接输入 swaggerDocument() 函数，packageJsonPath 是项目 package.json 的文件路径，这里读取文件作为 Swagger 页面信息，代码如下：

```typescript
//chapter05/05-swagger/version2/index.ts
function swaggerDocument(packageJsonPath?: string): object {
    if (routerMap.size === 0) return;
    //构建 Swagger 文档对象
    const apiDocument = new ApiDocument();
    if (packageJsonPath && fs.existsSync(packageJsonPath)) {
        //从项目 package.json 文件中读取项目信息
        try {
            const jsonContents = fs.readFileSync(packageJsonPath, 'utf8');
            const packageJson = JSON.parse(jsonContents);
            apiDocument.title = packageJson.name;
            apiDocument.description = packageJson.description;
            apiDocument.version = packageJson.version;
            apiDocument.license = packageJson.license;
            apiDocument.openapi = packageJson.openapi;
        } catch (err) {
            error(`Error reading file from disk: ${err}`);
        }
    }
    //遍历路由
    routerMap.forEach((router, key) => {
        //创建路由 ApiPath 对象，同时处理请求响应类型
        const apiPath = createApiPath(router);
        if (requestBodyMap.has(key)) {
            //处理请求体信息
```

```
                    handleRequestBody(apiPath, requestBodyMap.get(key));
                }
                if (requestParamMap.has(key)) {
                    //处理请求参数信息
                    handleRequestParams(apiPath, requestParamMap.get(key));
                }
                //添加到文档对象中
                apiDocument.addPath(router.path, apiPath);
    });
    //遍历对象实体信息,并增加到文档对象中
    schemaMap.forEach((schema) => {
            apiDocument.addSchema(schema);
    });
    //文档对象将收集的信息转换为 JSDoc 文件输出
    return apiDocument.toDoc();
};
```

上述代码 swaggerDocument()函数使用 fs 库读取 package.json 内容,并把内容里面的 name、description、version、license 和 openapi 这 5 个属性赋予 ApiDocument 对象。效果参考图 5-69 所示。

而 ApiDocument 对象是 JSDoc 文档的基础类,上述 5 个属性,加上 Path 和 Schema 两部分共同组成了完整的 JSDoc 结构。swaggerDocument()返回值调用了 ApiDocument 的 toDoc()方法输出动态 JSDoc 文档,如图 5-78 所示。

swaggerDocument() 函数的第二部分是遍历 routerMap,在每个页面上使用 createApiPath()函数创建 ApiPath 对象。createApiPath()的作用是构建页面的响应类型,代码如下:

```
//chapter05/05-swagger/version2/index.ts

function createApiPath(router: RouterType): ApiPath {
    const { method, clazz, target, propertyKey } = router;
    //创建 ApiPath 对象
    const apiPath = new ApiPath(method, clazz, propertyKey);
    //用反射取得路由的响应类型
    const responseType = reflect(target[propertyKey]).returnType;
    if (!responseType || !responseType["_ref"]){
        //当响应类型不存在时,只需返回 200 OK
        apiPath.addResponse("200", "OK");
        return apiPath;
    }
    let realType = responseType["_ref"];
    if (responseType.isPromise()) {
        //当响应类型为 Promise 时,需要取得下一个层次的类型,即 Promise 的泛型类型
        realType = responseType["_ref"]["p"][0];
    }
    //解析响应类型,类型信息将被收集到 schemaMap
    handleRealType(realType, (item?: ApiItem) => {
```

```
            if (item === undefined) {
                apiPath.addResponse("200", "OK");
            } else {
                apiPath.addResponse("200", "OK", item);
            }
        })
        return apiPath;
    }
```

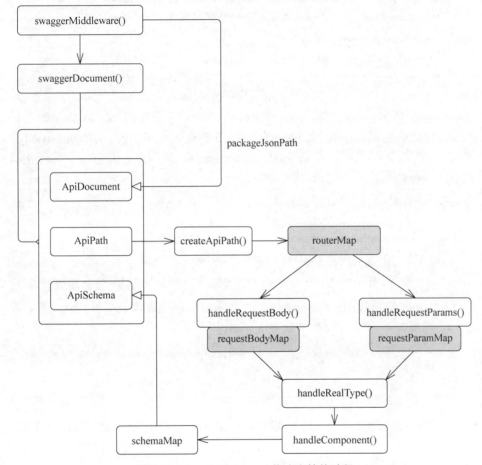

图 5-78　swaggerDocument 构建文档的过程

代码里用到 typescript-rtti 库的 reflect() 函数来取得页面方法的响应类型 responseType，当 responseType 为空时页面的状态码为 200 OK。

当 responseType.isPromise() 为真时，也就是当该页面的响应类型是 Promise 时，将 responseType 变量的_ref.p.0 引用类型输入 handleRealType() 方法计算其类型。

swaggerDocument() 接着将每个页面的请求体和参数类型从 requestBodyMap 和 requestParamMap 取出，分别交由 handleRequestBody() 和 handleRequestParams() 处理。

handleRequestBody()使用 typescript-rtti 的 parameters 属性取得页面方法的参数类型 paramType,然后把 paramType 变量的_ref 引用类型输入 handleRealType()方法计算其类型,代码如下:

```typescript
//chapter05/05-swagger/version2/index.ts

function handleRequestBody(apiPath: ApiPath, bodyParam: RequestBodyMapType) {
    const { target, propertyKey, parameterIndex } = bodyParam;
    const paramType = reflect(target[propertyKey]).parameters[parameterIndex];
    //if(!paramType || !paramType.type || paramType.type["_ref"]) return;
    const realType = paramType.type["_ref"];
    handleRealType(realType, (item: ApiItem) => {
        apiPath.addRequestBody(item);
    })
}
```

handleRequestParams()的逻辑与 handleRequestBody()几乎相同,仅 handleRealType()计算类型之后的赋值不同,handleRequestBody()用于输入 apiPath.addRequestBody(),而 handleRequestParams()用于输入 apiPath.addParameter()。这是因为在 JSDoc 文档格式中,请求体和参数的格式是不同的,代码如下:

```typescript
//chapter05/05-swagger/version2/index.ts

function handleRequestParams(apiPath: ApiPath, params: ParamMapType[]) {
    params.forEach(param => {
        const paramType = reflect(param.target[param.propertyKey]).parameters[param.parameterIndex];
        //if(!paramType || !paramType.type || paramType.type["_ref"]) return;
        const realType = paramType.type["_ref"];
        handleRealType(realType, (item: ApiItem) => {
            apiPath.addParameter(param.paramKind, param.paramName || paramType.name, item);
        })
    });
}
```

至此,5.5 节收集信息的 3 个全局变量均起到了作用。接下来进入关键方法 handleRealType()的讲解。

5.6.5 获取对象详细信息

JSDoc 文档里的页面响应类型、请求体类型、页面参数类型都使用 handleRealType()函数获取其类型,代码如下:

```typescript
//chapter05/05-swagger/version2/index.ts

function handleRealType(realType: any, callback: Function) {
```

```
            if (typeof realType === "function") {
                if (/^class\s/.test(realType.toString())) {
                    //当输入类型是开发者自定义类型时,调用handleComponent()进一步获取其方法
                    handleComponent(realType);
                    callback(ApiItem.fromType("$ref", realType.name));
                } else {
                    callback(ApiItem.fromType(realType.name.toLowerCase()));
                }
            } else if (realType["TΦ"] === 'V') {
                callback();
            } else if (realType["TΦ"] === 'O') {
                callback(ApiItem.fromType("object"));
            } else if (realType["TΦ"] === '~') {
                callback(ApiItem.fromType("string"));
            } else if (realType["TΦ"] === '[') {
                const deepRealType = realType["e"];
                if (/^class\s/.test(deepRealType.toString())) {
                    //当数组泛型是开发者自定义类型时,调用handleComponent()进一步获取其方法
                    handleComponent(deepRealType);
                    callback(ApiItem.fromArray("$ref", deepRealType.name));
                } else {
                    callback(ApiItem.fromArray(deepRealType.name.toLowerCase()));
                }
            } else {
                callback(ApiItem.fromType("string"));
            }
        }
```

handleRealType()的第1个参数realType是上述几个场景中输入的引用类型变量,这里进行了一系列判断:

(1) 当realType是function时,用toString()函数检查其源码是否存在class关键字,因为源码里带class关键字的function类型就是开发者自定义的类型,这时会把它直接交给handleComponent()函数处理。当没有class关键字时,表示类型是基础类型,取name属性返回即可。

(2) 当realType["TΦ"]等于V时,类型是void,即无返回值。

(3) 当realType["TΦ"]等于O时,类型是object,即{}。

(4) 当realType["TΦ"]等于~时,类型是string字符串。

(5) 当realType["TΦ"]等于[时,类型是数组。数组类型需要再深入检查其泛型类型,继续检查源码是否存在class关键字,交给handleComponent()处理或者返回基础类型的name属性。

handleComponent()和handleRealType()形成递归关系,因为handleComponent()会扫描自定义类型的所有方法和参数,调用handleRealType()检查参数类型。递归循环的结果会赋值给ApiSchema对象,每个ApiSchema对象对应一个自定义类型,这些ApiSchema对象最后会被收集到schemaMap全局变量里。

在swaggerDocument()函数最后一部分代码里会遍历schemaMap以取得所有自定义类型，用apiDocument.addSchema()方法输入ApiDocument对象里。

如果要测试上述整个过程的效果，则需要在页面上增加各种类型的参数，观察是否能够识别和分析其类型，并在Swagger页面上输出。

程序的启动方式是进入chapter05/05-swagger/version2目录，然后执行npm test命令。该命令会在当前目录再次拉取NPM库，保证NPM库是可用的。

npm test命令拉取NPM库后便会启动程序，这时使用浏览器访问http://localhost:8081/docs即可看到Swagger页面的显示。

注意：这里的端口号是8081，和框架运行的端口号不同。

接下来挑选部分接口的实现效果进行讲解。

(1) 在/request/string页面测试Promise泛型是基础类型string，代码如下：

```
@getMapping("/request/string")
async testString(req, res, @reqQuery id: number): Promise<string> {
    log("id: " + id);
    return Promise.resolve("test string");
}
```

该页面的参数是基础类型number，响应类型是Promise<string>，显示效果如图5-79所示。

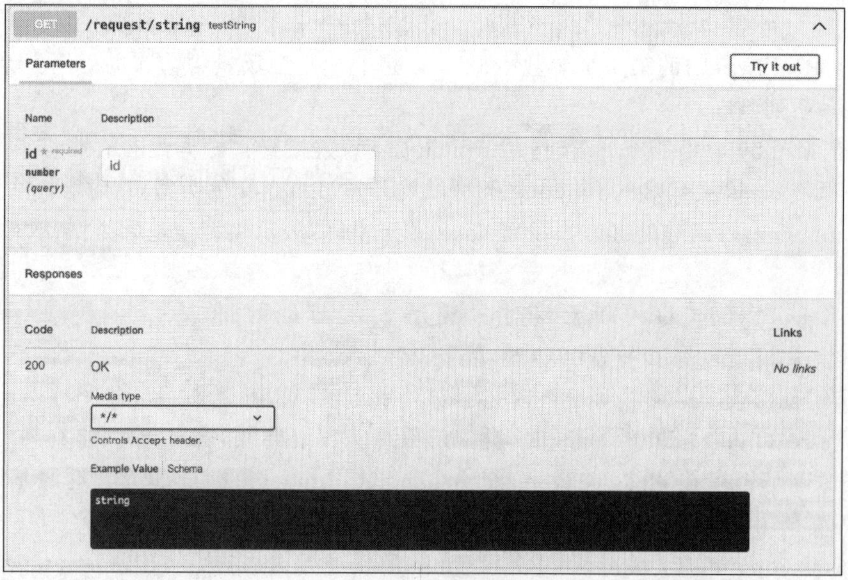

图 5-79　/request/string 页面的显示效果

(2) 在/request/query页面测试Promise泛型是自定义类型数组，代码如下：

```
@getMapping("/request/query")
async testQuery(req, res, @reqQuery id: number): Promise<DataC[]> {
    log("id: " + id);
    return Promise.resolve([new DataC("value to C")]);
}
```

该页面的参数是基础类型 number，响应类型是 Promise<DataC[]>，其显示效果如图 5-80 所示。

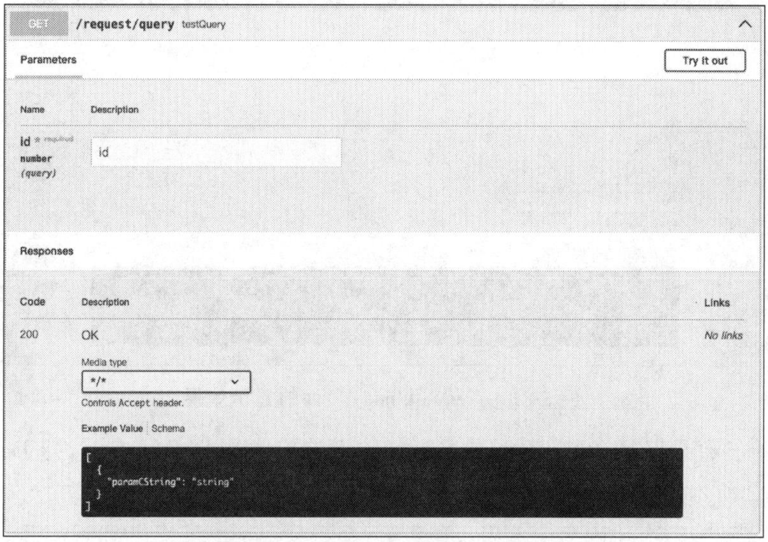

图 5-80　/request/quer 页面的结果

（3）在/request/body 页面测试请求体类型和响应自定义类型，代码如下：

```
@postMapping("/request/body")
testBody(@res res, @reqBody body: DataB): DataB {
    log("body: " + JSON.stringify(body));
    return new DataB(100, new DataC("B to C"));
}
```

该页面是 POST 请求，参数是自定义类型 DataB，响应类型同样是 DataB，其效果如图 5-81 所示。

从图 5-81 可以看到自定义类型 DataB 有两种类型的成员变量，即基础类型 number 和自定义类型 DataC，这里已经实现对 DataB 两种变量类型的分析和显示。

（4）在/request/param/:id 页面测试路径参数类型和复杂的响应自定义类型，代码如下：

```
@getMapping("/request/param/:id")
testParam(@res res, @reqParam id: number) : DataA[] {
    log("id: " + id);
    return [new DataA(100, "A to B", new DataB(200, new DataC("AB to C")), [new DataC("A to C")])];
}
```

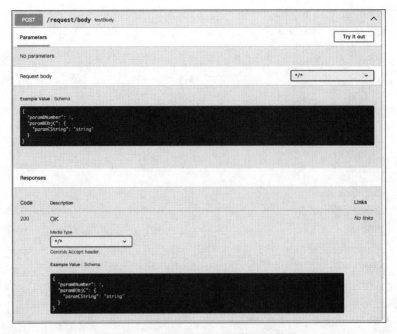

图 5-81 /request/body 页面的显示效果

该页面的参数是路径参数,类型是 number,而响应类型是 DataA[],即 DataA 数组,其效果如图 5-82 所示。

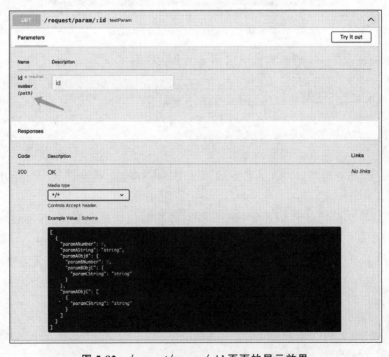

图 5-82 /request/param/:id 页面的显示效果

该页面的参数是路径参数,因此在 Parameters 栏显示时,名称 id 显示的类型是(path),表示这是路径参数。观察其他页面 id 参数的类型是(query),表示是 Query 字符串参数。

页面的响应类型是比较复杂的自定义类型 DataA,可观察其代码和显示效果的关系,代码如下:

```
//chapter05/05-swagger/version2/app/entities/data-a.class.ts

import DataB from "./data-b.class";
import DataC from "./data-c.class";

export default class DataA {
    constructor(public paramANumber: number, public paramAString: string, public paramAObjB: DataB, public paramAObjC: DataC[]){}
}
```

在 Swagger 页面底部的 Schemas 栏列出了在接口出现的自定义类型,每种类型都可以展开其属性类型,以便了解类型细节,如图 5-83 所示。

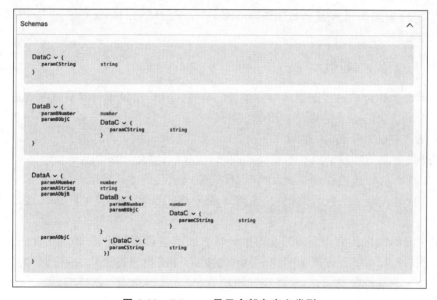

图 5-83　Schemas 显示全部自定义类型

5.6.6　小结

至此,TypeSpeed-Swagger 项目完成。该项目经过简单修改即可为 TypeSpeed 框架的项目增加对 Swagger 平台的支持,并且任何接口更新都会自动反映在 Swagger 界面上,比起每次增加接口都要修改源码注释的做法要方便很多。在收集类型数据的开发中,使用了进阶反射库获取各种类型信息,同时讲解了 TypeScript 反射库的编译过程和原理,有助于读者深入理解 TypeScript 装饰器原理和反射机制的作用与限制。

第 6 章 项目测试与发布

6.1 开源项目的测试

本节将介绍开源 Web 框架的测试实现,深入讲解 Mocha 测试框架及其网络测试包 chai 的使用,框架是如何调整来配合测试实现,并介绍测试集的写法和提供一系列的测试判定条件供读者参考。

6.1.1 单元测试

单元测试是针对单一代码逻辑本身进行的测试。具体来说单元测试就是检查一个函数或者一个网页接口的结果是否符合预期的测试。

单元测试有以下好处:
(1) 开发阶段能够发现潜在的错误和问题,使代码能够符合预期。
(2) 对代码的修改过程提供保障,确保代码修改后仍能够正常运作。
(3) 促使开发者编写代码的同时,考虑可能出现的异常情况及关注如何更好地组织代码以方便测试。

虽然单元测试在提高代码质量和可维护性方面具有显著的优势,但在实际工作环境中,它并未得到广泛采纳。由于开发者常常面临紧迫的时间表和进度压力,作为"附加项"的单元测试往往被忽视或故意省略,然而在开源项目中,对代码稳定性的要求通常优先于时间考量,因此为开源项目编写单元测试显得尤为关键。

Web 框架的功能通常在每个页面接口中实现,因此对 Web 框架进行单元测试意味着要针对实现框架每个特性的页面进行测试。例如,在本书讲解每个功能的实现时都会编写相应的页面程序作为测试,并给出预期的结果。这些可以视为一种原始的单元测试方法,然而,在本节将进一步采用 TypeScript 领域较为流行的 Mocha 测试方案来自动化地测试这些页面。

6.1.2 Mocha 测试框架

Mocha 是一个功能丰富的 JavaScript/TypeScript 测试框架,可运行在 Node.js 服务器

端和浏览器中，其目标是使异步测试变得更简单有效。

这里用一个简单的测试项目来了解 Mocha 的基本使用方法。测试项目仅有 tsconfig.json、package.json、test.ts 这 3 个文件，其中 tsconfig.json 的内容和框架类似，这里不赘述。

package.json 用于配置测试的依赖库和测试命令，由于测试仅开发阶段使用，因此测试依赖库可以设置在 devDependencies 属性里，代码如下：

```json
//chapter06/01-unit-test/mocha-test/package.json

{
  "scripts": {
    "test": "mocha --require ts-node/register ./test.ts"
  },
  "devDependencies": {
    "@types/mocha": "^10.0.1",
    "mocha": "10.2.0",
    "chai": "4.3.7",
    "ts-node": "^10.9.1"
  }
}
```

测试依赖库是 mocha、chai 和 @types/mocha，分别如下：

（1）Mocha 框架。

（2）chai 是 Mocha 框架的 HTTP 测试工具库。

（3）@types/mocha 是 Mocha 框架的类型定义库。

此外，测试命令中要用到 ts-node 进行编译注册，因此 ts-node 也需要引入。

package.json 的脚本配置了测试命令 npm test。

npm test 调用 mocha 命令，命令参数 --require ts-node/register 载入 ts-node 执行器，相当于执行 ts-node 来执行 test.ts 程序。

注意：这里有个重要的知识点。如果在项目外部的任意目录中用命令行执行 mocha 命令，则会发现命令行提示找不到 mocha 命令，然而，在项目文件夹内运行 mocha 命令时，命令行会使用 node_modules/mocha/bin/mocha.js 来执行测试。这是 Node.js 项目的一个命令执行的规则，读者应留意。

---

test.ts 是测试代码的所在，其内容是对 sayHello() 函数进行测试，代码如下：

```ts
//chapter06/01-unit-test/mocha-test/test.ts

import { expect } from "chai";

function sayHello(name: string) {
    return "Hello " + name + "!";
}
```

```
describe("Test Demo!", () => {
    it("should return 'Hello World!'", () => {
        expect(sayHello("World")).to.equal("Hello World!");
    });
});
```

代码中 describe 和 it 都是由 @node/mocha 引入的全局变量，describe 表示一个测试集，it 表示测试集里的一个测试单元。此处 it 的单元测试代码 expect(sayHello("World")).to.equal("Hello World!");表示期待 sayHello()的结果等于 Hello World。

通过 NPM 命令启动测试，命令如下：

```
npm test
```

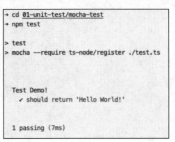

图 6-1　sayHello()函数测试结果

此时，可看到单元测试输出的内容显示为 1 passing，表示 1 个单元测试通过测试，如图 6-1 所示。

从上述测试项目可以看到，编写单元测试有下列步骤：

（1）搭建测试环境，例如通过 package.json 对依赖进行配置等。

（2）准备测试的内容，即上述的 sayHello()函数。需要注意，当测试对象为页面接口时，需要调整页面输出的内容，覆盖所需要测试的功能。例如测试查询数据库功能，测试页面就需要输出查询结果。

（3）编写对测试结果的期待值，即编写 expect 表达式，本节后续将介绍更多关于 expect 表达式的写法。

（4）重复步骤 2 和步骤 3，直至足够多的代码能够被测试覆盖。

6.1.3　调整框架配合测试

如果要接入单元测试，则框架必须进行一些调整，这也是在 6.1.1 节提到的，单元测试有助于开发者思考其代码是否方便测试的优点。因为如果代码不方便甚至无法被单元测试，则很可能意味着这些代码逻辑关联复杂、思路不够清晰。在这种情况下，开发者需要对代码进行重构和优化，使其更易于测试。这不仅可以提高代码的质量和可维护性，还可以降低未来可能出现错误和问题的风险。

框架的调整首先是将原有的示例程序从 test 目录移动至 app 目录，而 test 目录则用于存放所有的单元测试集程序，这也符合开源项目的目录命名规范。app 目录的所有程序引入的框架文件路径也调整指向框架 src 目录，方便对框架源文件进行测试，而不是针对编译后的 JS 文件测试。例如将入口文件 main.ts 引入框架的路径修改为../../src/typespeed。

其次在 main.ts 入口文件定义了 appServer 的 Web 服务变量，并导出其关闭方法 close()。这是为了在 Mocha 单元测试完毕时能够关闭 Web 服务而准备的，代码如下：

```
//chapter06/01-unit-test/unit-test/app/src/main.ts
import { app, log, autoware, ServerFactory } from "../../src/typespeed";
let appServer = null;

@app
class Main {

    @autoware
    public server : ServerFactory;

    public main(){
        appServer = this.server.start(8081);
        log('start application');
    }
}

export default () => {
    if (appServer != null) {
        appServer.close();
    }
};
```

对应的关闭 Web 服务的代码保存在 hooks.ts 文件中,这是单元测试的全局钩子程序,代码如下:

```
//chapter06/01-unit-test/unit-test/test/hooks.ts

let appClose;
before(function () {
    this.timeout(50000);
    process.env["LOG"] = "CLOSE";
    appClose = require("../app/src/main");
});

after((done) => {
    if(appClose != null){
        appClose.default();
    }
    done();
});

export { };
```

钩子程序是特殊的测试程序,它的代码不涉及具体测试集,而是标记测试开始和结束时所需执行的代码。上述代码的 before() 是在所有测试集开始执行前执行的 3 个操作:

(1) 将测试执行超时时间设置为 500 000s,实际上测试不会执行到这段时间,而执行完成所有的测试就会结束。设置此时长是因为测试集中,部分为 MySQL、Redis、Socket.IO 等单元测试,对这类第三方服务的测试需要足够长的时间才可以得到结果。

（2）将环境变量 LOG 设置为 close，即关闭框架的日志输出，以免其输出干扰测试结果。

（3）载入 main.ts 入口文件，这里等同于直接执行 main.ts 文件。当载入 main.ts 文件后，框架提供的 Web 服务将启动，做好接收测试请求的准备。

而钩子程序的 after() 则是当测试全部完成时执行的代码，这里调用了 main.ts 导出的关闭方法，以关闭 Web 程序和相关的数据库连接等。

注意：hooks.ts 文件和其他测试文件的最后都有 export{}; 代码，因为 Mocha 的引入机制是将所有的测试文件合并为一个文件执行，当测试文件有相同命名的变量时，即使该变量在不同的文件里，也会被当作语法错误，因此标注 export{}; 明确表明文件是独立的模块，这样才不会出现异常提示。

第 3 个调整是 app 目录的各测试页面都要针对测试内容进行调整，例如将数据库测试页面 test-database.class.ts 调整为先新增记录，然后修改记录，最后删除记录。这样就能够在每次单元测试过程中，把所有的功能都执行一次，并且数据表里的数据从无到有再到无，方便下一次测试使用。

6.1.4　编写测试集

接着是编写测试集，要为每个页面编写测试代码。框架中已经有很多测试页面，因此测试代码的编写是一项烦琐的工作。这就凸显了测试先行的重要性。

测试先行意味着在编写逻辑代码之前先准备测试代码。这样做的好处有两个：

（1）为了在开始前编写好测试代码，开发者需要更仔细地思考逻辑代码的接口、设计规范等细节，从而提高代码质量。

（2）在系统迭代更新时，测试代码就像一道护栏。每次修改代码后都需要执行测试，以确保修改的代码不会导致其他部分代码出现问题。关于这点，将在 6.2 节详述。

框架的 test 目录保存的是现有的测试集，基本涵盖了框架的大部分功能，如图 6-2 所示。

这些测试集可以分为三类，对应框架的路由、数据库和外部服务等三部分功能。

图 6-2　框架的测试集

1. 路由功能的测试集

路由功能的测试文件是 first-page.test.ts、second-page.test.ts 和 request.test.ts，其中 first-page.test.ts 示范了多页面合并测试方法，代码如下：

```
//chapter06/01-unit-test/unit-test/test/first-page.test.ts

const chaiObj = require('chai');
chaiObj.use(require("chai-http"));
```

```javascript
describe("Test First page", () => {
    const testAddr = `http://${process.env.LOCAL_HOST || "localhost"}:8081`;
    //准备数据进行批量测试
    const firstPageRequests = [
        {
            "url": "/first",
            "expect": "FirstPage index running",
        },
        {
            "url": "/first/sendJson",
            "expect": JSON.stringify({
                "from": "sendJson",
                "to": "Browser"
            }),
        },
        {
            "url": "/first/sendResult",
            "expect": "sendResult",
        },
        {
            "url": "/first/renderTest",
            "expect": "Hello zzz!",
        },
        {
            "url": "/test/error",
            "expect": "This is a error log",
        }
    ]
    //遍历数据,使用chai-http发起请求,匹配返回结果
    firstPageRequests.forEach((testRequest) => {
        it(testRequest.url, (done) => {
            chaiObj.request(testAddr).get(testRequest.url).end((err, res) => {
                chaiObj.assert.equal(testRequest.expect, res.text);
                return done();
            });
        });
    });
});

export {};
```

上述代码使用 chai-http 库,它是 chai 库的扩展库之一,载入它能够让 chai 库具备 HTTP 测试功能。

注意:testAddr 变量的写法,testAddr 是 HTTP 访问 Web 程序的地址,它先从环境变量 LOCAL_HOST 中取值,因为当程序运行在 Docker 容器内时,其访问地址需要通过环境变量传入。

first-page.test.ts 测试的页面都是与路由相关的功能,例如模板显示、JSON、错误页面等,因此这里用 firstPageRequests 数组来保存页面地址和期待结果,然后遍历 firstPageRequests 数组,每项作为一个单元测试执行。

在单元测试里用了 chai 库的 HTTP 功能访问页面地址,得到响应内容后检查是否和期待结果一致,代码如下:

```
it(testRequest.url, (done) => {
    chaiObj.request(testAddr).get(testRequest.url).end((err, res) => {
        chaiObj.assert.equal(testRequest.expect, res.text);
        return done();
    });
});
```

chai 库支持链式调用,request()方法用于指定访问的域名,get()方法用于访问特定页面地址,end()方法用于等待响应结果。

chai 库的 HTTP 测试还可以支持如设置请求头、表单提交、上传文件和发送请求体参数等浏览器能做到的各种功能。

设置请求头功能用于测试框架的 JWT 验证和 Cookie 等功能,例如 JWT 验证需要在请求头附带上验证密钥,测试代码如下:

```
//chapter06/01-unit-test/unit-test/test/second-page.test.ts

it("/form", (done) => {
    const token = jwttoken.sign({ foo: 'bar' }, 'shhhhhhared-secret');
    const fileContents = fs.readFileSync("./app/src/views/upload.html", "utf8");
    chaiObj.request(testAddr).post("/form")
        .set({ "Authorization": `Bearer ${token}` })
        .end((err, res) => {
            chaiObj.assert.equal(res.text, fileContents);
            done();
        });
});
```

chai 库的 post()方法用于发送 POST 请求,set()方法可设置请求头,上述代码用 set() 设置了 Authorization 请求头,其值是 jwttoken 生成的 JWT 密钥。

上传文件也要用 set()将 Content-Type 设置为 multipart/form-data,代码如下:

```
//chapter06/01-unit-test/unit-test/test/second-page.test.ts

it("/upload", (done) => {
    const uploadfile = "./app/static/k.jpg";
    chaiObj.request(testAddr).post("/upload")
        .set('Content-Type', 'multipart/form-data')
        .attach("file", uploadfile)
        .end((err, res) => {
            chaiObj.assert.equal(res.text, "upload success");
```

```
        done();
    });
});
```

上述代码使用了 chai 库的 attach() 方法附带上传文件提交。

当表单不需要上传文件时,可以简单地设置 type(),代码如下:

```
//chapter06/01-unit-test/unit-test/test/request.test.ts

it("/request/form", (done) => {
    const sendName = "name200";
    chaiObj.request(testAddr).post("/request/form")
        .type("form")
        .send({ name: sendName })
        .end((err, res) => {
            expect(res.text).to.be.equal("Got name: " + sendName);
            done();
        });
});
```

上述代码用 type() 定义了这是表单请求,而 send() 方法则表示表单域和输入值。

此外,用请求体发送提交参数是比较常规的前端调用 API 的方法,测试请求体发送数据的代码如下:

```
//chapter06/01-unit-test/unit-test/test/request.test.ts

it("/request/body", (done) => {
    const sendUser = new UserDto(100, "name100");
    chaiObj.request(testAddr).post("/request/body")
        .send(sendUser)
        .end((err, res) => {
            expect(res.text).to.be.equal(JSON.stringify(new MutilUsers("group", [sendUser])));
            done();
        });
});
```

chai 库的 send() 方法可以直接发送请求体内容,从参数形式可见,发送请求体和发送表单域只能二选一,不可同时发送。

2. 数据库读写的测试集

数据库测试集是 database.test.ts 和 orm.test.ts 文件,在 6.1.3 节提到数据库测试页面做了调整,因此测试集也跟随测试页面的流程进行。

这里用了一个小技巧,随机生成新增用户的 ID,避免和数据表里已有的数据冲突,代码如下:

```
//chapter06/01-unit-test/unit-test/test/database.test.ts

const randomId = random(3000, 5000);
```

```
it("/db/select-row", (done) => {
    chaiObj.request(testAddr).get("/db/select-row?id=" + randomId).end((err, res) => {
        const dataList = JSON.parse(res.text);
        expect(dataList).to.be.an('array');
        expect(dataList[0]).to.have.property("id").which.is.a("number").equal(randomId);
        done();
    });
});
```

在匹配页面响应内容的过程中,expect()丰富的表达能力可以让测试更简单和更语义化。这里汇总了一些 expect() 表达式的示例,主要在 database.test.ts 和 orm.test.ts 文件中使用,代码如下:

```
//判定 dataList 是个数组
expect(dataList).to.be.an('array');
//判定返回值是数组,并且长度为 3
expect(JSON.parse(res.text)).is.a("array").lengthOf(3);
//判定返回内容等于字符串 test res
expect(res.text).to.be.equal("test res");
//判定 dataList 的第 0 项存在 id 属性
expect(dataList[0]).to.have.property('id');
//判定 dataList 的第 0 项存在 id 属性,并且是数字格式,值等于 randomId
expect(dataList[0]).to.have.property("id").which.is.a("number").equal(randomId);
//判定返回内容存在 effectRows 属性,并且值是 0 或 1
expect(JSON.parse(res.text)).to.have.property("effectRows").which.to.be.oneOf([0, 1]);
//判定返回内容存在 newId 属性,并且是个数字,值大于 0
expect(JSON.parse(res.text)).to.have.property("newId").which.is.a("number").above(0);
```

3. 外部服务的测试集

外部服务的测试是 redis.test.ts、mq.test.ts 和 socket.test.ts,分别对应 Redis、RabbitMQ 和 Socket.IO 的测试。

Redis 测试时准备了一个数组 ranking,ranking 包含多个用户名和分数,然后用 ranking 循环调用 Redis 排行榜的增加分数接口,接着测试排行榜显示接口,检查输出是否和原数组一致,代码如下:

```
//chapter06/01-unit-test/unit-test/test/redis.test.ts

const chaiObj = require('chai');
chaiObj.use(require("chai-http"));
const expect = chaiObj.expect;

describe("Test Redis", () => {
    const testAddr = `http://${process.env.LOCAL_HOST || "localhost"}:8081`;
    //准备排行榜数据
    const ranking = {
        "zhangsan": 93, "lisi": 99, "wangwu": 96, "zhaoliu": 97, "qianqi": 98, "sunba": 92,
"zhoujiu": 94, "wushi": 95
```

```javascript
    });
    //测试Redis读取
    it("/redis", (done) => {
        chaiObj.request(testAddr).get("/redis").end((err, res) => {
            expect(res.text).to.be.equal("get from redis: " + "Hello World");
            done();
        });
    });
    //测试Redis的发布订阅功能
    it("/redis/publish", (done) => {
        chaiObj.request(testAddr).get("/redis/publish").end((err, res) => {
            expect(res.text).to.be.equal("Published!");
            done();
        });
    });
    //遍历排行榜数据,发送请求以加入排行榜
    Object.keys(ranking).forEach((item) => {
        it("/redis/add " + item, (done) => {
            chaiObj.request(testAddr).get(`/redis/add?name=${item}&score=${ranking[item]}`).end((err, res) => {
                expect(res.text).to.be.equal("add zset success");
                done();
            });
        });
    });
    //列出排行榜数据,检查按从小到大的排序是否跟本地一致
    it("/redis/list", (done) => {
        chaiObj.request(testAddr).get("/redis/list").end((err, res) => {
            const dataList = JSON.parse(res.text);
            const rankingAsc = Object.fromEntries(Object.entries(ranking).sort((a, b) => a[1] - b[1]));
            expect(JSON.stringify(dataList)).to.be.equal(JSON.stringify(rankingAsc));
            done();
        });
    });
    //列出排行榜数据,检查按从大到小的排序是否跟本地一致
    it("/redis/ranking", (done) => {
        chaiObj.request(testAddr).get("/redis/ranking").end((err, res) => {
            const dataList = JSON.parse(res.text);
            const rankingDesc = Object.fromEntries(Object.entries(ranking).sort((a, b) => b[1] - a[1]));
            expect(JSON.stringify(dataList)).to.be.equal(JSON.stringify(rankingDesc));
            done();
        });
    });
});
export { };
```

RabbitMQ 的测试比较简单,仅检查是否正常发送消息。

Socket.IO 的测试载入了 Socket.IO 的客户端库 socket.io-client,在当前测试文件的 before()钩子上创建了两个 Socket.IO 的客户端连接。

接着两个客户端分别测试发送和接收广播信息、加入房间、在房间内广播消息和接收、发送错误信息、模拟一个客户端掉线后另一个客户端收到掉线广播信息等功能,代码如下:

```
//chapter06/01-unit-test/unit-test/test/socket.test.ts

const chaiObj = require('chai');
chaiObj.use(require("chai-http"));
import { io as Client } from "socket.io-client";
const expect = chaiObj.expect;

describe("Test Socket IO", () => {
    const testAddr = `http://${process.env.LOCAL_HOST || "localhost"}:8081`;
    //准备两个客户端
    let clientHanMeiMei, clientLiLei;
    before((done) => {
        //两个客户端分别建立连接
        clientHanMeiMei = Client(testAddr);
        clientLiLei = Client(testAddr);
        clientHanMeiMei.on("connect", done);
    });
    after(() => {
        //结束测试时,关闭两个客户端
        clientHanMeiMei.close();
        clientLiLei.close();
    });
    //测试发送和接收广播信息
    it("send and receive message", (done) => {
        clientHanMeiMei.on("all", (arg) => {
            expect(arg).to.be.include("LiLei");
            //清理当前客户端所有监听事件,以免造成冲突
            clientHanMeiMei.removeAllListeners("all");
            done();
        });
        clientLiLei.emit("say", "test-from-client-1");
    });
    //测试加入房间
    it("test join room", (done) => {
        clientHanMeiMei.emit("join", "");
        clientHanMeiMei.on("all", (arg) => {
            expect(arg).to.be.include("joined private-room");
            clientHanMeiMei.removeAllListeners("all");
            done();
        });
    });
    //测试房间内广播和接收信息
```

```javascript
    it("test say in room", (done) => {
        const message = "I said in Room";
        clientHanMeiMei.on("all", (arg) => {
            expect(arg).to.be.include(message);
            clientHanMeiMei.removeAllListeners("all");
            done();
        });
        clientHanMeiMei.emit("say-inroom", message);
    });
    //测试触发错误信息
    it("test error catching", (done) => {
        clientHanMeiMei.on("all", (arg) => {
            expect(arg).to.be.include("We have a problem!");
            clientHanMeiMei.removeAllListeners("all");
            done();
        });
        clientHanMeiMei.emit("test-error", "");
    });
    //测试当客户端断开连接时,另一个客户端是否收到通知
    it("test disconnecting", (done) => {
        clientLiLei.on("all", (arg) => {
            expect(arg).to.be.include("lost a member");
            clientLiLei.removeAllListeners("all");
            done();
        });
        clientHanMeiMei.disconnect();
    });
});
```

6.1.5 测试结果

项目测试的目的是发现问题,下面提供两个通过单元测试发现问题的实例。

1. @resultType 的实例化问题

在开发数据库测试页面时,使用 @resultType 查询结果装饰器发现错误提示:TypeError:dataClassType is not a constructor。

经过检查发现@resultType 给全局变量 resultTypeMap 赋值时,将数据类实例化后再存入 resultTypeMap。这样在 actionQuery()方法对结果赋值时,对结果数据类重复实例化,提示无法对已实例化的对象再实例化。

改正的方法是让@resultType 存入 resultTypeMap 时直接存入数据类,不必实例化。

2. 超时问题

编写/first 页面的测试时发现错误,如图 6-3 所示。

此处提示测试执行时间超时。直接运行程序,检查/first 页面时发现页面一直在加载中。

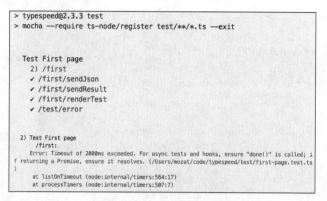

图 6-3　测试时出现超时错误

经过检查发现在开发 JWT 全局鉴权时，中间件的写法有误，next()函数调用时机不正确，因而导致加载页面被卡住。接着进行调整修复，修改前后的对比如图 6-4 所示。

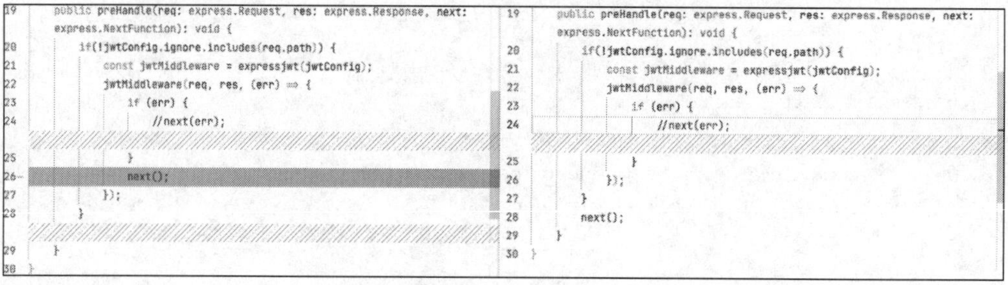

图 6-4　修复 JWT 中间件 next 调用问题

这两个问题的共同之处在于，它们都是在开发测试程序或另一个功能时发现原有功能出现异常。这证明了单元测试可以作为一道"护栏"，帮助开发者在开发新功能时避免对原有功能造成影响。

至此，框架已有 8 个测试集和 50 个单元测试，执行 npm test 可看到如图 6-5 所示的测试没有报错。

6.1.6　小结

本节探讨了如何使用 Mocha 框架为 TypeSpeed 框架编写单元测试，包括安装依赖项、配置测试环境、编写测试集及验证预期结果。值得注意的内容有以下几点。

（1）理解如何调整框架以配合测试开发，本节介绍了框架为此所做的一些改进，让框架更易于被测试和检验。

（2）编写测试集的方法、chai 的 HTTP 链式调用和 expect()表达式的使用，这些都是测试开发的基本技能。

通过上面的学习，希望读者掌握如何为应用程序编写单元测试，并理解其在软件开发中的重要性和价值。

```
→ npm test

> typespeed@2.4.4 test
> mocha --require ts-node/register test/**/*.ts --exit


  Test Database
    ✓ /db/insert?id=3843 (51ms)
    ✓ /db/insert2?id=3844
    ✓ /db/update?id=3843
    ✓ /db/set-cache?value=zzz
    ✓ /db/get-cache
    ✓ /db/select-row
    ✓ /db/select
    ✓ /db/select-user

  Test First page
    ✓ /first
    ✓ /first/sendJson
    ✓ /first/sendResult
    ✓ /first/renderTest
    ✓ /test/error

  Test RabbitMQ
    ✓ /mq/sendByMQClass

  Test Request Paramters
    ✓ /redis
    ✓ /orm/first
    ✓ /orm/one
    ✓ /orm/delete
    ✓ /orm/count
    ✓ /orm/new
    ✓ /orm/page/calculate
    ✓ /orm/pages
    ✓ /orm/edit

  Test Redis
    ✓ /redis
    ✓ /redis/publish
    ✓ /redis/add zhangsan
    ✓ /redis/add lisi
    ✓ /redis/add wangwu
    ✓ /redis/add zhaoliu
    ✓ /redis/add qianqi
    ✓ /redis/add sunba
    ✓ /redis/add zhoujiu
    ✓ /redis/add wushi
    ✓ /redis/list
    ✓ /redis/ranking

  Test Request Paramters
    ✓ /request/res
    ✓ /request/query
    ✓ /request/body
    ✓ /request/form
    ✓ /request/param

  Test Sencond Page
    ✓ /second/setCookie
    ✓ /second/getCookie
    ✓ /second/testSession
    ✓ /upload
    ✓ /form

  Test Socket IO
    ✓ send and receive message
    ✓ test join room
    ✓ test say in room
    ✓ test error catching
    ✓ test disconnecting


  50 passing (3s)
```

图 6-5　测试结果

6.2 测试覆盖率

单元测试较为理想的用途在于每次修改代码之后都能执行所有的单元测试,确保修改不会对原有逻辑有影响,保证代码的稳定性。进一步说,基于工作效率考量,开发者更希望这些单元测试可以在代码提交时自动化进行,而且测试结果也能够反映出一些问题和保留记录。

本节将介绍如何接入自动化的测试流程,以及让测试结果能够具备可观测性,也就是测试覆盖率的相关知识。

6.2.1 测试覆盖率

完成单元测试集的编写后,可能会问一个问题:这些测试是否足够全面?这就涉及测试覆盖率的问题。测试覆盖率是一种度量测试代码是否足够完整的标准。

测试覆盖率(Test Coverage)是软件测试或软件工程中的一个度量指标,表示被测试到的代码占全部代码的比例。测试覆盖率不仅检查测试是否覆盖了所有模块,还包括每个模块中的每个条件分支是否都已经有相应的测试代码,因此,测试覆盖率的高低在很大程度上取决于条件分支和功能分支的测试代码覆盖情况。

TypeSpeed 框架 v2.4.4 版本的测试覆盖率情况如图 6-6 所示。综合图中第 1 列 4 个百分比的平均值,得到最终测试覆盖率约为 77%。

图中表格的 6 个列的含义分别如下。

(1) File 文件,列出所有被运行或者载入的源代码文件。

(2) Stmts 语句覆盖率,该源码文件里被执行的语句占总语句数量的比例,或是目录里所有源码文件的语句覆盖率的平均值。

(3) Branch 分支覆盖率,条件语句的各个分支执行的比例。

(4) Funcs 函数覆盖率,被执行到的函数占所有函数的比例。

(5) Lines 行覆盖率,代码中被执行到的行数占总代码函数的比例。

(6) Uncovered Line 未覆盖的行,表示文件中哪些行是没有被覆盖的。

该报告一方面呈现了当前项目的覆盖率情况,另一方面也提示了改进测试代码的方向,例如 read-write-db.class.ts 源文件的 Funcs 函数的覆盖率不错,但 Branch 分支覆盖率较低,提示开发者应想办法构建更多的测试条件以全面覆盖代码分支。

上述报告使用 istanbul/nyc 生成。istanbul/nyc 是一个 JavaScript 代码覆盖率工具库,可配合 Mocha 框架对项目进行测试覆盖率的测算。istanbul/nyc 库的安装命令如下:

```
npm install --save-dev nyc
```

在项目的 package.json 脚本中加入生成覆盖率报告的 NPM 命令,代码如下:

```
//chapter06/02-test-coverage/package.json

"scripts": {
```

```
|----------------------------------|---------|----------|---------|---------|---------------------------|
| File                             | % Stmts | % Branch | % Funcs | % Lines | Uncovered Line #s         |
|----------------------------------|---------|----------|---------|---------|---------------------------|
| All files                        |  86.76  |  57.03   |  80.85  |  85.87  |                           |
|  app/src                         |  96.16  |  55      |  83.33  |  95.83  |                           |
|   aop-test.class.ts              |  100    |  100     |  100    |  100    |                           |
|   custom-log.class.ts            |  61.53  |  25      |  50     |  58.33  | 10,21-30                  |
|   first-page.class.ts            |  100    |  100     |  100    |  100    |                           |
|   jwt-authentication.class.ts    |  100    |  100     |  100    |  100    |                           |
|   main.ts                        |  100    |  50      |  100    |  100    | 21                        |
|   second-page.class.ts           |  95.45  |  50      |  83.33  |  95     | 41                        |
|   test-database.class.ts         |  97.43  |  50      |  57.14  |  97.29  | 80                        |
|   test-log.class.ts              |  100    |  100     |  100    |  100    |                           |
|   test-mq.class.ts               |  90     |  100     |  50     |  87.5   | 13                        |
|   test-orm.class.ts              |  96.87  |  50      |  88.88  |  96.66  | 61                        |
|   test-redis.class.ts            |  100    |  100     |  100    |  100    |                           |
|   test-request.class.ts          |  100    |  100     |  100    |  100    |                           |
|   test-socket.class.ts           |  95.65  |  100     |  87.5   |  95.45  | 54                        |
|   user-model.class.ts            |  100    |  100     |  100    |  100    |                           |
|  app/src/entities                |  100    |  100     |  100    |  100    |                           |
|   mutil-users.class.ts           |  100    |  100     |  100    |  100    |                           |
|   user-dto.class.ts              |  100    |  100     |  100    |  100    |                           |
|  src                             |  86.29  |  63.85   |  84.61  |  84.69  |                           |
|   core.decorator.ts              |  76.59  |  40      |  76.92  |  71.79  | 38-42,69-84               |
|   database.decorator.ts          |  81     |  61.6    |  87.5   |  80     | ...,211,254-262,287,292   |
|   route.decorator.ts             |  92.98  |  78.57   |  91.42  |  93.1   | 58,68,86,114,137-138      |
|   typespeed.ts                   |  95.23  |  68.75   |  71.42  |  94.11  | 37,52-54,88               |
|  src/default                     |  78.36  |  44.04   |  74.07  |  78.57  |                           |
|   default-authentication.class.ts|  100    |  100     |  100    |  100    |                           |
|   express-server.class.ts        |  72.09  |  32.35   |  42.85  |  72.09  | ...-117,124-131,136-146   |
|   log-default.class.ts           |  100    |  100     |  100    |  100    |                           |
|   node-cache.class.ts            |  81.25  |  100     |  57.14  |  81.25  | 31-37                     |
|   rabbitmq.class.ts              |  70.96  |  75      |  70     |  70     | 11,17-20,26-31,43         |
|   read-write-db.class.ts         |  65.38  |  33.33   |  83.33  |  68     | 12,21-25,36-39            |
|   redis.class.ts                 |  86.04  |  55.55   |  80     |  87.17  | 35,49,53,68-69            |
|   socket-io.class.ts             |  93.93  |  41.66   |  91.66  |  93.75  | 15-16                     |
|  src/factory                     |  60     |  100     |  20     |  60     |                           |
|   authentication-factory.class.ts|  33.33  |  100     |  0      |  33.33  | 4-7                       |
|   cache-factory.class.ts         |  100    |  100     |  100    |  100    |                           |
|   data-source-factory.class.ts   |  100    |  100     |  100    |  100    |                           |
|   log-factory.class.ts           |  33.33  |  100     |  0      |  33.33  | 3-6                       |
|   server-factory.class.ts        |  100    |  100     |  100    |  100    |                           |
```

图 6-6　TypeSpeed 框架 v2.4.4 测试覆盖率

```
    "test": "mocha --require ts-node/register test/**/*.ts --exit",
    "test-with-coverage-text": "nyc --reporter=text npm test",
    "test-with-coverage": "nyc --reporter=lcov npm test"
},
```

执行 NPM 命令即可生成如图 6-6 所示的报告,命令如下:

```
npm run test-with-coverage-text
```

该命令会先执行框架的单元测试,然后根据测试情况输出覆盖率报告。

6.2.2　持续集成

测试是保障项目在迭代过程中代码质量稳定性的关键,因此框架使用了持续集成技术,确保每次代码提交时自动执行测试覆盖率检查,并将结果存入覆盖率报告平台,以便跟踪每次提交的覆盖率是否有改善或变得更差。

持续集成(Continuous Integration,CI)是一种软件开发实践,它要求频繁地将代码提交到共享仓库中。频繁地提交可以尽早发现错误,并减少查找错误来源所需的调试时间。此外,频繁地更新也更容易合并来自不同开发者的更改。这对于开发者来讲是非常有益的,因为开发者可以将更多的时间用于编写代码,而不是花费在发现错误或解决合并冲突上。

简单地说,持续集成就是在提交代码时自动进行的一系列操作,如代码合并、测试、安全检查和构建打包等。

通常,持续集成还会与持续部署/交付(Continuous Deployment / Delivery,CD)一起组成 CI/CD 的过程,指的是软件集成、部署的一系列自动化过程的综合实践。

对于 TypeSpeed 框架这样的开源项目,可以选择以下支持开源的方案实现持续集成。

(1) 持续集成平台:TravisCI、GitHub Action、CircleCI。

(2) 覆盖率报告平台:Coveralls.io、Codecov.io。

6.2.3　GitHub Action

TypeSpeed 框架选择的集成平台是 GitHub Action,它是 GitHub 默认提供的持续集成平台。GitHub Action 免费支持 Git 操作时自动化执行集成脚本,并且它的 GitHub Action Marketplace 市场有许多现成的集成方案供选择,对于初学者和开源项目十分友好。

测试 TypeSpeed 框架需要的条件如下。

(1) 运行环境的配置:Ubuntu 操作系统、Node.js v16 或以上版本、NPM 依赖库。

(2) 外部服务的支持:MySQL、Redis、RabbitMQ。

这些条件都可以在 GitHub Action 的 CI 脚本里进行配置。该脚本是 YAML 格式的文件,保存在项目的 .GitHub/workflows 目录里。

注意:CI 脚本所在目录是 .GitHub/workflows,应留意 .GitHub 目录名称的开头是点号,在 Mac 系统里点号开头的目录或者文件都是隐藏的。

CI 脚本 test.yml 分为 6 部分讲解。

1. 脚本执行时机

test.yml 文件的开头是 on 节点,它表示脚本执行的时机,当前设定只在对 main 分支进行 git push 操作时执行,代码如下:

```
//chapter06/02-test-coverage/.GitHub/workflows/test.yml
name: Tests
'on':
  push:
    branches:
      - main
```

2. 运行环境和服务

框架运行环境是 Ubuntu，配置为 runs-on：Ubuntu-latest。接着用 services 配置了 Redis 和 RabbitMQ，代码如下：

```yaml
name: 'Test TypeSpeed'
runs-on: Ubuntu-latest
services:
  redis:
    image: redis
    ports:
      - 6379:6379
  rabbitmq:
    image: rabbitmq:3.8
    env:
      RABBITMQ_DEFAULT_USER: guest
      RABBITMQ_DEFAULT_PASS: guest
    ports:
      - 5672
```

上述开启的 Redis 和 RabbitMQ 使用 Docker 镜像，配置是 image，然后是一些镜像的配置，如端口、用户名和密码等。

3. Node.js 运行时

接下来是 step 节点，其中每个 name 或 uses 节点代表一个执行步骤。test.yml 使用 uses 安装了 node 环境和 checkout 代码。uses 用于指定该步骤执行的命令集，代码如下：

```yaml
steps:
  - uses: actions/setup-node@v1
    with:
      node-version: 16
  - uses: actions/checkout@v2
```

上述两个命令集以 actions 开头，是 GitHub Action 自带的常用命令集，而 GitHub Action Marketplace 市场还有许多开发者或机构提供的命令集，能够方便地实现很多功能。例如市场有数十个与 MySQL 相关的安装命令集。

4. MySQL 支持

随后是 MySQL 数据库的安装，尽管可以使用 uses 指令集，但这里用了更简单的方法，前面指定的 Ubuntu 系统自带了 MySQL 服务，因此直接开启其服务即可，代码如下：

```yaml
- name: Setup MySQL
  run: |
    sudo /etc/init.d/mysql start
    mysql -e 'CREATE DATABASE test;USE test; \
    CREATE TABLE `user` (`id` int(11) NOT NULL AUTO_INCREMENT,`name` varchar(100) DEFAULT NULL, PRIMARY KEY (`id`)) \
    ENGINE = InnoDB AUTO_INCREMENT = 1 DEFAULT CHARSET = utf8mb4 COLLATE = utf8mb4_general_ci;
    SHOW TABLES;' -uroot -proot
```

这里的 run 表示在命令行执行的命令,首先用 sudo /etc/init.d/mysql start 开启系统自带的 MySQL 服务,然后用 mysql 命令的-e 参数执行一系列 SQL 语句,这些 SQL 语句总共有 4 条,代码如下:

```sql
/** 创建 test 数据库 */
CREATE DATABASE test;
/** 进入 test 库 */
USE test;
/** 创建 user 表 */
CREATE TABLE `user` (`id` int(11) NOT NULL AUTO_INCREMENT,`name` varchar(100) DEFAULT NULL,PRIMARY KEY (`id`)) ENGINE = InnoDB AUTO_INCREMENT = 1 DEFAULT CHARSET = utf8mb4 COLLATE = utf8mb4_general_ci;
/** 显示创建好的表 */
SHOW TABLES;
```

这些 SQL 语句完成了创建数据库和数据表的操作,为执行测试程序做准备。

5. 安装依赖库和执行 NPM 命令

接着用 actions/cache@v2 对 NPM 依赖库做缓存处理,并使用 npm install 命令安装依赖,代码如下:

```yaml
- name: 'Cache node_modules'
  uses: actions/cache@v2
  with:
    path: ~/.npm
    key: ${{ runner.os }}-node-v18-${{ hashFiles('**/package.json') }}
    restore-keys: |
      ${{ runner.os }}-node-v18-
- name: Install Dependencies
  run: npm install
- name: Run Tests with Coverage
  run: npm run test-with-coverage
  env:
    LOCAL_HOST: localhost
```

依赖库安装完成后,启动命令 npm run test-with-coverage 执行测试并输出覆盖率报告。

注意:执行测试时,脚本输入了 LOCAL_HOST 环境变量,表示当前 HTTP 服务的地址,这里对应了 6.1.4 节的代码。

---

6. 上传覆盖率报告

该部分操作作用于上传覆盖率报告,详见 6.2.4 节的讲解。

至此,自动化测试脚本完成。

当框架提交并推送 main 分支时,TypeSpeed 框架在 GitHub 网站的 Actions 栏就可以看到测试脚本的执行情况,如图 6-7 所示。

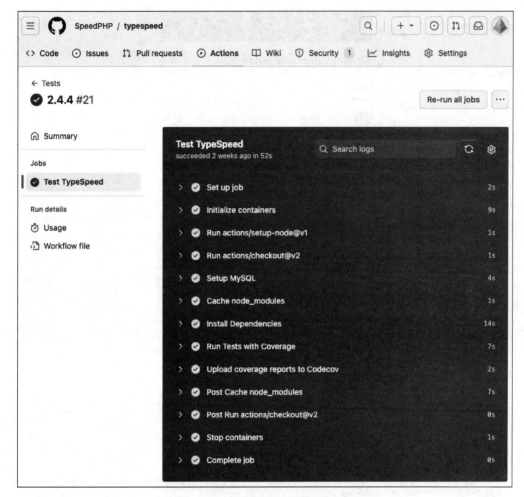

图 6-7　GitHub Action 测试脚本的运行结果

6.2.4　测试覆盖率报告

完成自动化测试后，接下来是如何把测试的覆盖率报告提交到覆盖率报告平台，以便记录和展示。TypeSpeed 采用的报告平台为 Codecov.io，该平台与 GitHub Action 能够轻松地集成，而且对于开源项目，Codecov.io 提供了免费的服务。

首先开发者需要在 https://about.codecov.io/ 用 GitHub 账号登录，授权让 Codecov 可以读取开发者的 GitHub 项目，登入后即可看到这些项目，如图 6-8 所示。

接着单击项目列表右侧的 Setup repo，可以看到项目接入 Codecov 的介绍，如图 6-9 所示。

这里需要关注 TOKEN 配置。进入 GitHub 项目的 Action Secrets 设置页面 https://github.com/SpeedPHP/typespeed/settings/secrets/actions，单击 New respository secret

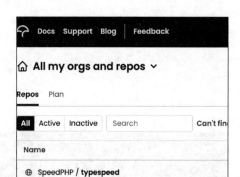

图 6-8　Codecov.io 显示 GitHub 项目列表

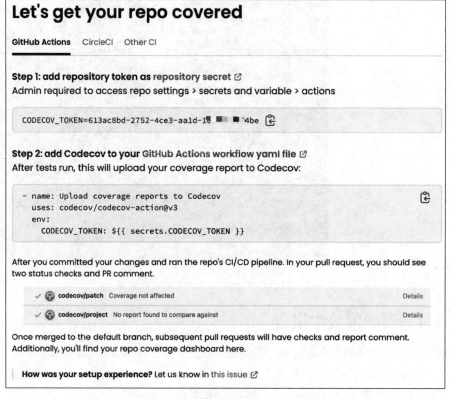

图 6-9　项目接入 Codecov 的介绍

按钮,用图 6-9 显示的 CODECOV_TOKEN 值,如图 6-10 所示填入表单,保存即可。

TOKEN 配置对应了 test.yml 第 6 部分操作,代码如下：

```
- name: Upload coverage reports to Codecov
  uses: codecov/codecov-action@v3
  env:
    CODECOV_TOKEN: ${{ secrets.CODECOV_TOKEN }}
```

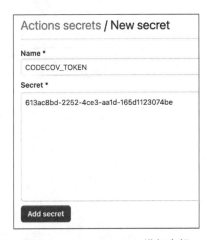

图 6-10　Actions secrets 增加密钥

此处配置的命令集是 codecov/codecov-action@v3，该命令集会将前面步骤生成的测试覆盖率报告上传到 Codecov 平台，在这个过程中会用到 CODECOV_TOKEN 环境变量，即 Action Secrets 配置的 TOKEN 值。

此时，当项目将 main 分支推送到 GitHub 时，Actions 执行日志即可显示报告已上传到 Codecov，如图 6-11 所示。

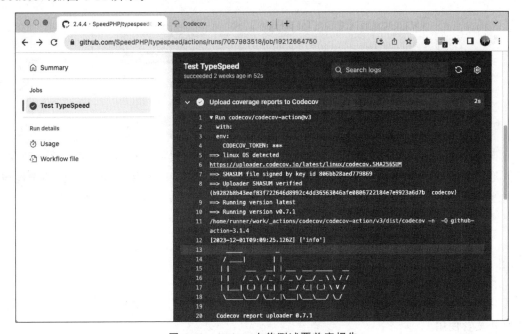

图 6-11　Actions 上传测试覆盖率报告

此时，在 Codecov.io 即可看到项目的覆盖率报告，以及每次提交的历史报告，方便观察改进情况，如图 6-12 所示。

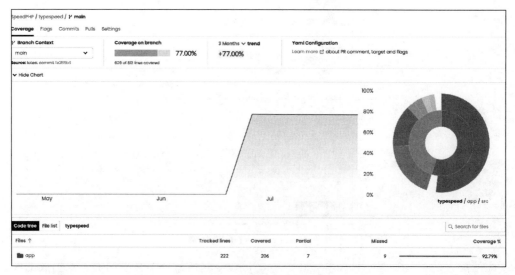

图 6-12　项目覆盖率报告展示

另外,在 Codecov.io 项目的 Settings 菜单可以找到 Badges 图标的代码,开发者可以将图标代码粘贴在项目的 README.md 文档中,展示当前项目的测试覆盖率,如图 6-13 所示。

图 6-13　README 页面展示覆盖率图标

6.2.5　小结

本节实现了在 Codecov.io 平台上展示框架项目的测试覆盖率报告,这对于项目开发,尤其是开源项目,具有重要的意义。通过覆盖率报告,使用者可以判断项目代码的稳定性与可信度。同时,这也对开源项目起到了持续监督其代码质量的作用,从而推动项目的不断改进。

6.3　NPM 发布

TypeSpeed 是开源 Web 框架项目,本节将介绍如何将项目发布到 NPM 仓库,开放给所有开发者使用。

NPM 仓库(https://www.npmjs.com)是世界上最大的开源软件集合之一(如图 6-14 所示),截至 2023 年,已经包含了超过 60 万个可用的软件包。这些软件包涵盖了各种各样的功能,从 Web 框架、测试工具到图形库和实用函数,几乎无所不包。每周都有数以亿计的下载量,表明了其在 JavaScript/TypeScript 开发社区中的广泛使用和重要性。

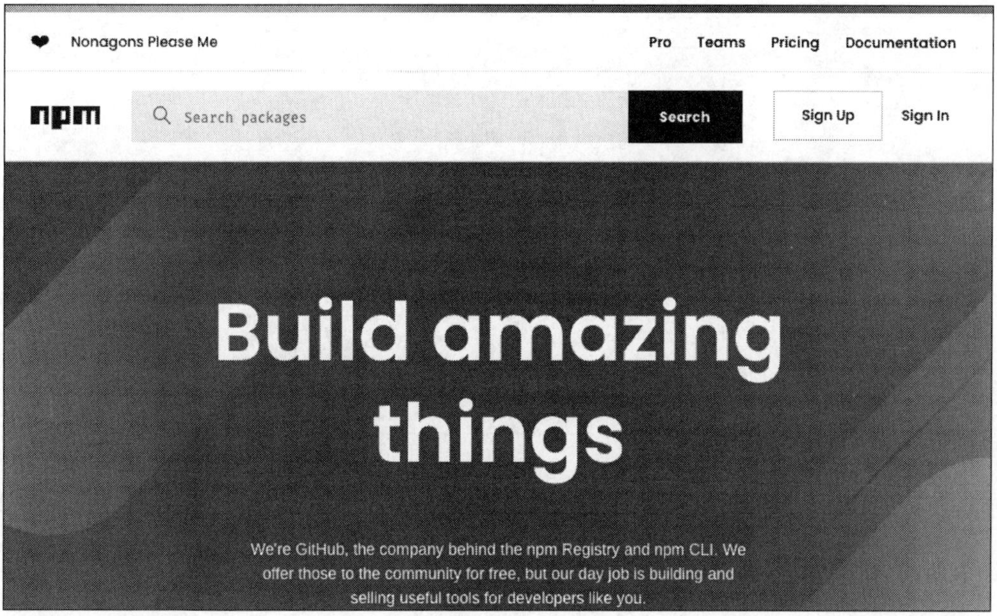

图 6-14　NPM 仓库

开发者可以在 NPM 网站搜索和探索可用的软件包以满足特定需求,查看包的详细说明和使用方法,以便下载和安装到本地项目。此外,开发者还可以注册账户并发布自己的代码包供其他开发者使用,与社区互动报告问题或提供反馈。

6.3.1　框架目录结构

在框架的开发过程中,随着功能的迭代更新,目录结构经历了多次调整以优化其组织方式。框架当前版本的目录结构能够有效地分配各种功能所需的空间和资源,确保整个系统的持续开发和高效运行,如图 6-15 所示。

目录结构之间的关系和作用如下:

(1) 源码目录 src 包含 default、factory 和 scaffold 共 3 个子目录。它们分别对应默认扩展类、工厂类和脚手架的存储目录,其中 default 目录下的 pages 子目录用于存储 404 和 500 错误页面的 HTML 文件,而 scaffold 目录下的 templates 子目录则用于存放脚手架的模板文件。值得注意的是,pages 和 templates 中的文件并非 TypeScript 源码文件,因此在编译和发布过程中需要经过特殊处理。关于这一点的具体细节,可参阅 6.3.3 节的相关内容。

(2) dist 目录用于存储 TypeScript 源码文件经过 npm build 命令编译后的 JavaScript 文件。在开发者使用 TypeSpeed 框架时,所使用的文件主要包含 dist 目录下的内容及 package.json 和 tsconfig.json 这两个配置文件,因此,这些文件是发布 NPM 包时需要重点关注的对象。

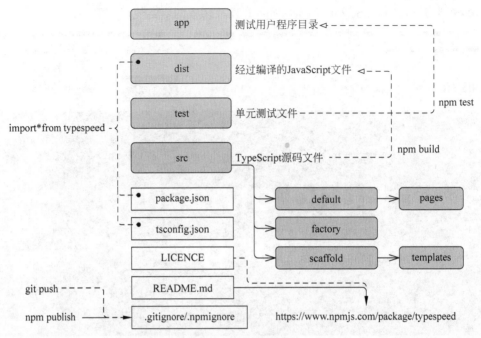

图 6-15　框架目录结构

（3）app 和 test 目录与测试相关，分别用于存放框架的模拟应用程序及单元测试文件。

（4）README.md 文件是项目的核心文档之一，它在项目的 GitHub 主页和 NPM 主页上默认会被展示。这份文件的主要内容通常是用来概述框架的功能特性、简明扼要的使用指南及其他对开发者至关重要的信息。

（5）LICENSE 文件则是开源项目的必备组件，它同样会出现在项目的 GitHub 主页上。这个文件中包含了项目的授权许可协议条款，明确了其他开发人员如何使用、分发和修改该项目的代码。

（6）.gitignore 和 .npmignore 分别用于指示 Git 版本控制系统和 NPM 包管理器忽略某些文件。.gitignore 和 .npmignore 文件有助于剔除临时文件、依赖库等不需要纳入版本控制或发布的项目内容，从而减少存储空间需求并提高项目的可维护性。

6.3.2　导出类型定义

TypeScript 类型系统在开发阶段为开发者提供了诸多便利，如 VS Code、WebStorm 等编辑器能够基于类型定义实现代码提示和方法跳转功能，极大地提升了开发效率与体验，如图 6-16 所示。

在框架发布前，TS 源文件会通过 npm build 命令编译为 JS 文件，这期间原有的 TS 注释和类型会被清除，因此，TypeScript 提供了类型定义文件来编写编译后项目的类型声明和注释，以确保代码的可读性和可维护性。类型定义文件的命名通常是主文件名加上 d.ts 后缀，如图 6-17 所示。

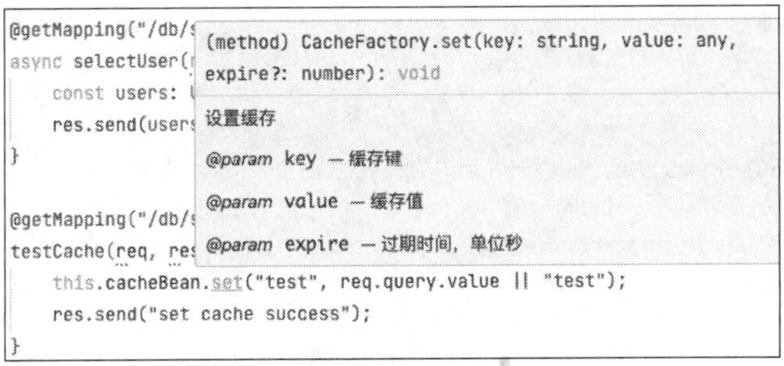

图 6-16 编辑器提示方法参数类型

图 6-17 框架的类型定义文件

框架的类型定义文件部分的代码如下：

```typescript
//chapter06/03-publish/v2.4.4/src/typespeed.d.ts

import * as express from "express";
import { Redis as IoRedis, RedisKey } from "ioredis";
import { Server as IoServer } from "socket.io";
import "reflect-metadata";

/** 上传文件装饰器,装饰页面具备解析上传文件的能力 */
declare function upload(target: any, propertyKey: string): void;
/**
 * GET 请求装饰器
 * @param value 请求路径
 */
declare const getMapping: (value: string) => (target: any, propertyKey: string) => void;

/** Redis 操作类 */
declare class Redis extends IoRedis {
    /** 获取 Redis 实例 */
    getRedis(): Redis;
    /**
     * 获取有序集合(sorted set),按照分数从大到小排序,返回 Map 对象
     * @param key 键
     * @param start 开始位置,0 表示第 1 个元素,-1 表示最后一个元素
     * @param stop 结束位置,0 表示第 1 个元素,-1 表示最后一个元素
     * @returns Map 对象,key 为有序集合的成员,value 为成员的分数
     */
    zrevranking(key: RedisKey, start: number | string, stop: number | string): Promise<Map<string, number>>;
    /**
     * 获取有序集合(sorted set),按照分数从小到大排序,返回 Map 对象
     * @param key 键
     * @param start 开始位置,0 表示第 1 个元素,-1 表示最后一个元素
     * @param stop 结束位置,0 表示第 1 个元素,-1 表示最后一个元素
     * @returns Map 对象,key 为有序集合的成员,value 为成员的分数
     */
```

```
    zranking(key: RedisKey, start: number | string, stop: number | string): Promise < Map <
string, number >>;
}

export { ExpressServer, LogDefault, NodeCache, RabbitMQ, rabbitListener, redisSubscriber,
ReadWriteDb, Redis, CacheFactory, DataSourceFactory, LogFactory, ServerFactory,
AuthenticationFactory, next, reqBody, reqQuery, reqForm, reqParam, req, req as request, res,
res as response, component, bean, resource, log, app, before, after, value, error, config,
autoware, getBean, getComponent, schedule, getMapping, postMapping, requestMapping,
setRouter, upload, jwt, insert, update, remove, select, param, resultType, cache, Model,
SocketIo, io };
```

上述文件实际上也是 TypeScript 源文件,因此它遵循着 TypeScript 语法。typespeed.d.ts 文件可分成 4 部分理解:

(1) 载入依赖库的类型定义,例如 ioredis 包的 Redis、RedisKey 等类型。

(2) 装饰器或函数的类型定义,declare function 作为开头来定义函数。例如以 declare function upload()定义@upload()上传装饰器。

(3) 类的类型定义,包括类的各种方法或属性的定义,使用 declare class 定义类的类型,例如 declare class Redis 定义 Redis 操作类的类型。

(4) 导出框架所有的装饰器、类和函数等。

注意:类型定义文件的注释不能是单行注释//,而必须是多行注释/***/。这是 JSDoc 的规范要求,也只有用多行注释的内容才能显示在代码提示里。

在框架编译后,还需要以类似于 404 网页模板的处理方式,将 typespeed.d.ts 文件复制到 dist 目录,如图 6-18 所示。该操作在发布脚本中配置,可参阅 6.3.3 节。

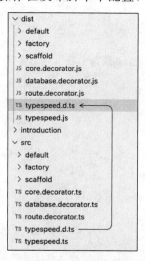

图 6-18 将类型定义文件复制到 dist 目录

6.3.3 框架配置

package.json 是框架的主配置，与发布及编译相关的配置代码如下：

```
//chapter06/03-publish/v2.4.4/package.json

{
  "name": "typespeed",
  "version": "2.4.4",
  "description": "A new Framework for TypeScript.",
  "author": "speedphp",
  "license": "MIT License",
  "scripts": {
    "build": "tsc -p .",
    "postbuild": "cp src/typespeed.d.ts dist/typespeed.d.ts && cp -r src/default/pages dist/default/pages && cp -r src/scaffold/templates dist/scaffold/templates",
    "prebuild": "rm -rf dist"
  },
  "main": "dist/typespeed.js",
  "bin": {
    "typespeed": "./dist/scaffold/command.js"
  },
  "homepage": "https://github.com/speedphp/typespeed#readme",
  "repository": {
    "type": "git",
    "url": "git+https://github.com/speedphp/typespeed.git"
  },
  "keywords": [
    "framework",
    "express",
    "web",
    "app",
    "api",
    "model",
    "middleware"
  ],
}
```

上述配置字段的描述如下：

（1）项目基本信息，如 name、description、author、license、homepage 和 repository 等都会在 NPM 主页上展示，而 keywords 是 NPM 库标记的关键字，这些信息都会帮助开发者找到此框架项目并对其有所了解。

（2）bin 字段用于配置命令行指令，使开发者在安装该包后能够直接执行框架的脚手架命令。

（3）main 字段用于配置当前包的引用文件。

（4）version 是当前版本号，每次发布时必须递增，否则系统会提示版本已存在。通常情况下，版本号遵循语义化版本规范(SemVer)，该规范规定了版本号的格式为 X.Y.Z，即主版本号.次版本号.修订号，并明确了版本号递增的规则：当项目更新了接口或功能，并且这些更新与旧版本程序不兼容时，应升级主版本号；如果项目的更新只涉及新增功能或改进现有功能，并且能与旧版本程序兼容，则应升级次版本号，当项目只是修正了一些问题，并没有更新接口或功能，并且修改的内容能够与旧版本程序兼容时，应升级修订号。

语义化版本规范的一大优点在于，它能让开发者从版本号直观地了解到 NPM 库的兼容性情况及升级可能带来的影响。同时，通过版本号，开发者也能对库的历史演变有一定程度的认识。例如，TypeSpeed 框架当前的版本为 v2.4.4，这意味着框架已经经历了两次主要的更新，并且在大版本的基础上进行了 4 次功能增加或调整，另外还有 4 次较小的改动。

(5) scripts 字段配置了与编译相关的命令，当执行 npm run build 编译命令时，scripts 脚本的执行顺序是 prebuild→build→postbuild。

首先，prebuild 配置会清理 dist 目录，这是为了再次编译做好准备，然后 build 调用 tsc 命令进行编译，-p 参数表示编译范围是当前项目。tsc 命令会将编译后的文件存放到 dist 目录。最后，postbuild 配置 3 个 cp 复制命令，分别将类型定义文件 typespeed.d.ts、错误页面目录 pages 和脚手架模板目录 templates 复制到 dist 相应的位置。因为这些文件都不是可编译的 TS 文件，需要单独复制到发布目录。

完成上述配置，运行编译命令，随后可看到如图 6-19 所示的输出结果，同时，所有编译后的文件将出现在 dist 目录中，如图 6-20 所示。

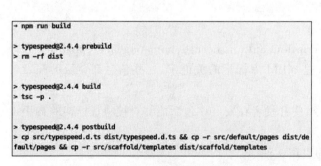

图 6-19 编译框架文件

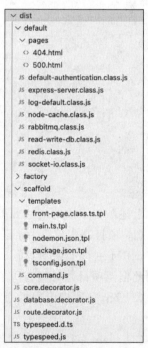

图 6-20 编译后的文件出现在 dist 目录

6.3.4　发布项目

当框架编译完成后，即可进行发布。发布前需要在 https://www.npmjs.com/signup 注册 NPM 账号，如图 6-21 所示。

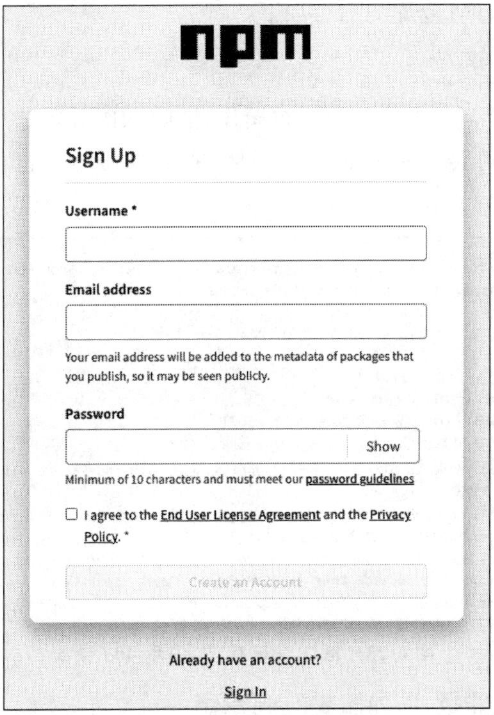

图 6-21　NPM 网站注册

一旦注册了 NPM 账号，便可在当前计算机的命令行中进行登录，命令如下：

```
npm login
```

该命令将交互式询问 NPM 账号、密码和邮箱等信息，如果账号开启二次登录确认 OTP，则还必须从注册邮箱里找到二次登录密码后输入命令行，如图 6-22 所示。

```
⚡ npm login
npm WARN adduser `adduser` will be split into `login` and `register` in a future ve
lias of `register`. `login` (currently an alias) will become its own command.
npm notice Log in on https://registry.npmjs.org/
Username: speed
Password:
Email: (this IS public) jake@speedphp.com
npm notice Please check your email for a one-time password (OTP)
Enter one-time password: 01480992
Logged in as speed on https://registry.npmjs.org/.
```

图 6-22　命令行登录 NPM

登录后,即可执行发布操作。开发者可以通过运行 npm whoami 命令检查当前登录的账号,以便确认将发布的包归属于哪个账号。

另外,在发布之前,务必确认当前包的名称(package.json 文件中的 name 属性值)在 NPM 仓库中是否已存在同名或命名相似的库。NPM 仓库不允许发布具有重复或相似名称的包。

将 NPM 包发布到 NPM 仓库的命令如下:

```
npm publish
```

此时命令行将打包目录,然后进行发布操作,期间 NPM 会检查账号权限、包名称、版本号等信息,如果有异常,则会提示发布失败。例如,如果版本号已经存在,则会提示 403 错误,如图 6-23 所示。

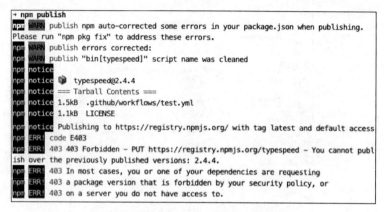

图 6-23　版本号已存在,提示 403 错误

当版本号递增后,发布成功,如图 6-24 所示。

图 6-24　新版本发布成功

NPM 网站还会发送邮件通知新版本发布成功,如图 6-25 所示。

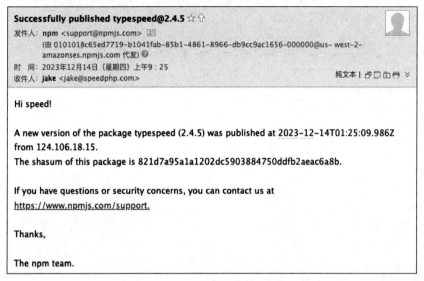

图 6-25　邮件通知发布成功

至此,TypeSpeed 框架的新版本已被成功发布到 NPM 仓库,可供广大开发者下载、安装和使用,如图 6-26 所示。

图 6-26　框架新版本成功发布

图 书 推 荐

书 名	作 者
HarmonyOS 移动应用开发（ArkTS 版）	刘安战、余雨萍、陈争艳 等
深度探索 Vue.js——原理剖析与实战应用	张云鹏
前端三剑客——HTML5＋CSS3＋JavaScript 从入门到实战	贾志杰
剑指大前端全栈工程师	贾志杰、史广、赵东彦
Flink 原理深入与编程实战——Scala＋Java（微课视频版）	辛立伟
Spark 原理深入与编程实战（微课视频版）	辛立伟、张帆、张会娟
PySpark 原理深入与编程实战（微课视频版）	辛立伟、辛雨桐
HarmonyOS 应用开发实战（JavaScript 版）	徐礼文
HarmonyOS 原子化服务卡片原理与实战	李洋
鸿蒙操作系统开发入门经典	徐礼文
鸿蒙应用程序开发	董昱
鸿蒙操作系统应用开发实践	陈美汝、郑森文、武延军、吴敬征
HarmonyOS 移动应用开发	刘安战、余雨萍、李勇军 等
HarmonyOS App 开发从 0 到 1	张诏添、李凯杰
JavaScript 修炼之路	张云鹏、戚爱斌
JavaScript 基础语法详解	张旭乾
华为方舟编译器之美——基于开源代码的架构分析与实现	史宁宁
Android Runtime 源码解析	史宁宁
恶意代码逆向分析基础详解	刘晓阳
网络攻防中的匿名链路设计与实现	杨昌家
深度探索 Go 语言——对象模型与 runtime 的原理、特性及应用	封幼林
深入理解 Go 语言	刘丹冰
Vue＋Spring Boot 前后端分离开发实战	贾志杰
Spring Boot 3.0 开发实战	李西明、陈立为
Vue.js 光速入门到企业开发实战	庄庆乐、任小龙、陈世云
Flutter 组件精讲与实战	赵龙
Flutter 组件详解与实战	［加］王浩然（Bradley Wang）
Dart 语言实战——基于 Flutter 框架的程序开发（第 2 版）	亢少军
Dart 语言实战——基于 Angular 框架的 Web 开发	刘仕文
IntelliJ IDEA 软件开发与应用	乔国辉
Python 量化交易实战——使用 vn.py 构建交易系统	欧阳鹏程
Python 从入门到全栈开发	钱超
Python 全栈开发——基础入门	夏正东
Python 全栈开发——高阶编程	夏正东
Python 全栈开发——数据分析	夏正东
Python 编程与科学计算（微课视频版）	李志远、黄化人、姚明菊 等
Python 游戏编程项目开发实战	李志远
编程改变生活——用 Python 提升你的能力（基础篇·微课视频版）	邢世通
编程改变生活——用 Python 提升你的能力（进阶篇·微课视频版）	邢世通
编程改变生活——用 PySide6/PyQt6 创建 GUI 程序（基础篇·微课视频版）	邢世通
编程改变生活——用 PySide6/PyQt6 创建 GUI 程序（进阶篇·微课视频版）	邢世通

图 书 推 荐

书 名	作 者
Diffusion AI 绘图模型构造与训练实战	李福林
图像识别——深度学习模型理论与实战	于浩文
数字 IC 设计入门（微课视频版）	白栎旸
动手学推荐系统——基于 PyTorch 的算法实现（微课视频版）	於方仁
人工智能算法——原理、技巧及应用	韩龙、张娜、汝洪芳
Python 数据分析实战——从 Excel 轻松入门 Pandas	曾贤志
Python 概率统计	李爽
Python 数据分析从 0 到 1	邓立文、俞心宇、牛瑶
从数据科学看懂数字化转型——数据如何改变世界	刘通
鲲鹏架构入门与实战	张磊
鲲鹏开发套件应用快速入门	张磊
华为 HCIA 路由与交换技术实战	江礼教
华为 HCIP 路由与交换技术实战	江礼教
openEuler 操作系统管理入门	陈争艳、刘安战、贾玉祥 等
5G 核心网原理与实践	易飞、何宇、刘子琦
FFmpeg 入门详解——音视频原理及应用	梅会东
FFmpeg 入门详解——SDK 二次开发与直播美颜原理及应用	梅会东
FFmpeg 入门详解——流媒体直播原理及应用	梅会东
FFmpeg 入门详解——命令行与音视频特效原理及应用	梅会东
FFmpeg 入门详解——音视频流媒体播放器原理及应用	梅会东
精讲 MySQL 复杂查询	张方兴
Python Web 数据分析可视化——基于 Django 框架的开发实战	韩伟、赵盼
Python 玩转数学问题——轻松学习 NumPy、SciPy 和 Matplotlib	张骞
Pandas 通关实战	黄福星
深入浅出 Power Query M 语言	黄福星
深入浅出 DAX——Excel Power Pivot 和 Power BI 高效数据分析	黄福星
从 Excel 到 Python 数据分析：Pandas、xlwings、openpyxl、Matplotlib 的交互与应用	黄福星
云原生开发实践	高尚衡
云计算管理配置与实战	杨昌家
虚拟化 KVM 极速入门	陈涛
虚拟化 KVM 进阶实践	陈涛
HarmonyOS 从入门到精通 40 例	戈帅
OpenHarmony 轻量系统从入门到精通 50 例	戈帅
AR Foundation 增强现实开发实战（ARKit 版）	汪祥春
AR Foundation 增强现实开发实战（ARCore 版）	汪祥春
ARKit 原生开发入门精粹——RealityKit＋Swift＋SwiftUI	汪祥春
HoloLens 2 开发入门精要——基于 Unity 和 MRTK	汪祥春
Octave 程序设计	于红博
Octave GUI 开发实战	于红博
Octave AR 应用实战	于红博
全栈 UI 自动化测试实战	胡胜强、单镜石、李睿